中華榫卯

——古典家具榫卯构造之八十一法

叶双陶 主编

中国林业出版社

图书在版编目（CIP）数据

中华榫卯：古典家具榫卯构造之八十一法：全2册/叶双陶主编. -- 北京：中国林业出版社，2017.5（2019.9重印）

中华木作经典出版工程

ISBN 978-7-5038-8914-1

Ⅰ.①中… Ⅱ.①叶… Ⅲ.①木家具－木结构－中国－古代 Ⅳ.①TS664.101

中国版本图书馆CIP数据核字(2017)第015672号

中国林业出版社 · 建筑分社

本书编委会

出版：中国林业出版社（100009 北京西城区德内大街刘海胡同7号）
网站：http://www.forestry.gov.cn/lycb.html
印刷：北京利丰雅高长城印刷有限公司
发行：中国林业出版社
电话：（010）8314 3610
版次：2017年5月第1版
印次：2019年9月第2次
开本：1/8
印张：56
字数：300千字
定价：798.00元（全2册）

中国木构上的榫卯技艺历史久远，实用丰富，巧妙神奇，久为世人称赞。几千年来，榫卯一直伴随着建筑、舟车、农具、家具等木质器物发生发展并传承至今。其依木材特性、器物功能、造型样式设计，科学实用的榫卯构造既能顺应木性，又能克服木性弱点，体现了国人尊重自然和天人合一的理念。其繁多的样式，不但满足着各种器物的功能需要，同时也支撑和制约着器物的结构造型，是独具特色的东方文化瑰宝，华夏文明的珍贵遗产。

明清之际，中国古典家具榫卯的式样已发展得丰富实用，精妙多彩。其独特的实用性、科学性、趣味性及文化价值，一直吸引着众多有志者对榫卯文化进行研究。但至今鲜见深入系统的令人满意的结果，原因是古典家具上的榫卯结构大多是隐形存在的，不将家具全部拆散，很难一窥其真容。另外，中国古典家具历史久、流派多、分布广，若想全面了解各地各时期的榫卯形态，将是怎样一场浩大的工程！这对一般的收藏者、研究者，甚至制造者、修复者来讲都是很难办到的。

但，叶双陶办到了！

因他有独特的机遇和经历，更有对古典家具榫卯文化传承的使命感和责任心，当然，也有为完成此重任所需的付出精神及担当能力。

叶先生青年时，恰逢古典家具收藏的热浪初潮，近十余载，他遍游南北千里寻访明清家具精品，经他过眼拆解的家具可称无数。久而久之，其对古典家具各种榫卯了如指掌，拆卸组装如“庖丁解牛”般熟练。

而后，他又经营民间柴木家具，长年对堆积如山的各种家具做拆解修复，近一步增强了其对榫卯多样性的认识。

二十几年前，叶先生又开创了人生事业的新篇章——制作全新的红木古典家具，用以传承日渐失传的明式家具和宫廷家具。他的家具工精样美，古韵盎然，一度引领了京作家具的先声，这无疑得益于多年来他对海量古旧家具的拆解观察，各式家具款式和榫卯，早已烂熟于心。他凭着这些精致榫卯在仿古家具上得心应手的运用，使家具完美的韵味和坚固的结构得以展现和保障。

不仅如此，叶先生凭着对榫卯形态和功用的深刻理解，还在生产实践中尝试对榫卯进行了一些科学合理的改良和优化，并将成果写入书中，无私地展示给读者。

此书照片与线图对照，立体生动、清晰明了、直观易懂，详尽地把中国古典家具中常见的和不常见的众多榫卯样式呈现给读者。这些全都是叶先生制作过的，真实可行的结构方式。其中多数是传承了古人的成功巧思，少数则是叶先生对有些不合理的榫卯进行的改良，使之更趋于科学合理，所列图样全都真实可用，没有任何纸上谈兵的臆想设计。他还用古代称谓、流派称谓、地方土称谓给各式榫卯标注了名称，使各地朋友都方便阅读理解。

叶先生以自己对传承中国古典家具文化的责任心和奉献精神，发愿写出此书，为整理、研究、普及中国榫卯文化作出了贡献。

我相信此书将会成为古典家具同仁及爱好者们案头常备的工具书，为我们了解、学习、查阅、欣赏中国榫卯知识提供更大的方便。

愿此书广为流传，惠泽木业！

2016年9月

目录

中華榫卯

中華辑卯

第一章

史·话说榫卯

榫卯，是比汉字还早的民族记忆。

本章着重讲述榫卯的发展历史和基本结构形式。王世襄先生在《明式家具研究》一书中写道：“我国家具结构传统，至宋代而愈趋成熟。自宋历明，又经过不断地改进和发展，各部位的有机组合简单明确，合乎力学原理，又十分重视实用与美观。”

以史为鉴，可以知兴衰。榫卯的发展历史，是中国传统建筑和家具的演进历史，是中华民族智慧闪耀千年的历史，是匠师们高超技艺永垂不朽的历史。

一、榫卯结构的历史

（一）新石器时期

在距今7000多年前的余姚河姆渡遗址中，出土了大量“干栏式”建筑遗迹，特别是在第四文化层底部，分布面积之广、数量之多，蔚为壮观。这种既可防潮又能防止野兽侵袭的“干栏式”建筑是我国南方传统木构建筑的祖源。尤其是榫卯技术的运用，把中国榫卯技术的历史推前了2000多年，被考古学家称为“7000年前的奇迹”。余姚河姆渡遗址清理出来的建筑构件主要有木桩、地板、柱、梁、枋等，有些构件上带有榫头和卯口，约有几百件，说明当时建房时垂直相交的接点较多地采用了榫卯技术，有的构件还有多处榫卯结构，尤其是一些结构具有燕尾榫、带销钉孔的榫和企口板的雏形，标志着当时建筑木作工具和技术的突出成就。

傅家山遗址是河姆渡文化早期类型的又一处原始聚落遗址，发现的木构建筑村落基址，残留较多的是桩木、木板和带有榫头和卯孔的建筑构件。这些构件的制造技术似乎比在河姆渡遗址发现的更胜一筹。遗址中发现了3块双榫槽板，一端两侧有两个方榫，另一端齐平，两侧凿出圆弧形凹槽。这种建筑技术在当时是最先进的。

（二）春秋、战国时期

把榫卯结构最早运用到家具上，是在春秋、战国时期，传说是鲁班发明了家具中的榫卯结构和建筑中的斗拱结构。鲁班发明了一种中国传统的土木建筑固定结合器——孔明锁（也叫鲁班锁、八卦锁），是用一种咬合的方式把3组木条垂直相交固定，6根木条分别冠以六艺，中间有缺，缺缺相合，以十字双交卡榫组成。

《楚辞》有语：方枘圆凿。意思是人们在用木料制作器具时，凿出的卯眼叫作凿，削成的榫头叫作枘，凿和枘的大小形状必须完全一致才能合适地装配起来。春秋、战国时期，家具上的榫卯结构技艺已达到一定水平，银锭榫、燕尾榫、凸凹榫、格肩榫等开始在家具上合理的应用。

（三）秦汉时期

秦、汉五百年间，由于国家统一，国力富强，中国古建筑在自己的历史上出现了第一次发展高潮。其主体的木构架趋于成熟，重要建筑物上普遍使用斗拱，屋顶形式多样化，庑殿、歇山、悬山、攒尖均已出现，有的被广泛采用。榫卯也随之发展，出现了榫卯砖、企口砖、楔形砖等。

（四）魏晋南北朝时期

魏晋南北朝时期是中国历史上第一次民族大融合时期，各民族之间文化、经济的交流对家具的发展起到了促进作用，榫卯结构也有了很大的发展。束腰最早在魏晋南北朝时期传入中国，源于佛教建筑中的须弥座，是须弥座上枭与下枭之间的部分，在家具上指面板和牙条之间缩进的部分，魏晋南北朝时期被广泛作为基座用于神龛、坛、台、塔、幢及建筑等级较高的建筑物之上。

（五）隋唐时期

隋唐时期，民族统一，国家太平，封建社会进入盛世。榫卯在家具和建筑上，同时进入发展鼎盛时期，高型家具迅速发展，木构建筑精密坚实。

梁思成言："木构斗拱以佛光寺大殿为最古实例。"东大殿是现存的 3 座唐代木构殿堂型构架建筑中规模最大的，现存唐代中最古老、最典型的实例。大大小小、各种形式的上千个木构件通过榫卯紧紧地咬合在一起，构件虽然很多，但是没有多余的、无用的，而外观造型则是雄健、沉稳、优美的，表现出唐代建筑的典型风格。

（六）宋元时期

宋代传统美学发展到了巅峰，一切皆具文人气息，《营造法式》的颁布是中国古代建筑发展到较高阶段的标志，与榫卯结构一脉相承的斗拱结构也发展到了顶峰。

建于北宋至和三年的山西应县木塔（佛宫寺释迦塔），是我国现存最古老、最高大的木结构楼阁式建筑。应县木塔宏伟壮观、玲珑奇巧，1961 年被国务院公布为全国文物保护单位。"远看擎天柱，近视百尽莲"，人们在盛赞木塔巍峨雄姿的同时，也极力赞赏斗拱结构的美妙。斗拱由比较小的方木块和木枋组成，斗是拱与拱和整个斗拱与柱头的铺垫构件，拱是里外悬挂、左右拉接的构件。另外还有斜插的昂，是一个具有杠杆性质的构件。木塔中的斗拱为适应不同结构的要求，其形式灵活多样，既有装饰作用，也使结构上的支撑、连接、悬挑作用发挥得淋漓尽致。

（七）明清时期

到明清时期，榫卯结构在硬木家具这一载体上进一步得到发扬光大。在硬木家具的制作上，几乎用到了所有的榫卯种类，展现了榫卯结构进化的最终样式，其工艺之精确，扣合之严密，间不容发，天衣无缝。

明清时期，榫卯结构成为家具的灵魂。比之金属部件，木质榫卯具有极好的弹性和耐腐性，木制构件会通过榫卯传力，均衡地分配给家具其他部件，使得家具站立得稳如泰山。无论南热北冷，还是南湿北干，榫卯都能随机应变，它热胀冷缩的程度与家具的其他零部件相仿，能和整个家具一起“发胖”或“缩水”，保证不会让家具表面开裂。家具上还常常采用暗榫结构，稳固、结实，且不外露，让家具的表面光滑、美观。家具搬运和维修时，榫卯结构便于拆装，发挥了极大的作用，可以让家具历经空间和时间的维度而完美无损。

榫卯结构除使用价值外，更蕴含着文化、历史、哲学的积淀，透出的内蕴阴阳、相生相克、以制为衡的道家思想，以及老祖宗顺应木材本质而制作的与自然和谐共处的世界观，逐渐被世人认识，使一件家具不但成为使用、鉴赏、收藏的珍品，更成为中国古典哲学思想和艺境的载体。

二、老叶谈榫卯

榫卯的形状和大小有它的灵活性，还属于木工自由发挥的产物，但榫卯经过几百年的提炼，它的基本结构形式已经被固定了下来，同一种结构不同木工制造出来的榫卯会有差异也属正常现象，至今还没有人通过力学测试把榫卯的形状和大小规范起来，所以榫卯的美观和受力最大值是每个红木家具爱好者和从业者不断研究的问题。

榫卯结构就是家具各部件的连接方法及结构。榫即是榫头，卯即是卯眼，榫卯也可理解为阴阳之结合，靠木材本身产生的摩擦力，使之牢固，靠木材本身的力相互制约使之方正平直，不用铁钉、不用胶水或是少用胶水能把家具做牢，使家具几百年不坏。归纳传统的榫卯，其实总的来说就只有两种基本榫：直榫和燕尾榫，所有的榫卯都是由这两大基本榫卯演变而成的，万变不离其宗。

古代因工业不发达，没有金属机加工的技术，生产不出金属连接件，要想把木材做成器物，只能在木材本身上做文章，因此榫卯结构便逐步诞生了。最初的榫卯结构应该是用在建筑上的，家具的榫卯结构是受房屋建筑的启发而来的。我们不挖掘中国的古典家具何时起源，只了解到在明代中期到清朝前期是中国古典家具的一个巅峰阶段，无论是榫卯结构、器型韵味还是雕刻装饰都创造了经典，成为世界家具史上的一朵奇葩。

（一）榫卯结构的兴衰

在明代中期至清代前期，由于皇帝的热衷、士大夫的附庸、文人的参与等多种因素，使很多智慧凝聚到了家具制作中，创造出了家具的辉煌，尤其是家具的榫卯结构达到了炉火纯青的地步。但在清中期以后，通过对大量的实物考证：红木家具的榫卯结构制作技术每况愈下，新中国成立以后基本上就不再生产红木家具了。一部分民间制作家具所用的简单榫卯结构和红木家具制作所用的考究的榫卯结构完全是两回事。

20 世纪 80 年代改革开放以来，时至今日，国泰民安，经济繁荣，文艺复兴，国人又重拾红木家具制造技术，生产规模、产品数量在短短的十几年中，不知道

中華榫卯

超过明清几百年生产红木家具总和的多少倍，使曾经盛行几百年的红木家具得以传承。受现代科学技术的影响，传统的榫卯结构也走到了一个十字路口上。

（二）榫卯结构的重要性

如果从家具实用性角度谈结构，只要能够做到牢固，任何一种结构形式都是对的，而且以现代的科技水平做到这些都很容易，榫卯结构没什么意义。但作为具有很浓的文化属性的红木家具的结构就不一样了。榫卯虽然没有一个以数字来规范的标准，全凭木工的感觉去做，而且各地区的榫卯形式还有差异，但它的基本结构形式是固定的，有一个基本法则：榫头和卯眼的咬合要达到一定的强度，而不是全靠胶水来固定家具的各部件使家具整体牢固。好的榫卯应是巧妙的、考究的、严谨的和美观的构件，受力能够达到一定强度。

榫卯结构在红木家具中以特定的文化形式存在，如抛弃了榫卯结构就等于抛弃了传统文化。对于一件现代红木家具的好坏，大部分国人的认知是模糊的。一是木材误区：回顾近十几年的红木家具发展，木材文化占了主流认知，家具材质的贵贱掩盖了家具应有的品质，好像海南黄花梨、越南黄花梨、印度小叶紫檀、老挝红酸枝的材料制作的家具就应该价值高。不容否认材质的贵重非常重要，但它只是家具具有收藏价值的基础，木材价值再高它也只是制作家具的材料。二是雕刻误区：家具的雕刻是传统文化的重要组成部分，在红木家具制作中有很强的装饰作用，是红木家具中不可或缺的一部分，具有鲜明的中式家具特征，但不是雕刻越多的家具肯定就好，而是雕刻要贵在精，要有寓意，要有艺术感染力。雕刻的内容和多少要根据家具的整体设计，需要和谐统一。假如雕刻构思、布局、艺境到不了一定水平，还不如自然纹理好。一件家具如果没有优美的器型和精湛考究的工艺，即使用再贵的材料也只能是次品！但在家具制作中榫卯结构和家具的材质、雕刻不一样，不容易直观看到。要么把榫卯结构简化，要么粗制滥造，组装家具时完全靠胶粘，使红木家具不知不觉失去了应有的魅力。

中国家具的榫卯结构经过几百年的提炼才得以成形体系，蕴含着古今木工的智慧，是力学和美学的结晶，是红木家具之魂。如果做红木家具做不好榫卯结构，是对中国红木家具的亵渎。只有做好榫卯结构的红木家具才具有收藏价值，红木家具的使用寿命才长。

（三）如何做好榫卯

能否做好榫卯取决于三个因素：一是选料，二是榫卯的形状和大小，三是榫卯的严紧程度。第一选料：出榫头的部位选料很重要，不能有严重的斜纹，不能有结疤、腐烂、裂纹、白皮，有这几种毛病的木材做榫卯不行，容易断裂。第二是根据榫卯的位置和木料的截面大小设计榫卯的形状和大小，这是榫卯结构制作的重点，它的合理性决定着家具的牢固和美观程度，尤其是在设计榫卯时也要考虑如有打槽装板不要伤到榫卯，如果伤到榫卯说明榫卯设计不合理。这一点也非常重要，往往容易被忽视。第三是榫卯贵在严紧，严紧到什么程度体现了工艺水平，也关系到受力的大小。如果家具组装时要上胶水，那么能做到“严紧”就可以了；如果是不上胶水的家具，俗称“活拆”家具，可随时拆装，那么要在榫头和卯眼的面都光滑的前提下，把榫卯做“严紧”才能使受力达到峰值。如果榫头和卯眼表面粗糙，拆装几次后由于摩擦会使榫头和卯眼之间的缝隙加大，榫卯自然松动。而且还要注意到榫卯的细节，有圆弧格角的地方最容易掉“肉”，此处就应该做的“虚”一点。

（四）榫卯结构的发展

当前社会节奏加快，红木的品种在变在增多，家具器型随生活的需要而变，雕刻内容也在变，榫卯结构也一样。现代科学技术必然影响到传统的榫卯结构，为了便于机械加工提高效益，出现了很多弧形的榫头，各式各样的夹头明榫、齿形榫等。从力学的角度看，改良的榫卯受力并不比传统的榫卯差，现代机械的应用大大提高了生产效率，以后榫卯的形状和传统的榫卯形状出现差异也很正常，我想传统的榫卯形状作为文化传承来保留还是有必要的。

在这里顺便谈一下黏合剂。红木家具的制作离不开黏合剂（胶水），至少拼板必须用胶水，正确使用黏合剂也很重要，在红木家具的结构组装中，黏合剂只是辅助作用，黏合剂有有效期，家具的延年益久还是主要靠榫卯。正确使用黏合剂应是：拼板用强度大的黏合剂，主体组装用强度小的黏合剂（水性最好），以防日后万一家具出现问题便于拆装修理，当然家具的主体组装如果不上胶水更好，一件红木家具的好坏很大程度上取决于榫卯结构的优劣。

三、古典家具榫卯上的常见术语

在本书的叙述中用了很多的“土语”和“俗语”“形象用语”，从语法上讲，肯定有很多不对的地方，甚至都让人看不明白，不知道讲的是哪里，表述的是什么，以下对本书涉及的木工名词做通俗的解释，让读者可以更好地理解本书。

槽口： 槽口就是打槽形成的凹槽，在木料上用刀具根据需要打一定深度和宽度的沟用来装板。

板舌： 板舌是指在装板上裁口的剩余部分，有时也称舌头，板舌和槽口是相对应的。它们是一对，有什么样的板舌就要打什么样的槽口。

装板： 嵌入框架内的薄板，做家具离不开装板，装板必须有框料通过打槽围起来，它有时是独板有时是由多块拼接起来。

活拆： 活拆是指家具不上胶水，随时都可拆开或组装。

接合： 接合也可理解为结合或连接。

料： 料就是家具的枨子，或是家具的边料、边框、腿等。

榫舌： 薄片形状的榫头都叫榫舌。

掉肉： 在横竖材接合时，木料经常出现横材尖角，受力一大此处便开裂，便掉下来木块或木渣，习惯称之“掉肉”。

虚： 虚就是不严，有微小的缝隙。

看面： 就是家具正常摆放时看得见的一面。

木划： 是按 1:1 的大样图或实物大小画加工轮廓线。

崩口： 主要指打槽装板结构中槽口受伤、开裂，有时也指燕尾槽的开裂。

奓度：指家具的器型或两个腿子的间距上窄下宽。

实肩：是榫头和肩膀连在一起的结构。

虚肩：是榫头和肩膀分离的结构，或解释为榫头和肩膀之间有榫舌。

走马销：是带有燕尾的榫头，从一端榫眼插入推向带有相应燕尾槽的榫眼，使榫头和榫眼锁牢。

飘肩：是圆材相交时榫头外肩的形状（也称之为蛤蟆肩）。

小格肩：榫头肩的形状呈梯形。

大格肩：榫头肩的形状呈三角形（也称八字肩）。

透天：是指拼板开裂后能直接看穿，也称透亮。

榫夹：是开口榫眼的片状外壁。

托泥：是家具腿足下边的拉枨。

第二章

构·榫卯构造

凸出来的榫头和凹进去的卯眼扣在一起，两块木头就会紧紧地相抱，不再分离，从此木头就有了生命。

本章着重讲述基本榫卯的内部结构和制作要点，选取抱肩榫、插肩榫、夹头榫等经典实用的榫卯结构，以整体图、拆分图、CAD线图，全方位解析榫卯结构，以通俗易懂的形式展现给读者。

一、银锭榫拼板

银锭榫又称银锭扣，是两头大、中腰细的榫，因其形状像银锭而得名。将它镶入两板缝之间，可防止鱼鳔胶年久失效后拼板松散开裂。

应用部位：这种结构一般不用于家具制作，但在维修家具时很实用，实木家具在使用中拼板难免会开裂，拆开家具很麻烦，一般有开裂地方涂上胶水，想办法使开裂重合，再在开裂处背面做上银锭榫锁住，等胶水干后磨平即可，最后做表面处理。

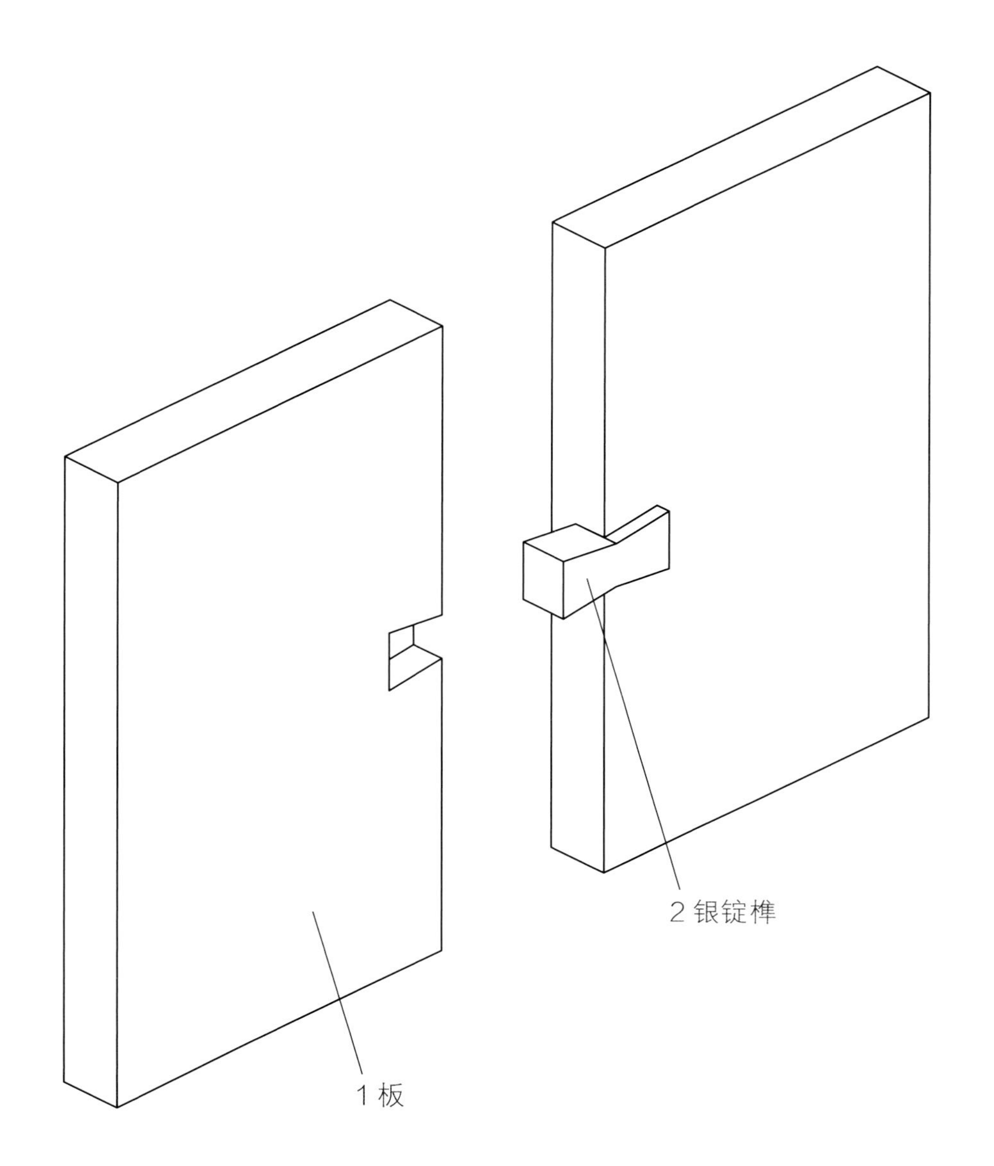

◆ **制作注意事项：** 此种结构做法简单，主要需依据拼板厚度来决定银锭榫的大小。

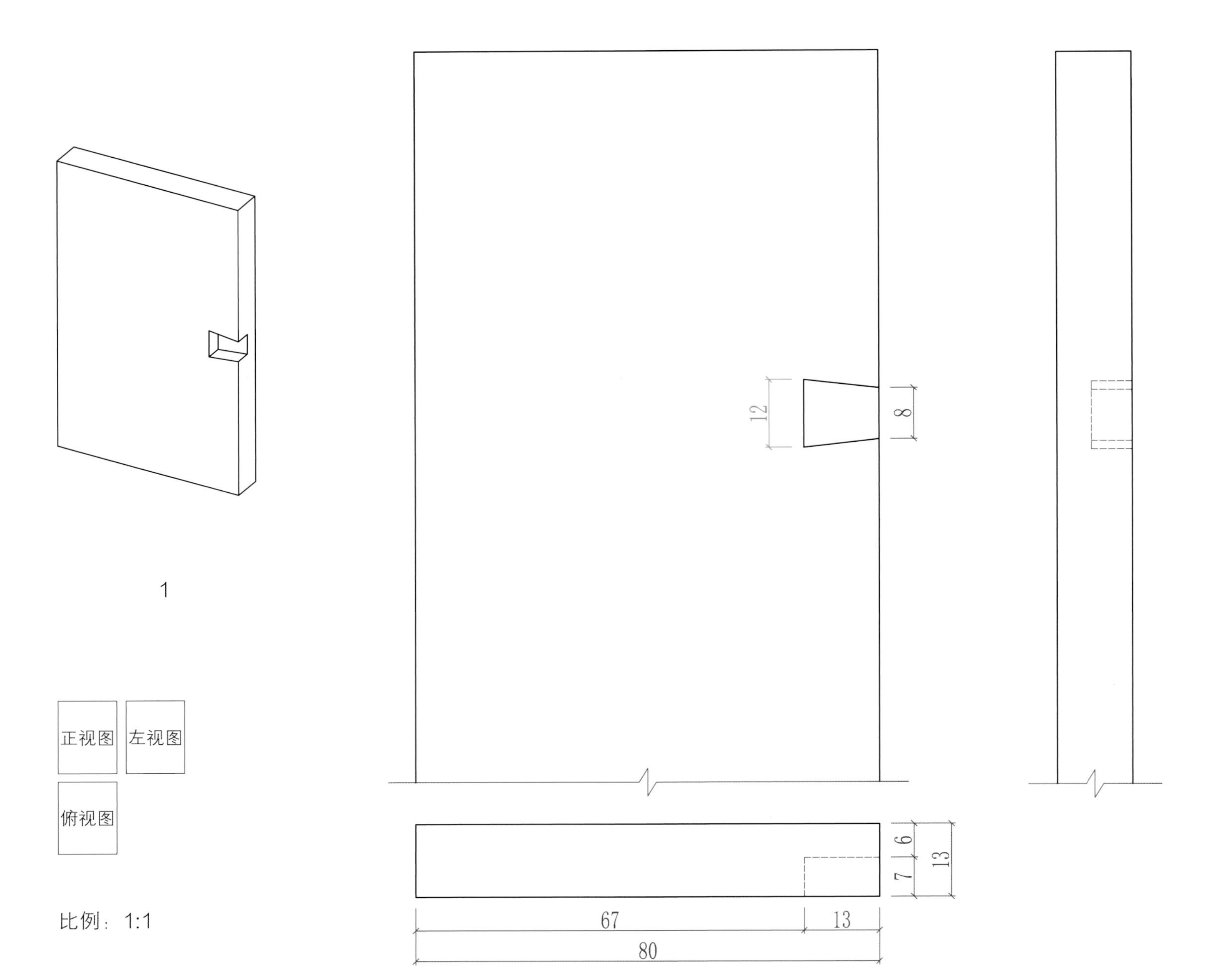

比例：1:1

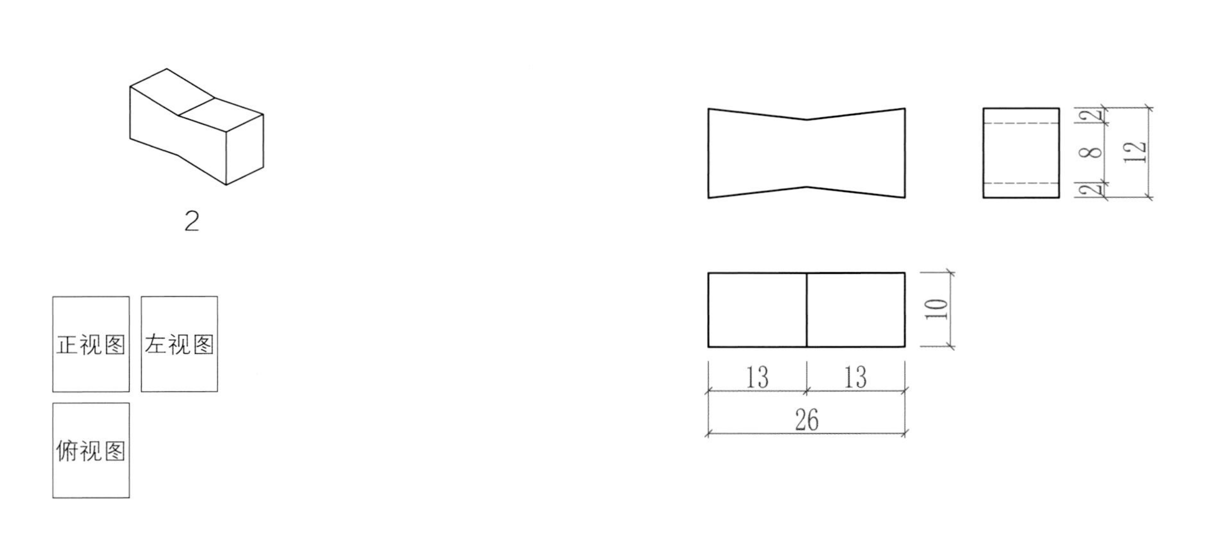

比例：1:1

二、舌口拼板 1

此种方法是现代做法，特点是接触面多，粘接牢固。因榫头有如舌头形状，故名舌口拼板。

应用部位：家具装板。

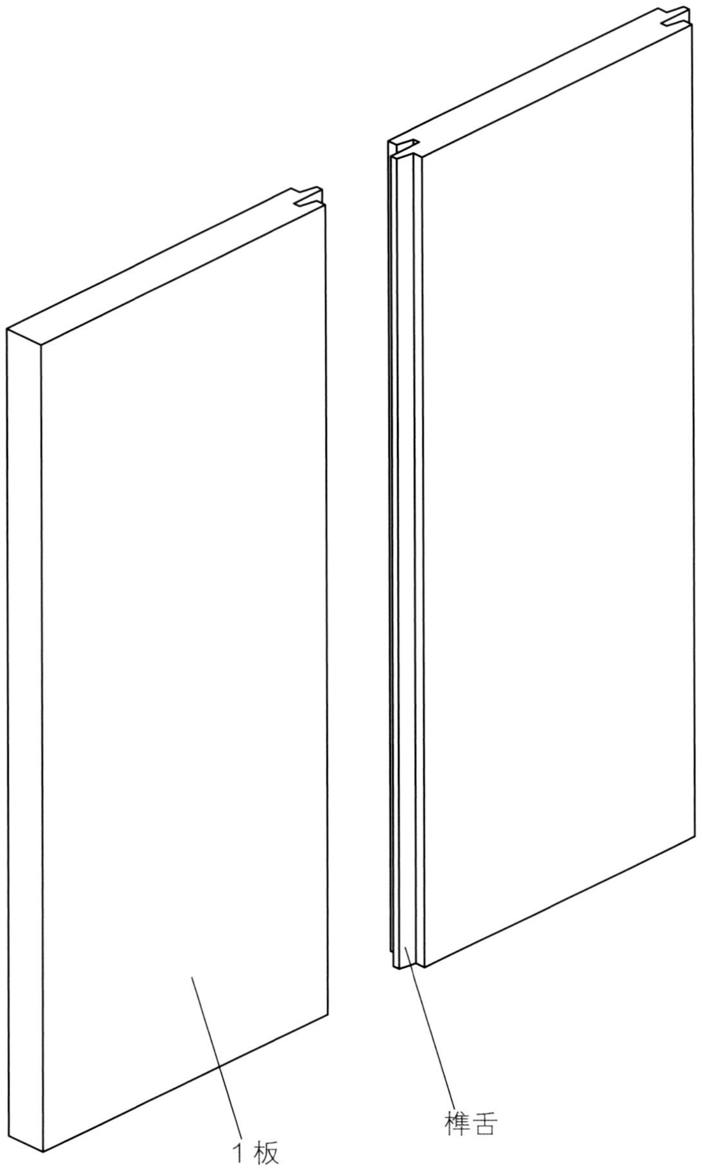

榫舌

1 板

◆ **制作注意事项：** 此种拼板法一般不适合厚度 1 厘米以下的板拼接，在加工过程中板舌不宜过长，刀具要精，板要平，如板上有雕刻要预留雕刻层厚，粘接时多余的胶水要挤净。

* 关于板拼的知识：板拼也是榫卯的重要组成部分，由于现代机械技术的发达，传统的拼板方法和现代拼板方法发生了变化，在现代的红木家具制作中旧时的板拼法几乎不用了。从粘接牢固上讲，现代拼接法优于传统方法。在拼板时要根据板的厚度，选择拼板的方法，有一点非常重要：如果拼板上需要雕刻，那么舌口的中心就要偏，也就是雕刻面接口肩要厚，而且待雕刻完两边的接口肩要等厚，这样做才合理，不至于日久拼板开裂。

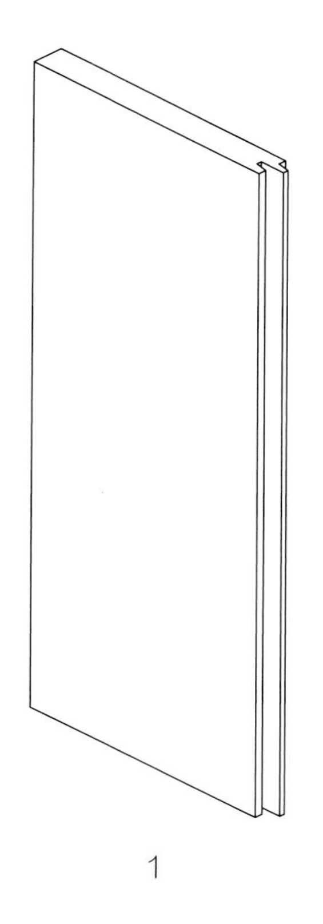

1

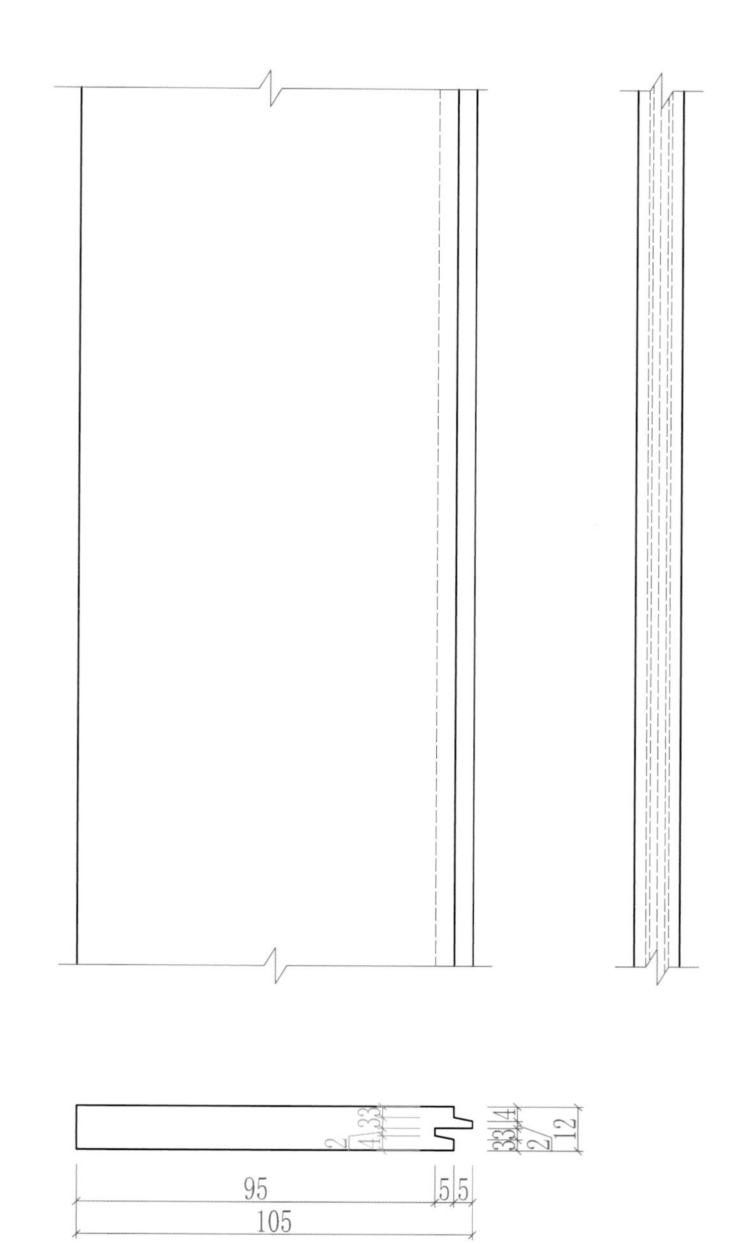

正视图	左视图
俯视图	

比例：1:2

三、舌口拼板 2

此种方法是现代做法，兴起于 20 世纪 80 年代，便于机械加工，现流行此法拼接。

应用部位：薄板与厚板拼合皆适用。

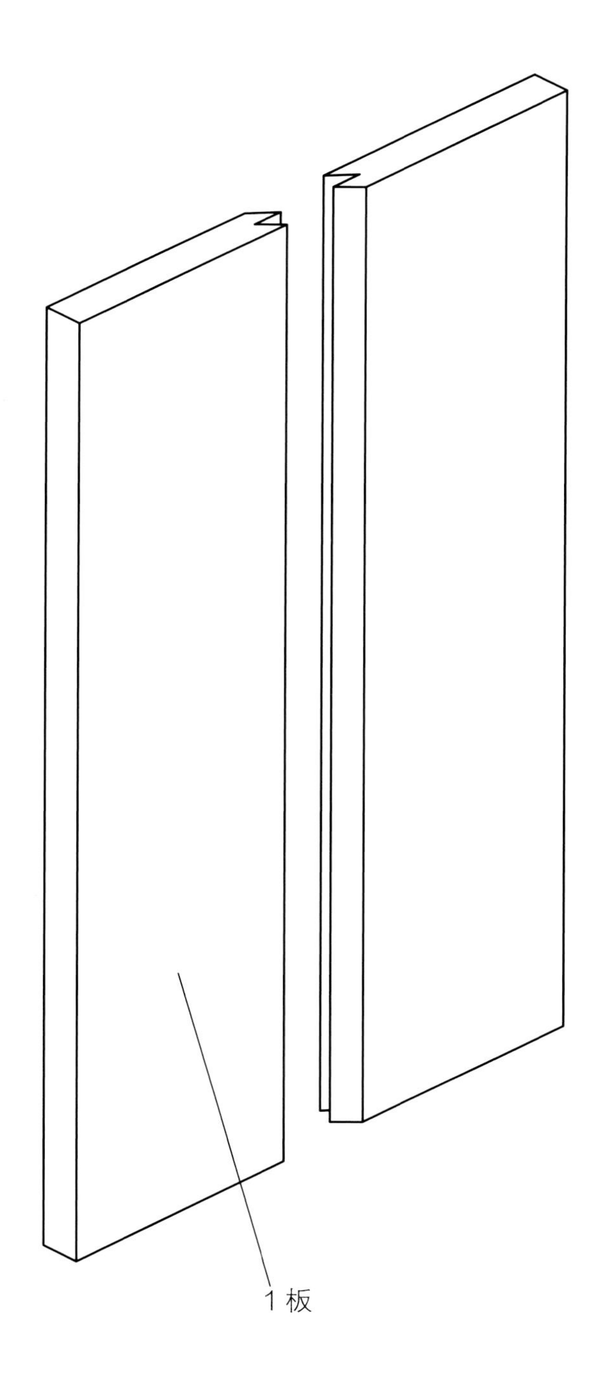

◆ **制作注意事项：** 首先要把板的颜色分类，把颜色相近的拼在一起，用成型刀进行机械加工，板要平，粘接时多余的胶水要挤出来，一般薄板都使用此法拼板。如果板上有雕刻要预留雕刻厚度。

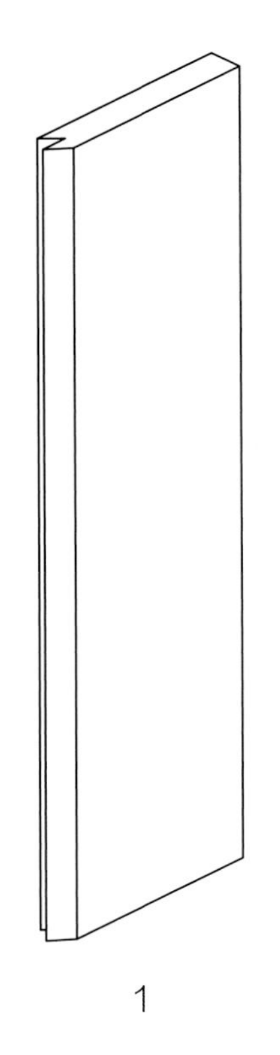

1

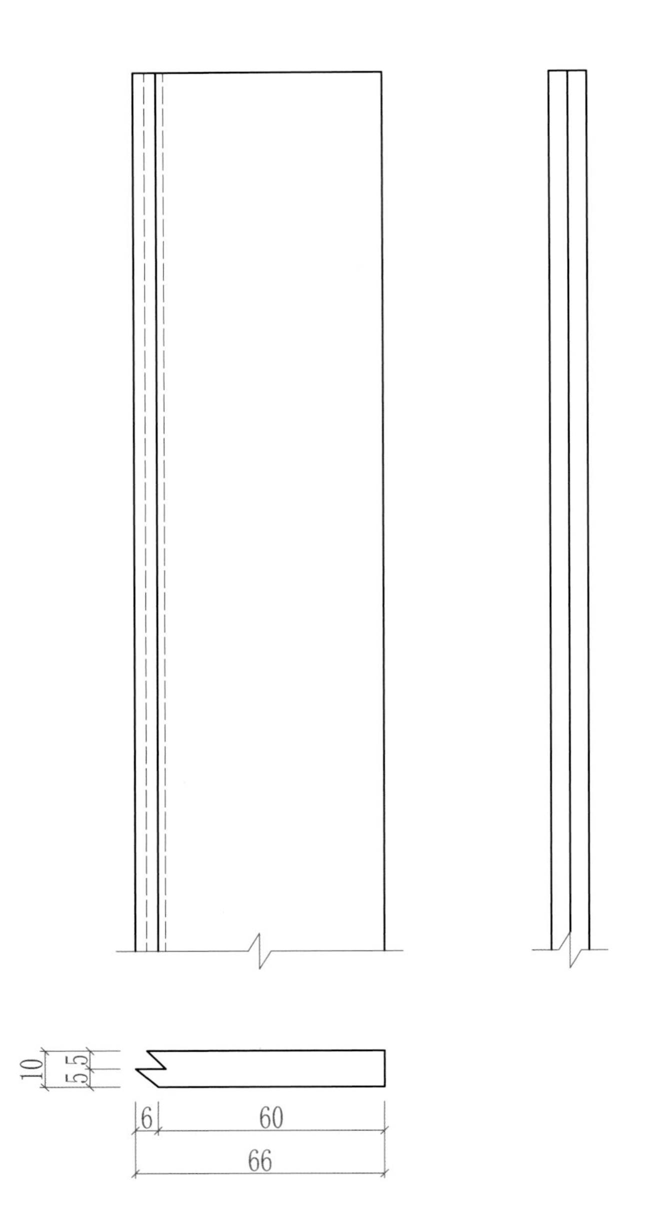

比例：1:2

四、舌口拼板3（龙凤榫拼板）

这是一种传统做法，也叫龙凤榫拼板。

应用部位：适合比较厚的板拼接。

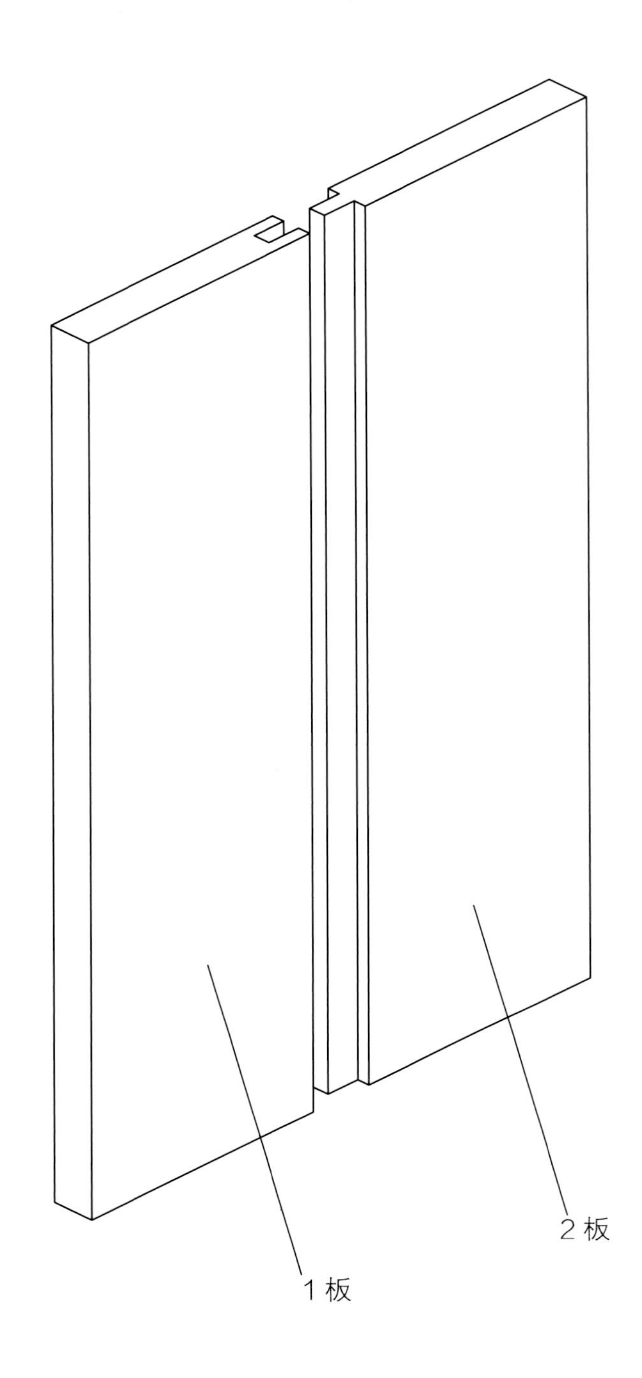

◆ **制作注意事项：** 此种做法是一种传统做法，在明清家具上常见到，拼板时槽口要比板舌略深一点，缺点是如果板太薄，那么板舌必然也薄，板舌容易断裂。这里只是拿 1.1 厘米厚的板做样子，肩口的厚度、板舌的长度和厚度要随板的厚度而变化。如果板上有雕刻，要预留雕刻的厚度。

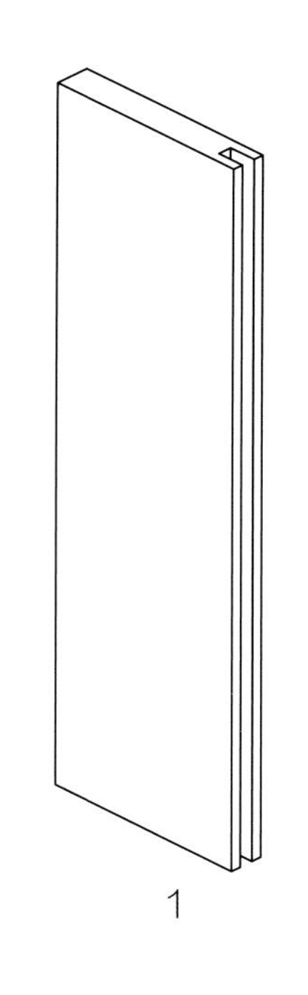

比例：1:2

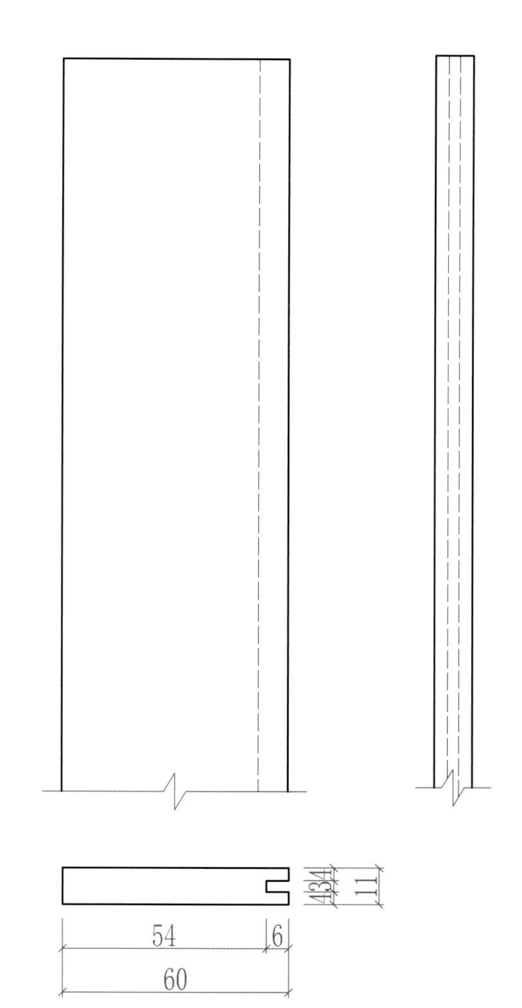

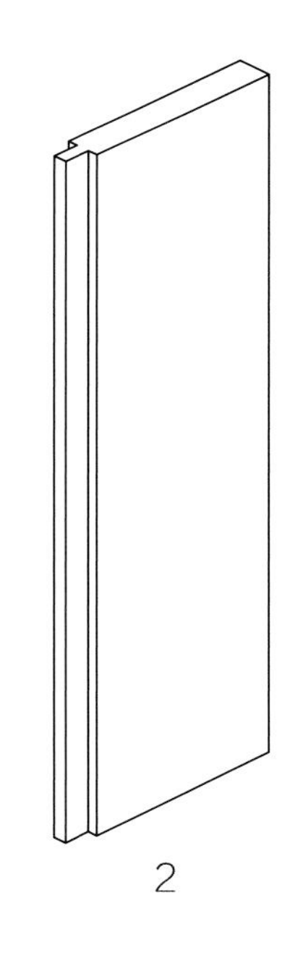

正视图 左视图

俯视图

比例：1:2

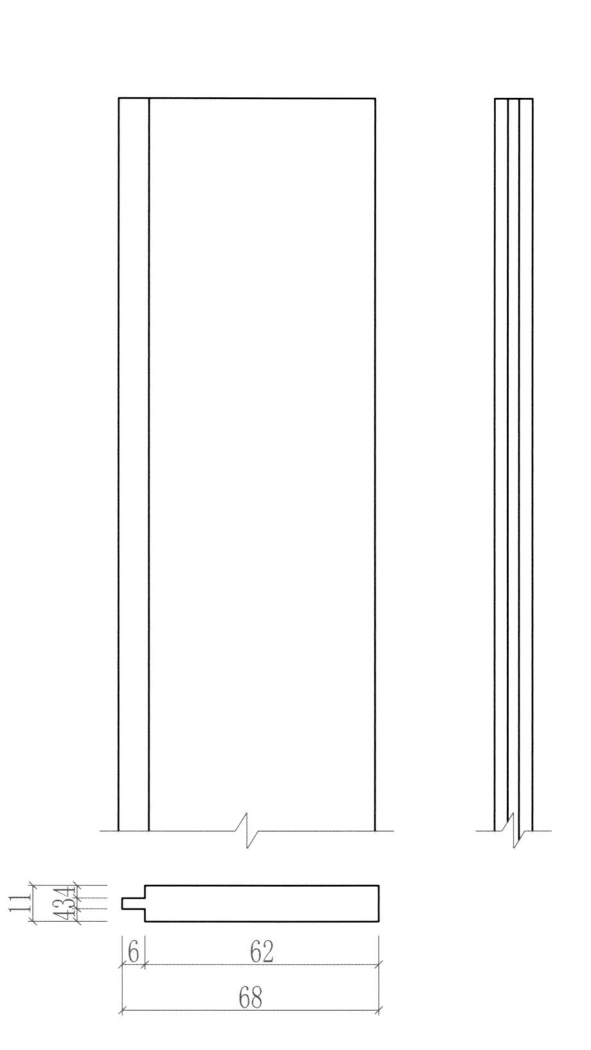

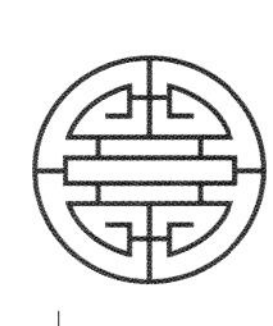

五、燕尾榫拼板（龙凤榫拼板）

此种做法是传统做法，把板舌和榫槽都做成燕尾形，拼接时板从一端推到另一端。

应用部位：适用于厚度 1.5 厘米以上的厚板，用于特别潮湿环境下使用的家具的部件，家具制作一般不使用此法拼板。

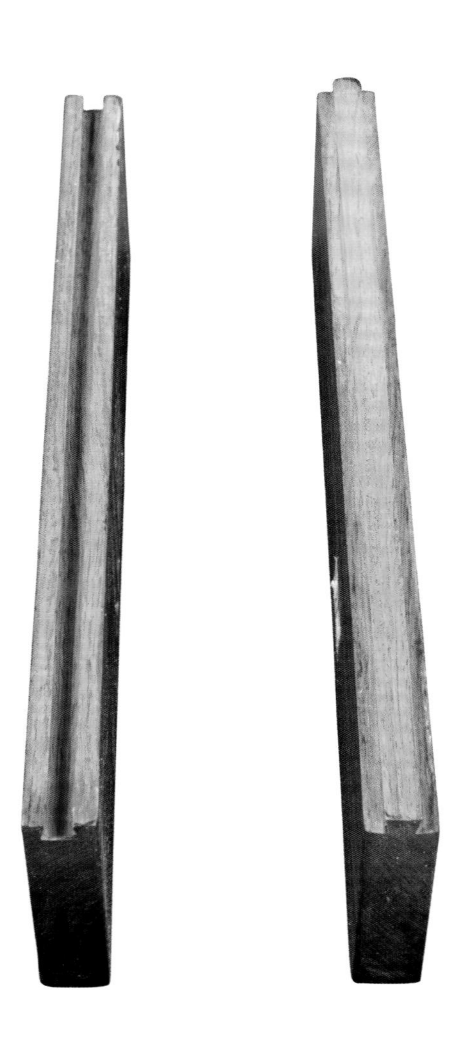

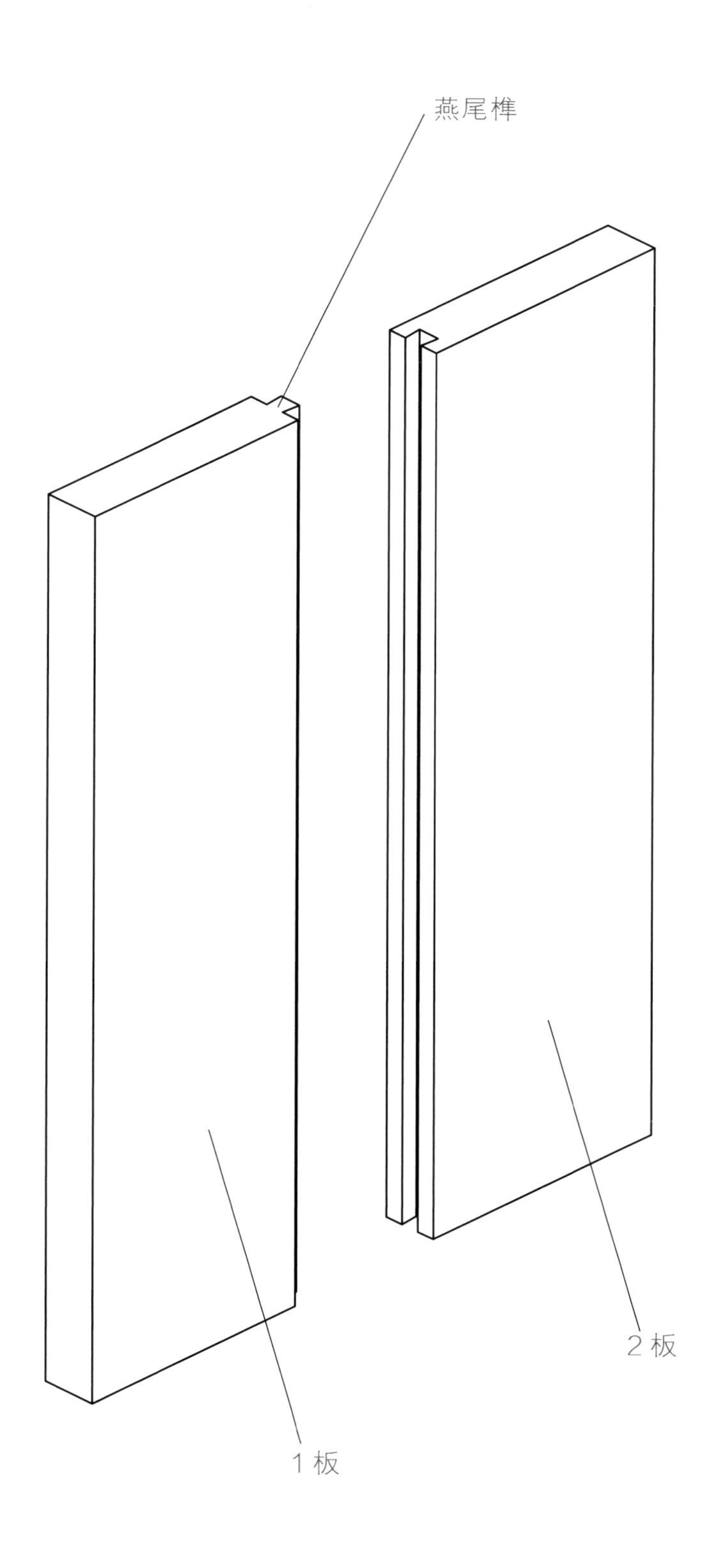

◆ **制作注意事项：** 此法对板的平整度要求非常高，如果板长度过长，板从一端推入另一端会很难。槽口要比燕尾板舌略深一点点，可缓解推板时的阻力。

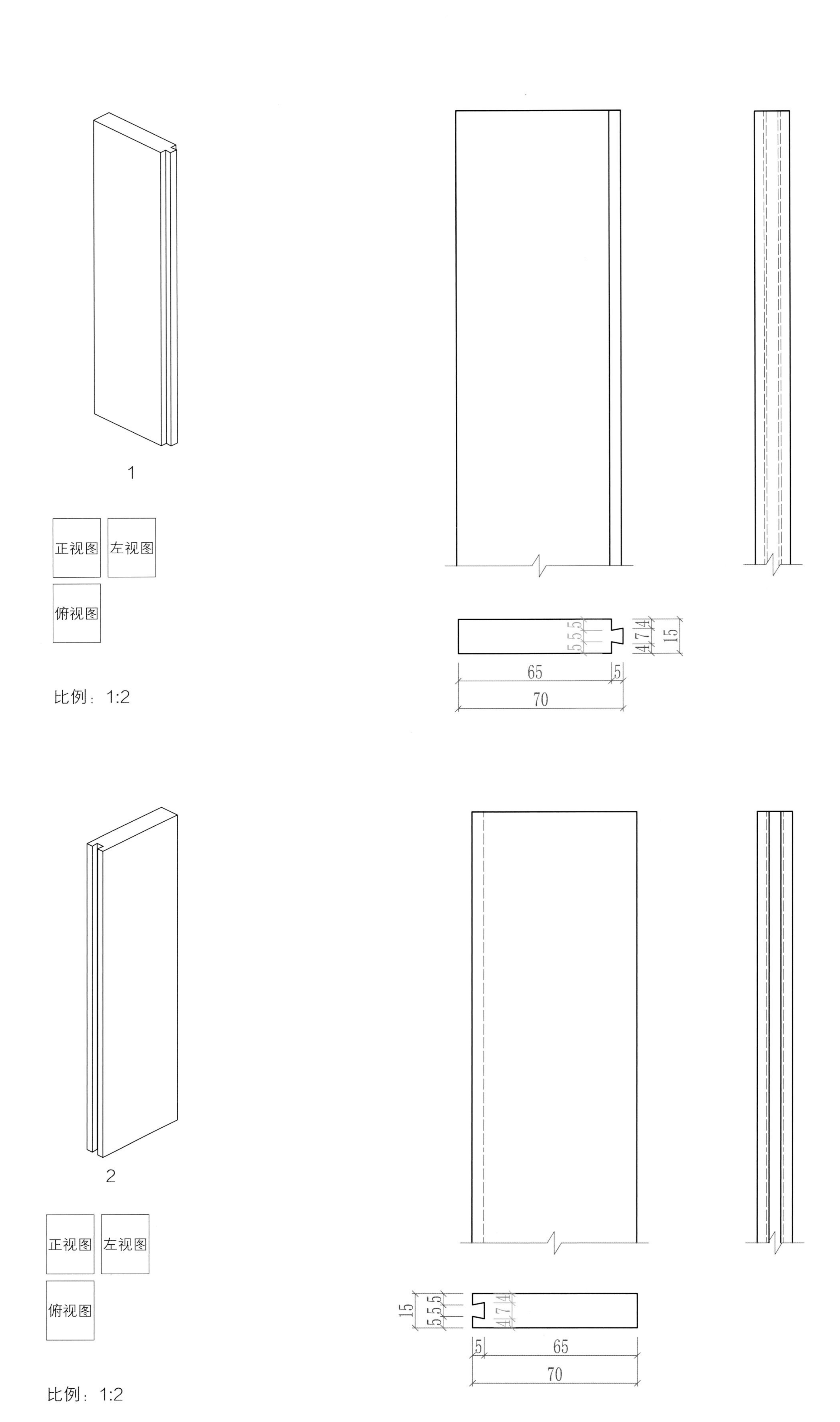
1
正视图
左视图
俯视图
比例：1:2
65
5
70
15
2
正视图
左视图
俯视图
比例：1:2
15
5
65
70

六、栽榫拼板

此法是传统做法，明清家具上有时也可以见到，制作方法比较简单，当今红木家具制作已经不再使用此法。栽榫拼板的缺点是拼缝开裂时，木工称之为“透天”，看上去影响美观。

应用部位：适用于厚板的拼板结构。

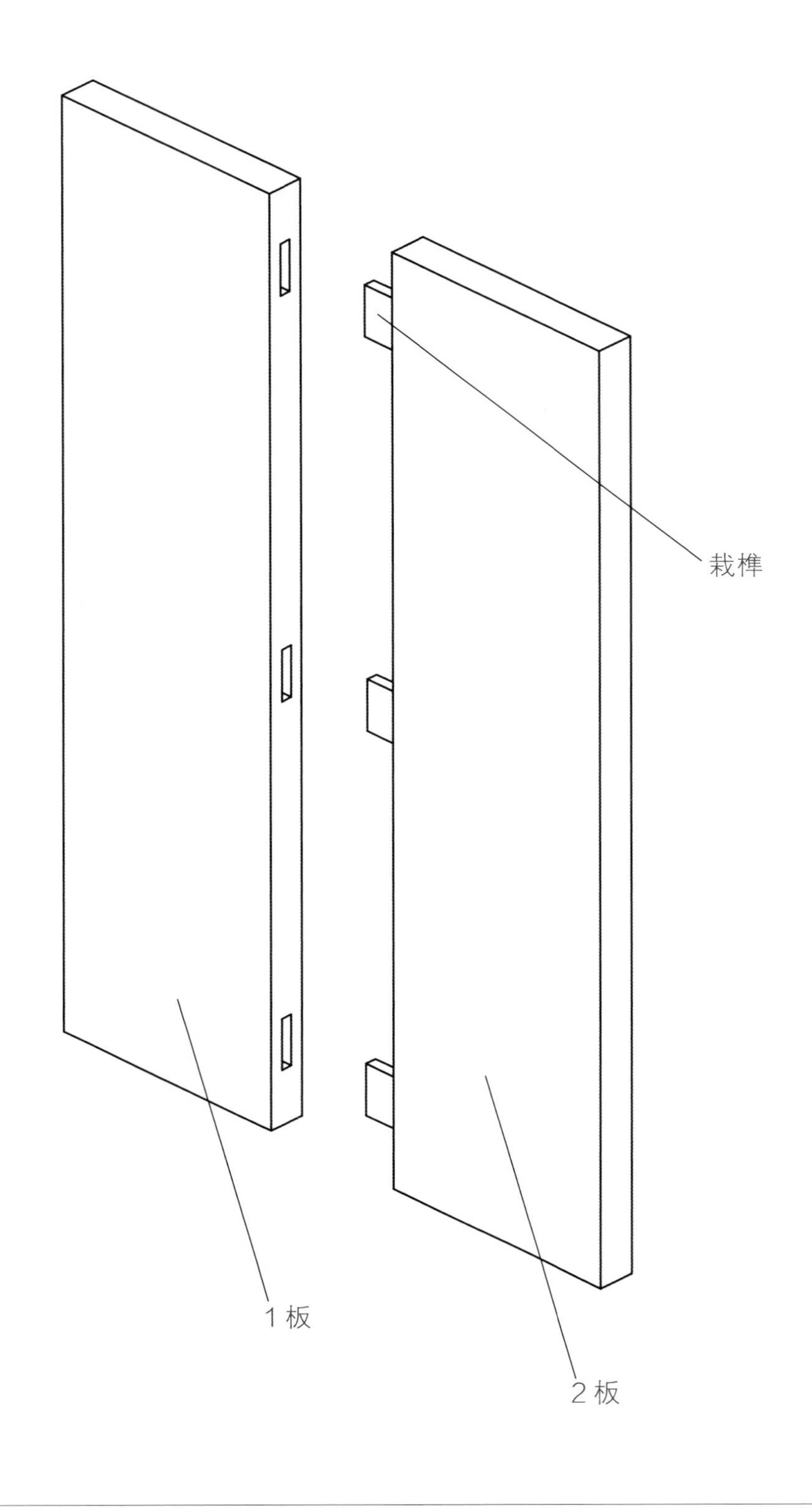

◆ **制作注意事项：** 首先要把拼缝刨直刨方，根据板的厚度和长度确定榫销的大小和数量，榫销要选和板料同种的木材或是比板料韧性和强度更好的木材，单位长度内榫销越多，拼板越牢固。

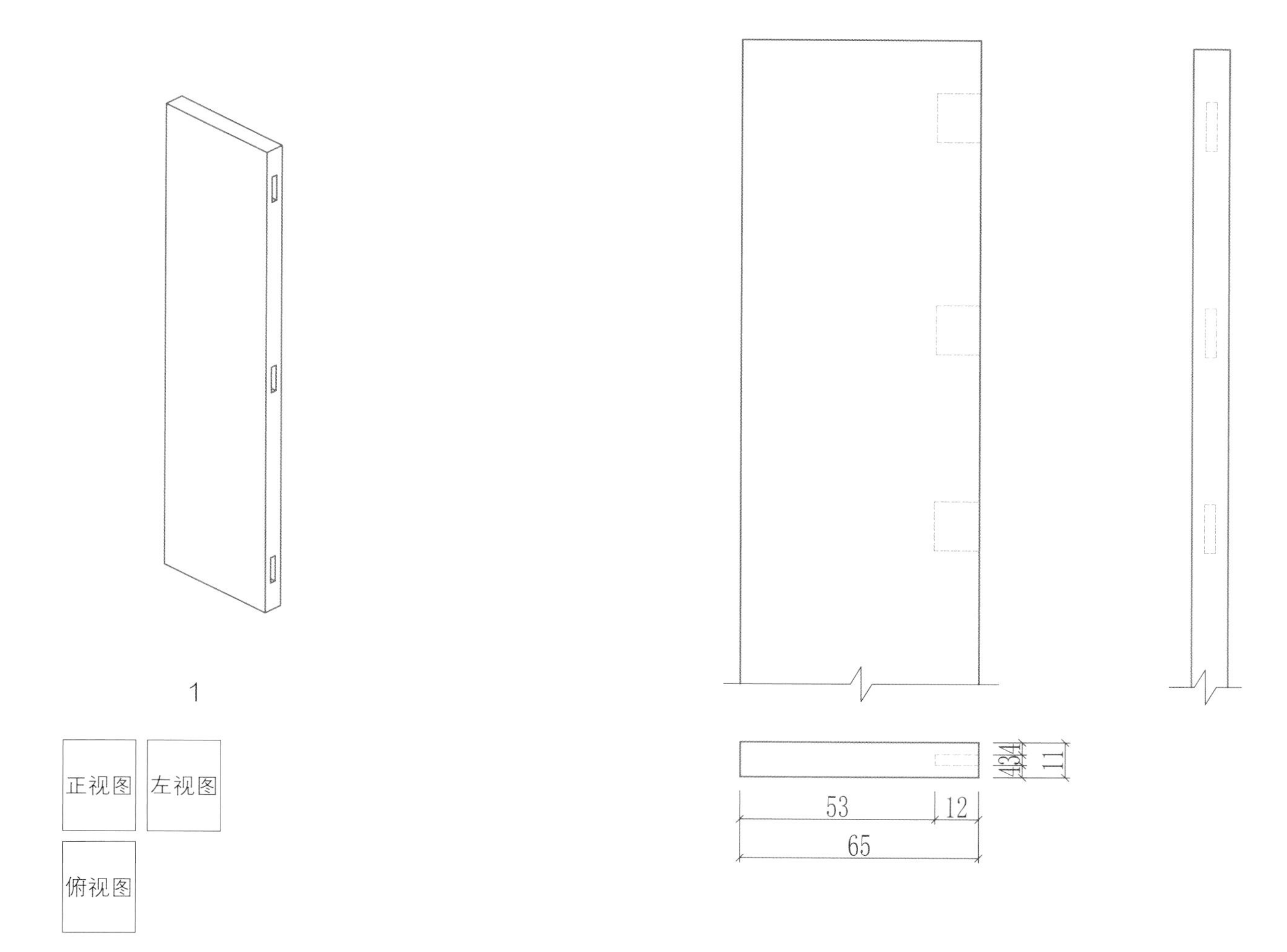

比例：1:2

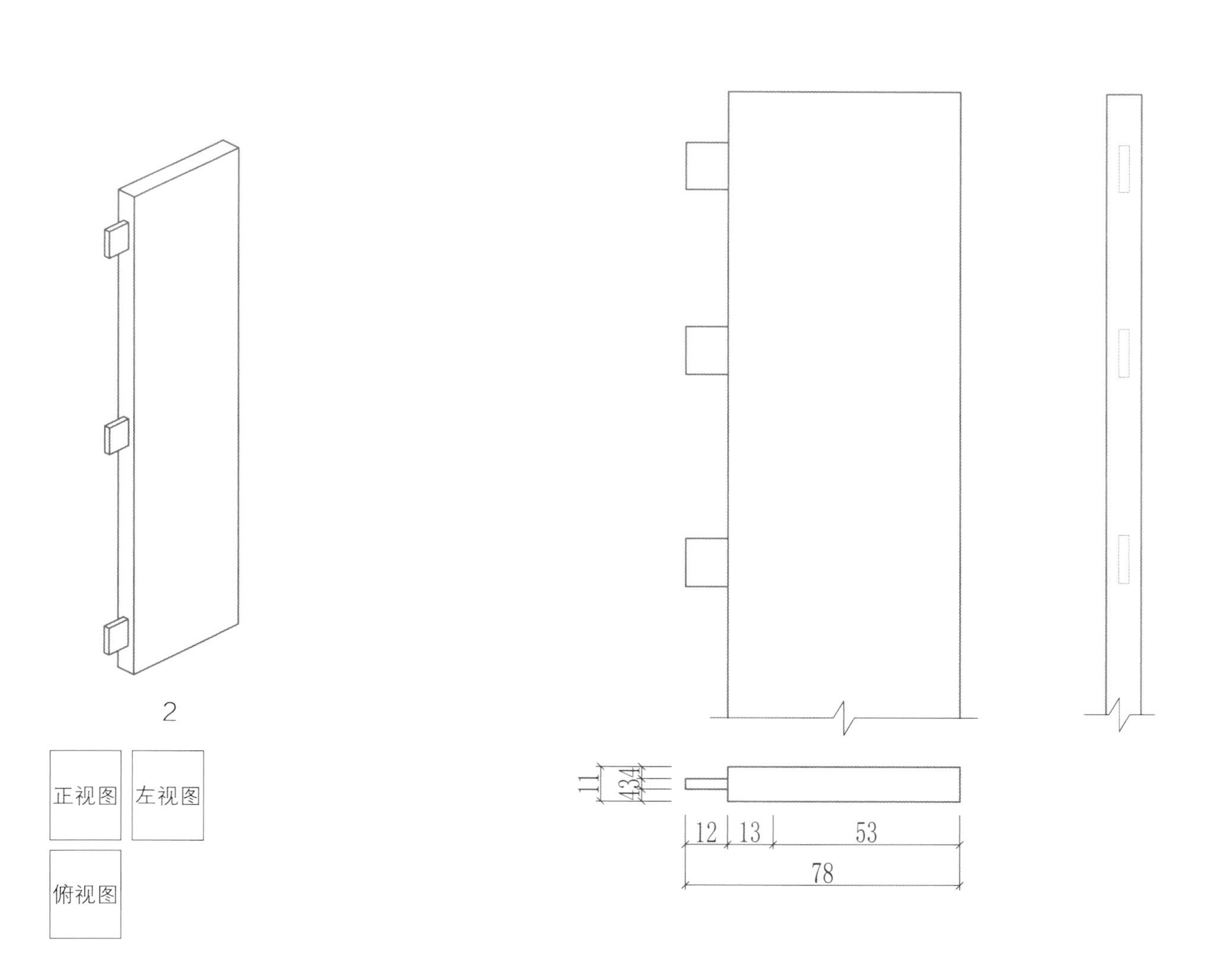

比例：1:2

七、走马销拼板

“走马销”为北方匠师对这种木销的一种叫法，独立的木销做成燕尾形状的榫头嵌入板中，另一块板相应的位置做榫眼，榫眼形状是半边方眼半边燕尾槽，榫头由方眼插入推向燕尾槽，即可销紧。

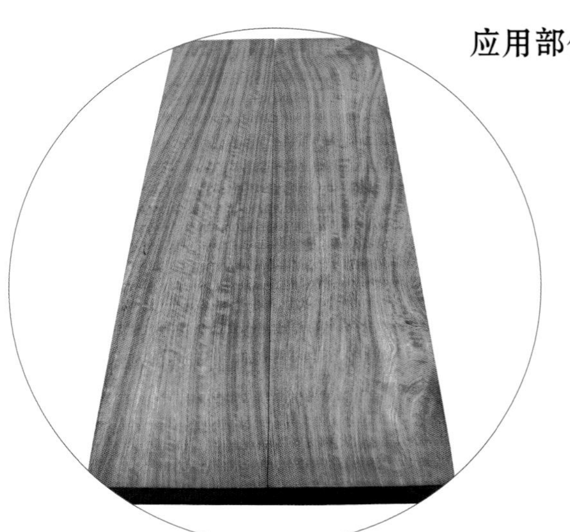

应用部位：适用于厚度2厘米以上的平板拼接，适合在经常接触潮湿环境的木结构上，胶水失效板子不至于开裂，家具拼板一般不用此结构。

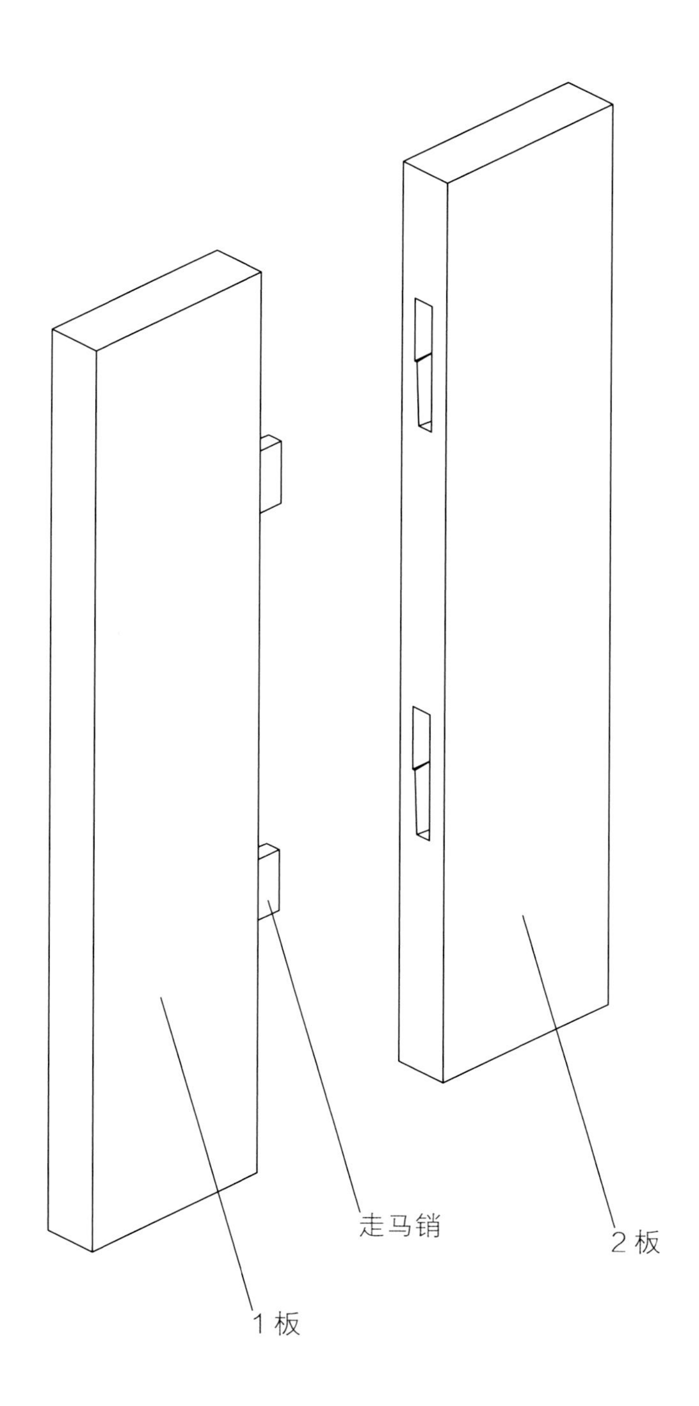

◆ **制作注意事项：** 拼板的走马销和用于经常拆装部位的走马销是有区别的，拼板的走马销厚度要一致，用于经常拆装的走马销前端应略薄一点点，这样在拆装时走马销不容易损坏。

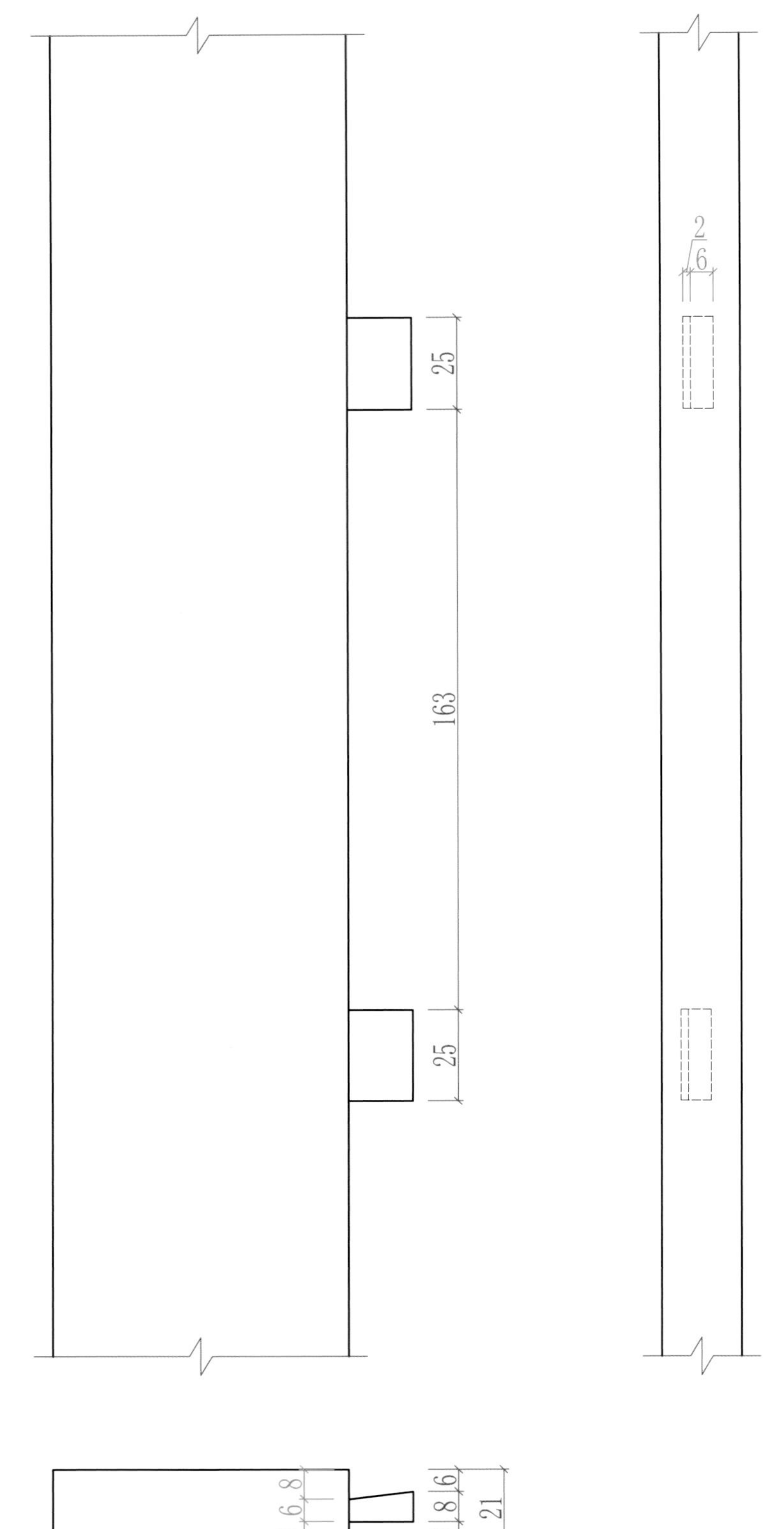

比例：1:2

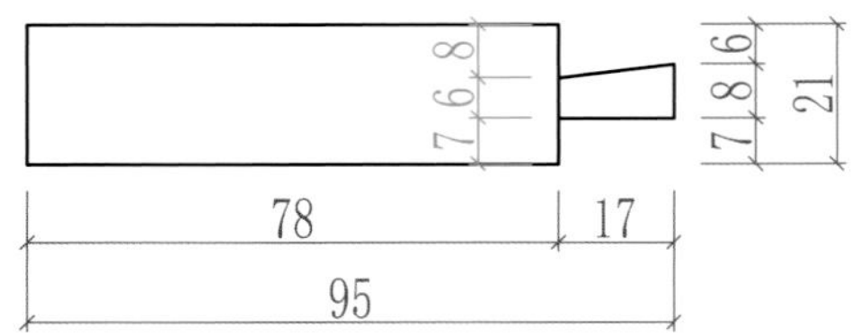

2

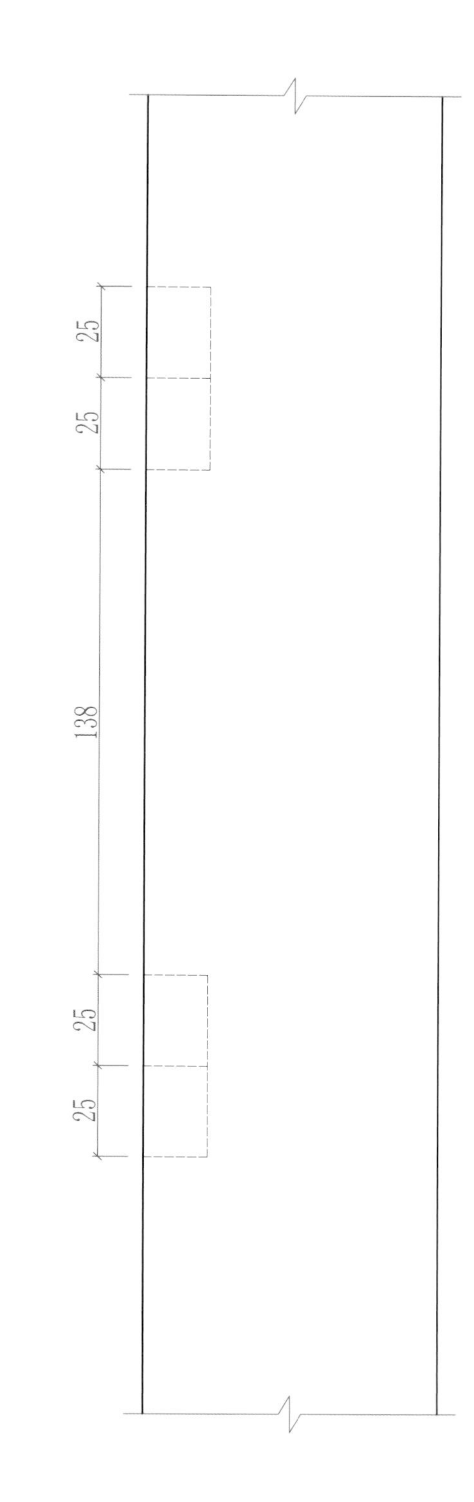

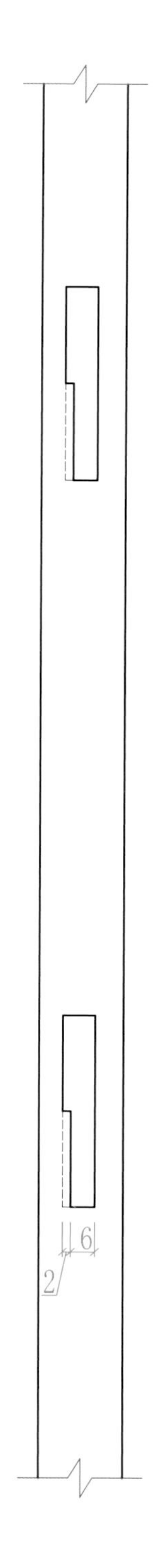

比例：1:2

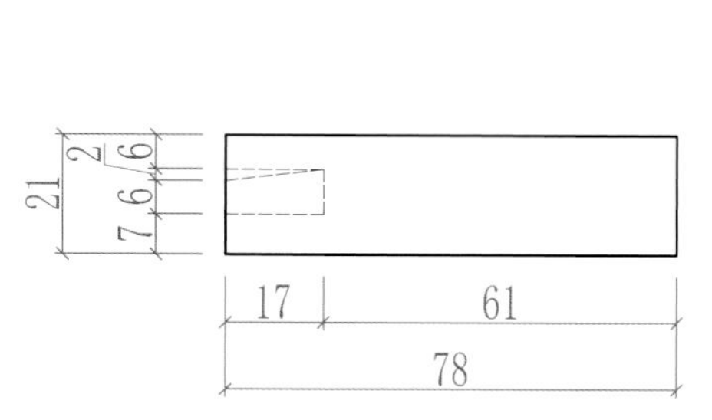

八、银锭条拼板

利用一个同时具备韧性和强度的木条，把它的截面加工成银锭形状，嵌入两个开银锭榫口的平板之中，接合起来比走马销拼板还要牢固。

应用部位：适用于经常接触潮湿环境的木结构上，家具制作一般不用此法。

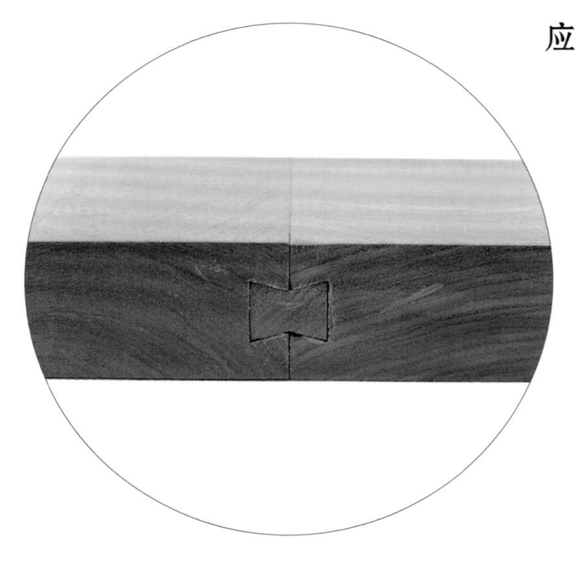

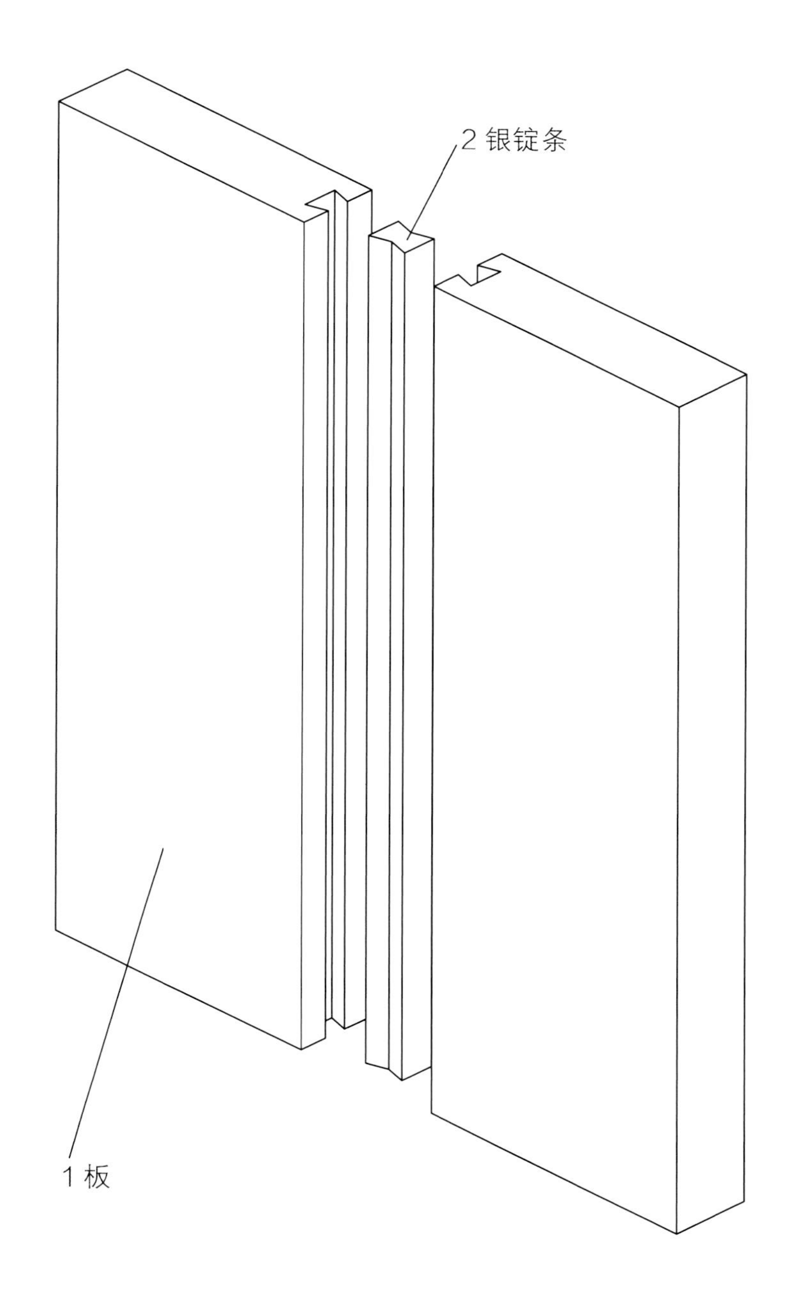

◆ **制作注意事项：** 一是利用此法拼板的板的厚度一般在 3 厘米以上；二是拼板的长度不宜过长，拼板太长，摩擦力会过大，银锭条很难嵌入槽口。

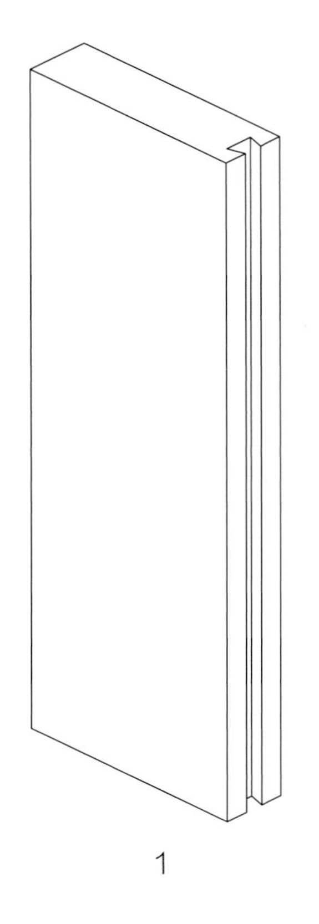

1

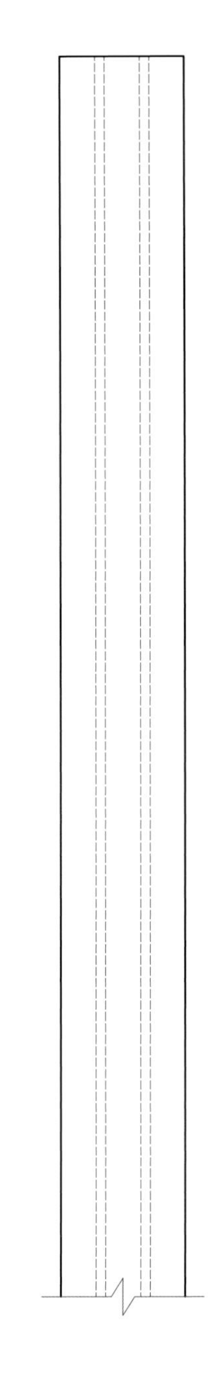

比例：1:2

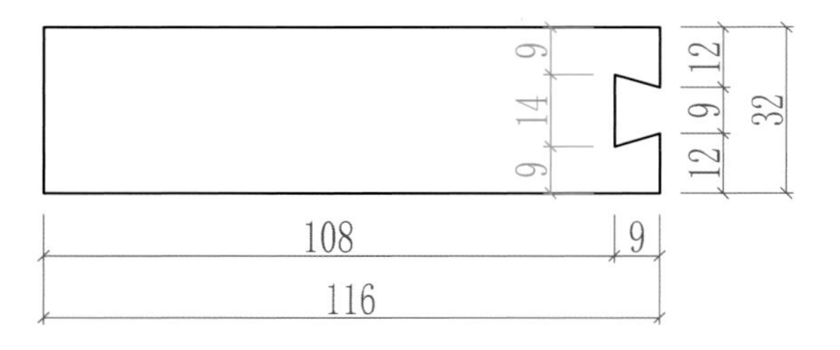

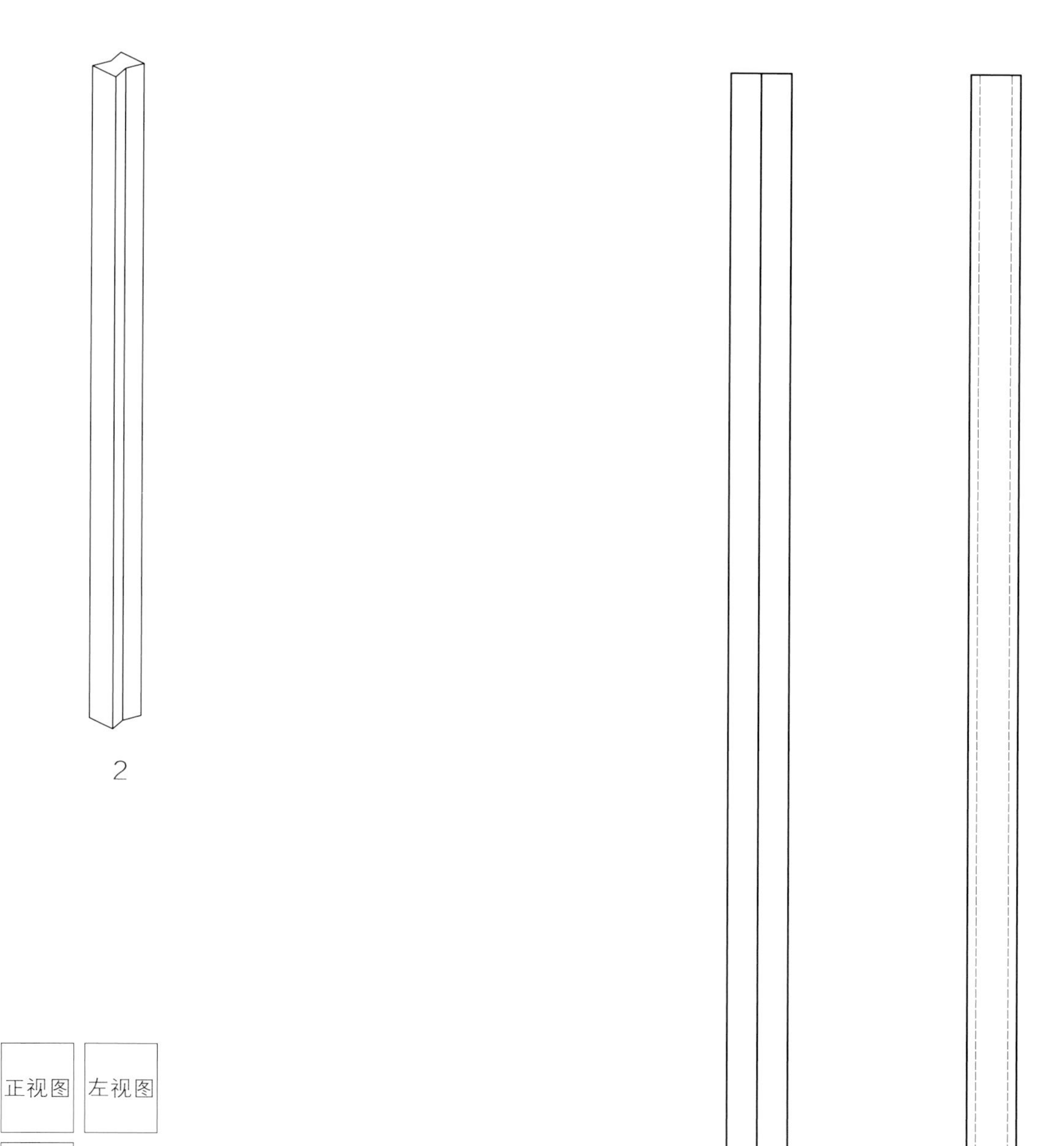

比例：1:2

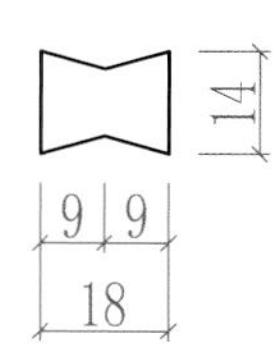

九、明燕尾榫平板直角接合

燕尾榫呈梯形。这种方法很传统，是平板直角接合最常用的方法，现在一直延用于家具制作中，体现了榫卯之美。

应用部位：大多应用于家具的抽屉和箱体结构。

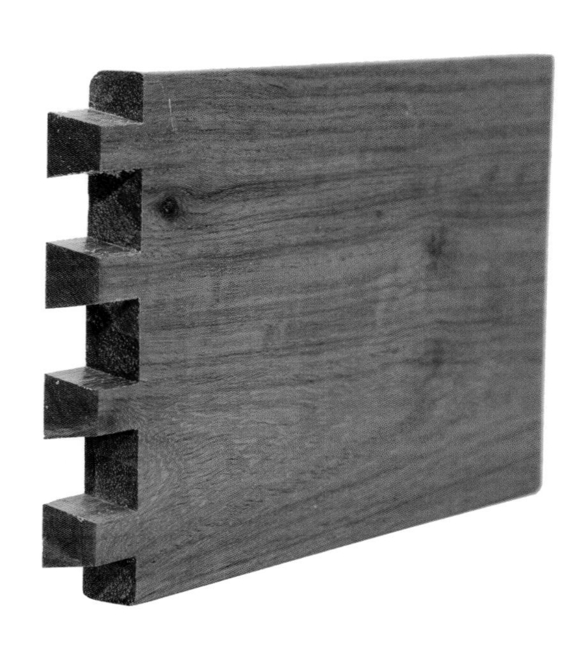

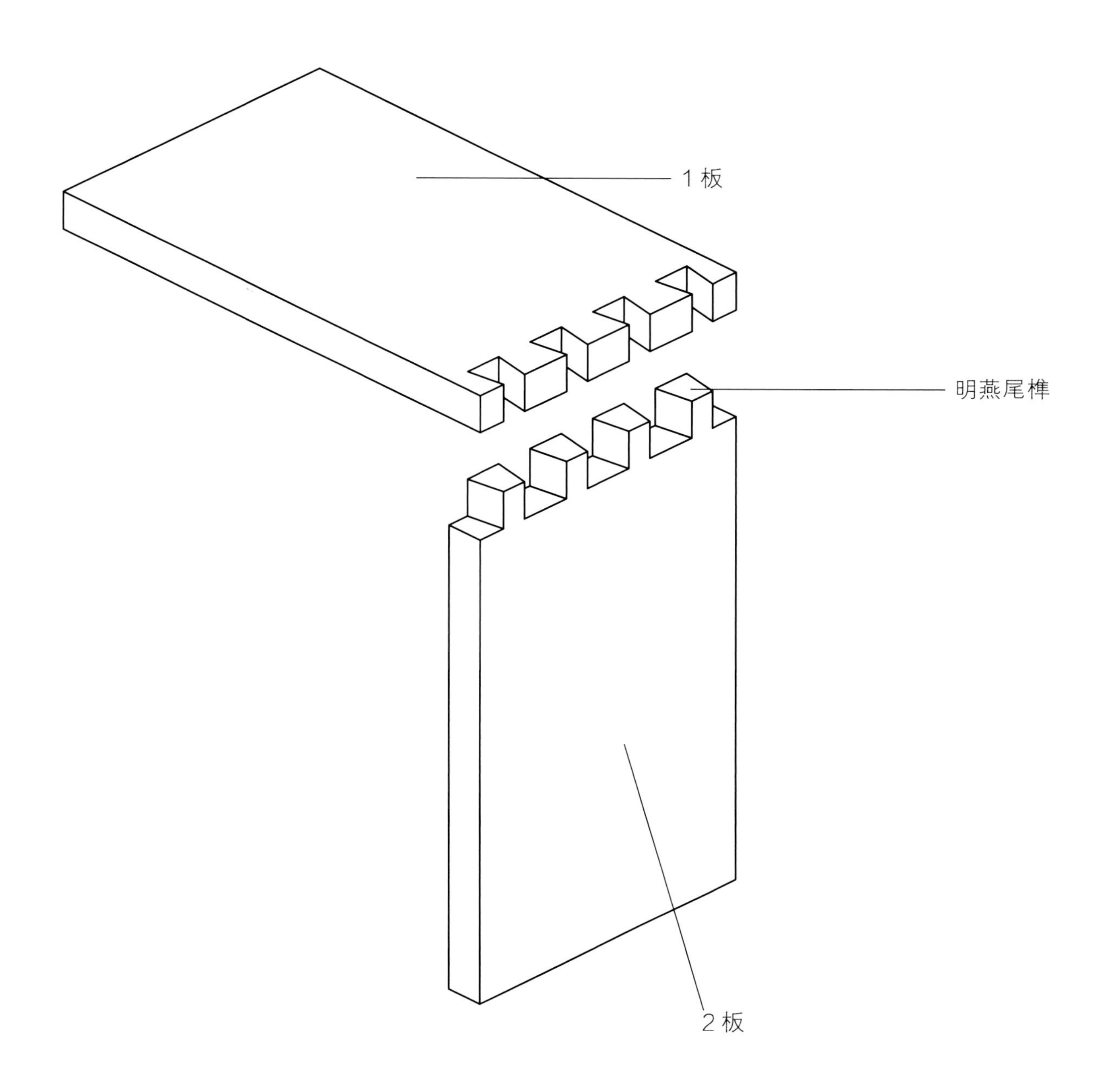

◆ **制作注意事项：** 做燕尾榫的地方选料要没有腐烂、结疤、风裂，根据板的宽度计算好燕尾榫数量，燕尾榫大小要一致，看上去要均匀美观。

1

正视图
左视图
俯视图

比例：1:2

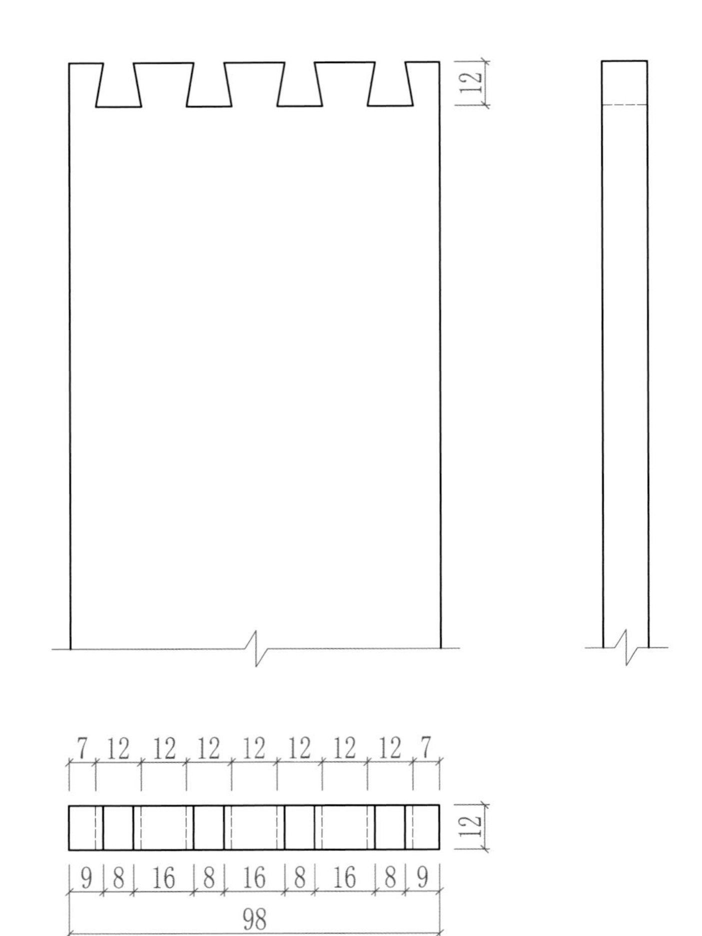
12
7 12 12 12 12 12 12 12 7
12
9 8 16 8 16 8 16 8 9
98

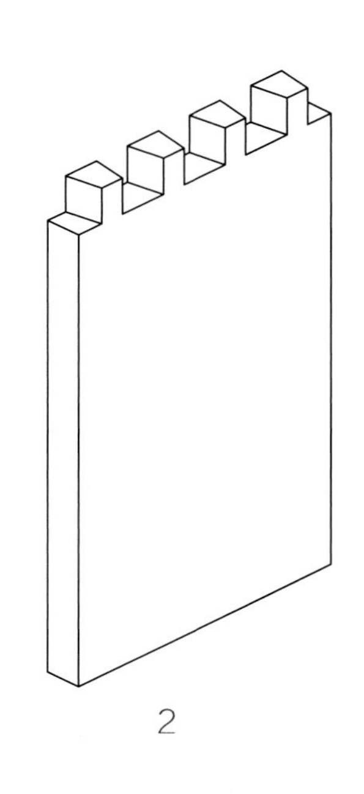

2

正视图
左视图
俯视图

比例：1:2

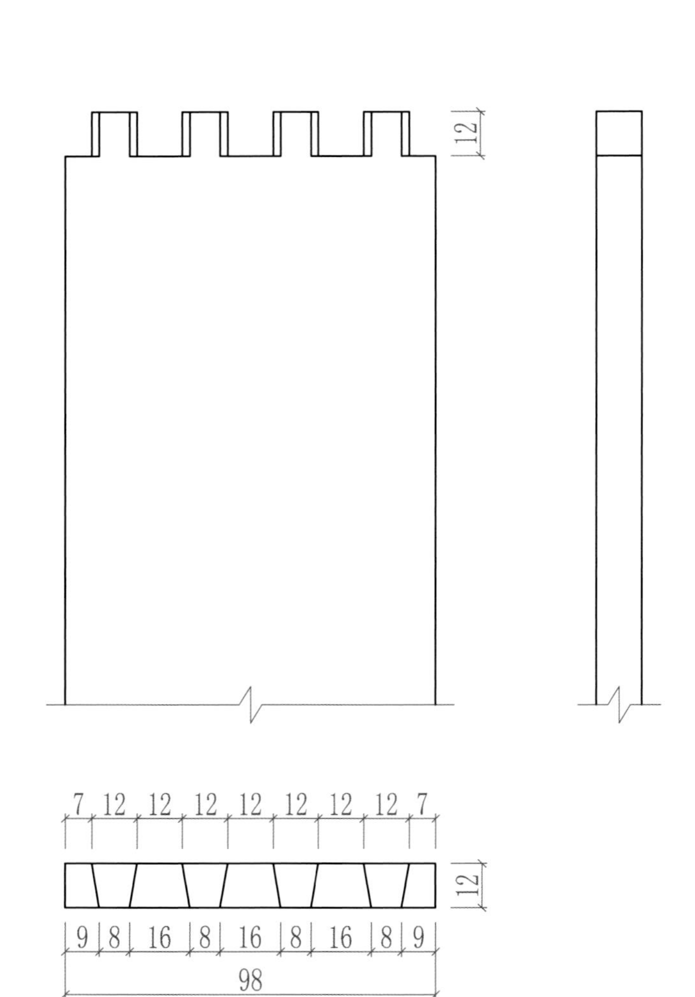
12
7 12 12 12 12 12 12 12 7
12
9 8 16 8 16 8 16 8 9
98

十、暗燕尾榫平板直角接合（闷榫）

这种方法是平板角接合最讲究的方法，从外表看不到榫头，但和明燕尾榫平板角接合比较，不如明燕尾榫接合得牢固。

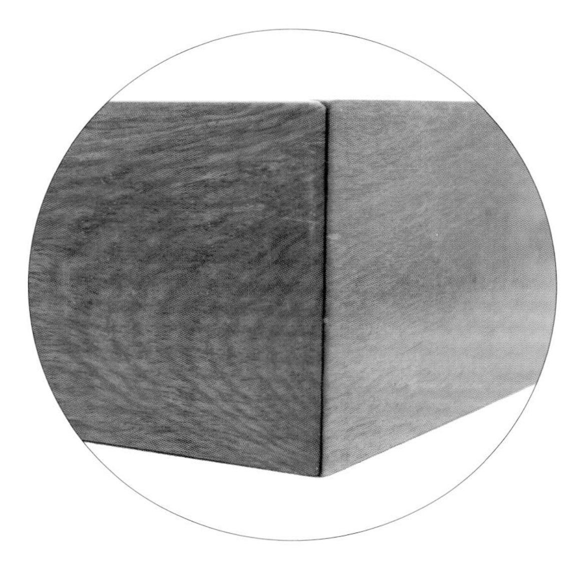

应用部位：常用于箱体结构、抽屉结构、桌案围板等的平板角结合处。

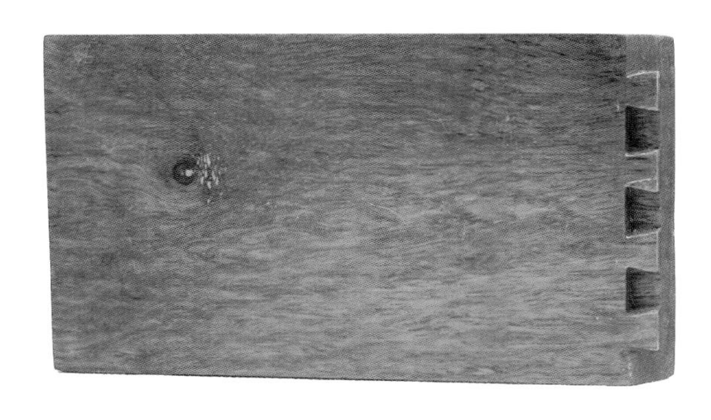

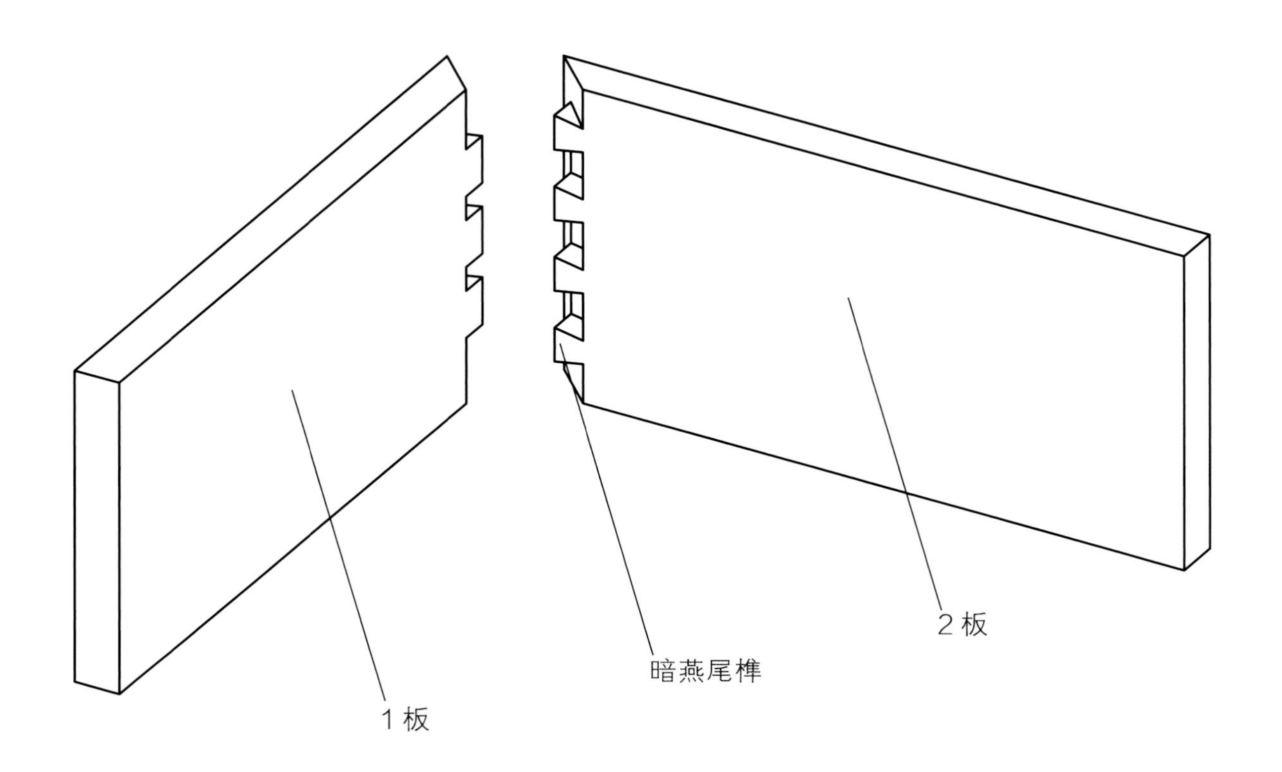

◆ **制作注意事项：** 如果板料厚度在1厘米以下加工难度大；并且也不牢固。燕尾榫头不宜过宽，也就是单位板的宽度内，燕尾榫数量越多，接合越牢固。

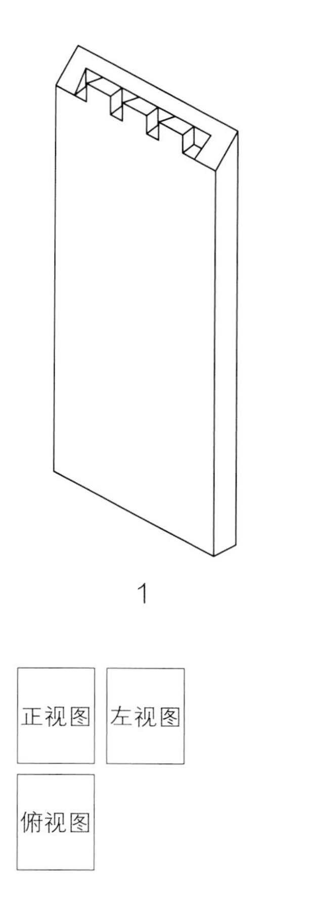

1

正视图 左视图

俯视图

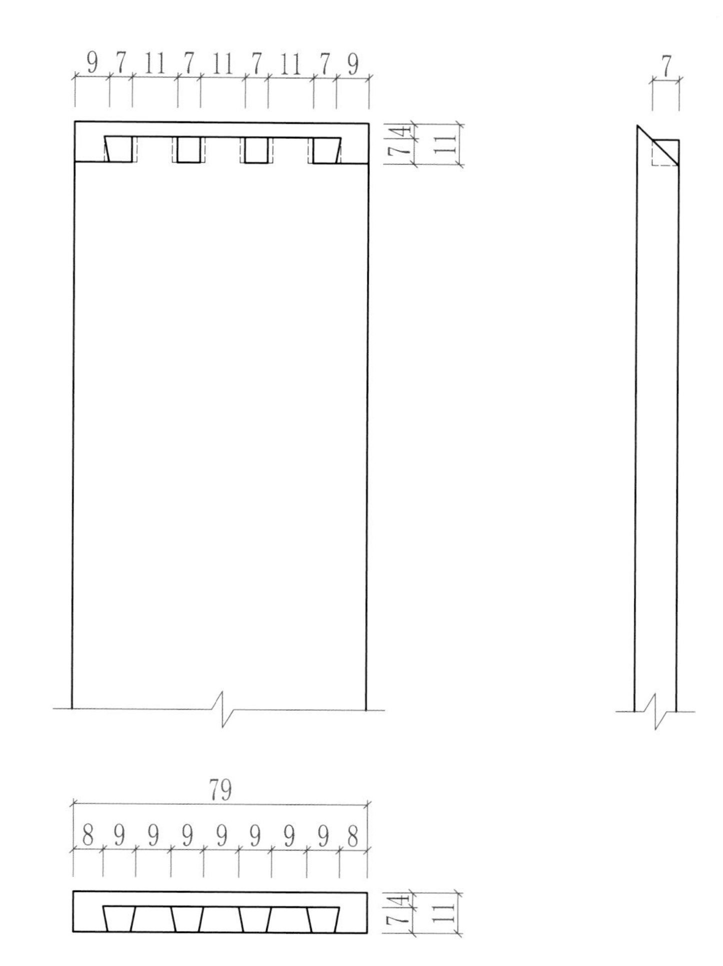

比例：1:2

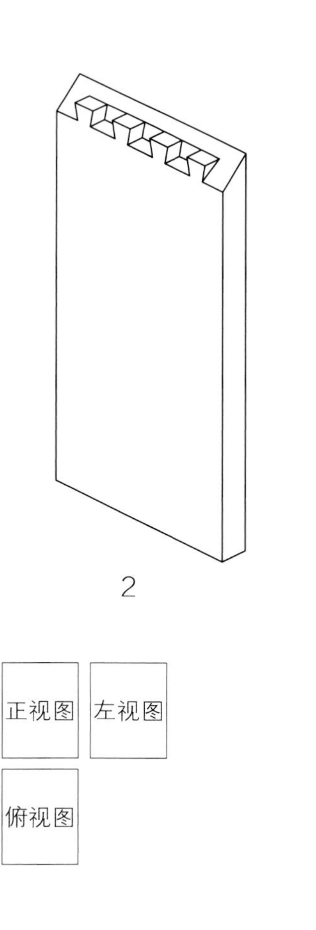

2

正视图 左视图

俯视图

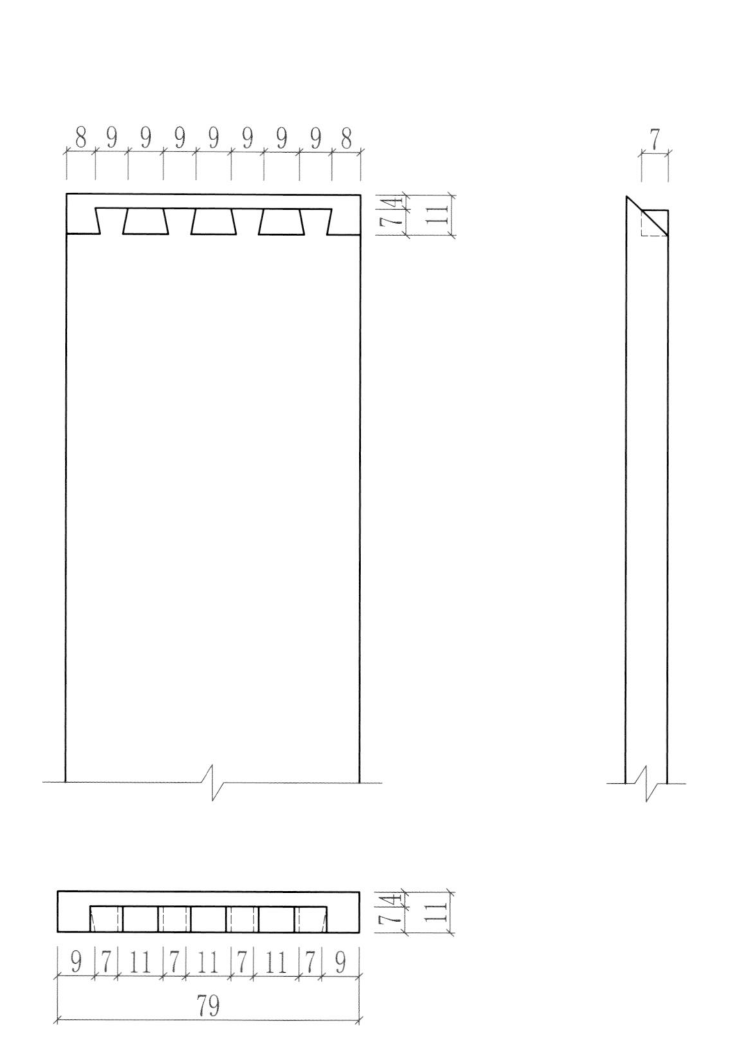

比例：1:2

十一、独板和攒边框角接合

几式家具源远流长，从战国时代已经出现，是中式家具的古老音符，在明代更是多种多样。此种接合方式是几式家具最常用的结合方式。

应用部位：用于几式家具上。

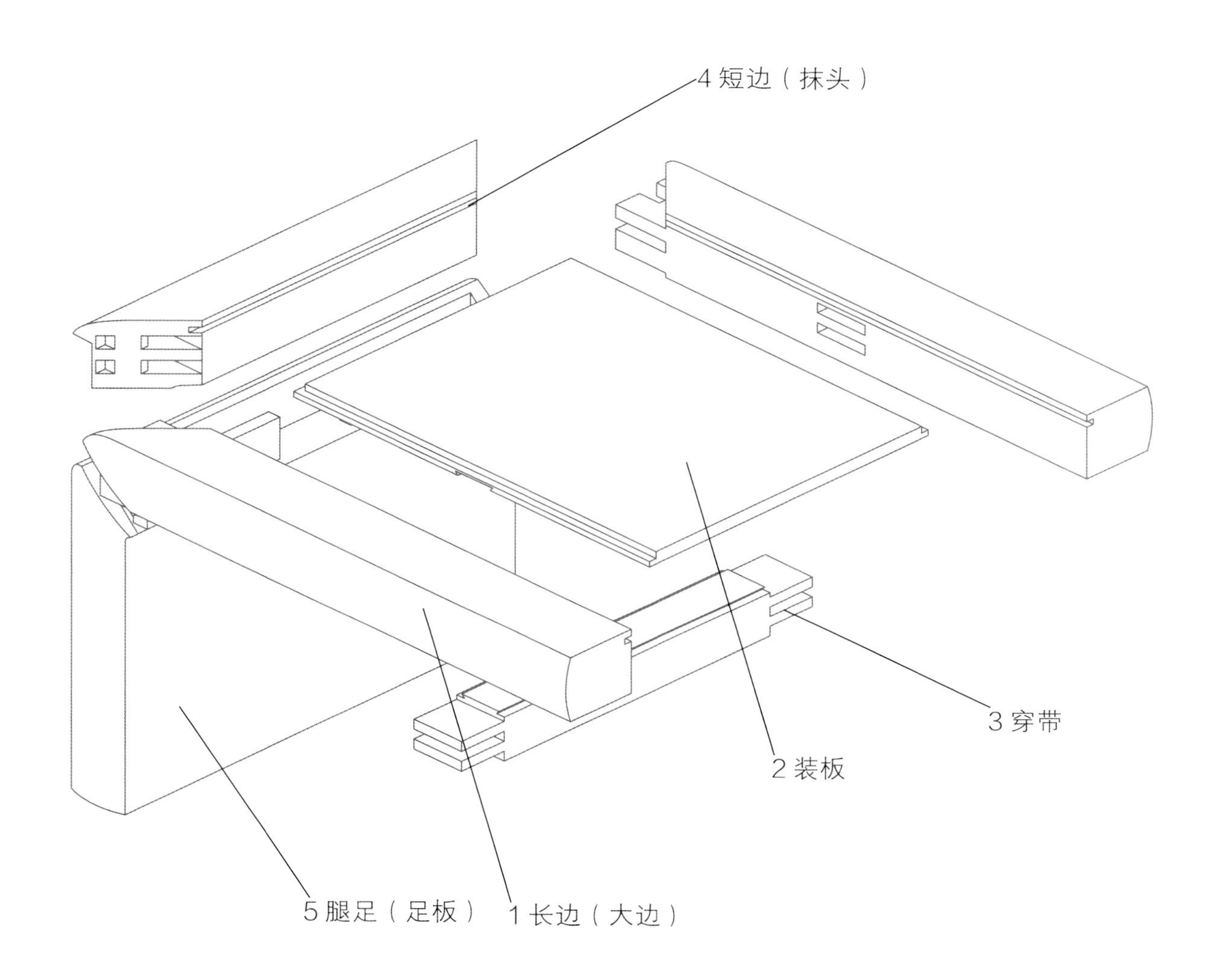

◆ **制作注意事项：** 独板和攒边框角接合是粽角榫的一种接合方式。腿部采用独板是为了便于出造型，缺点是如果木材处理不好容易造成腿部开裂。

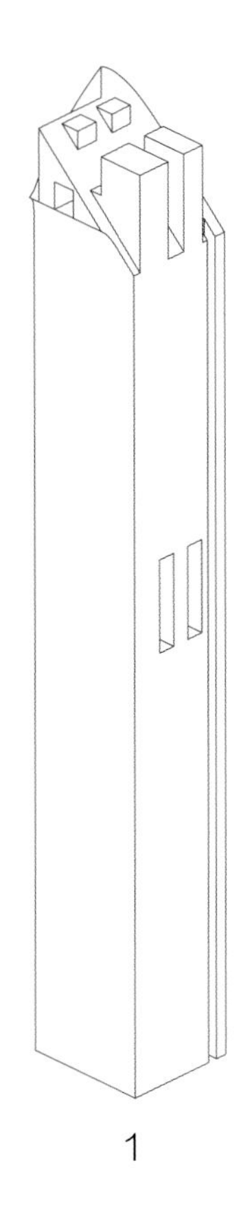

1

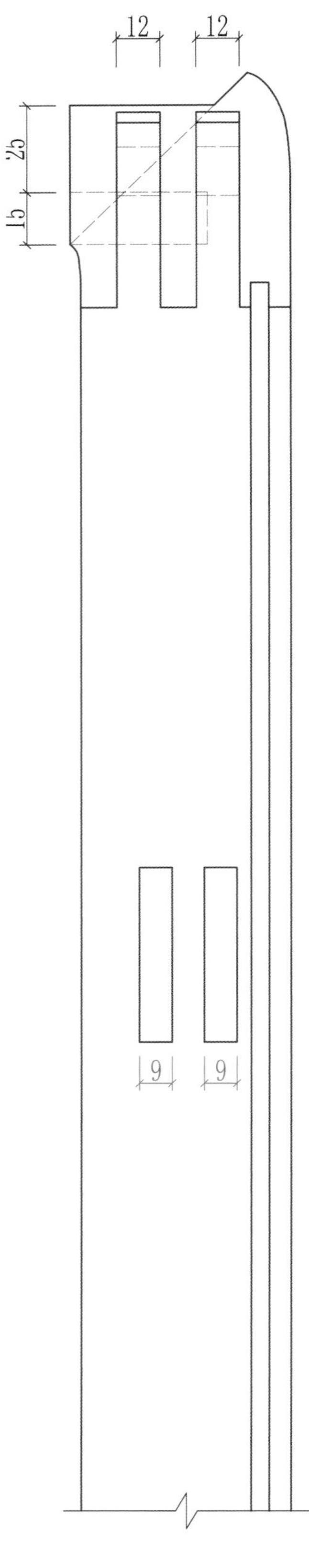

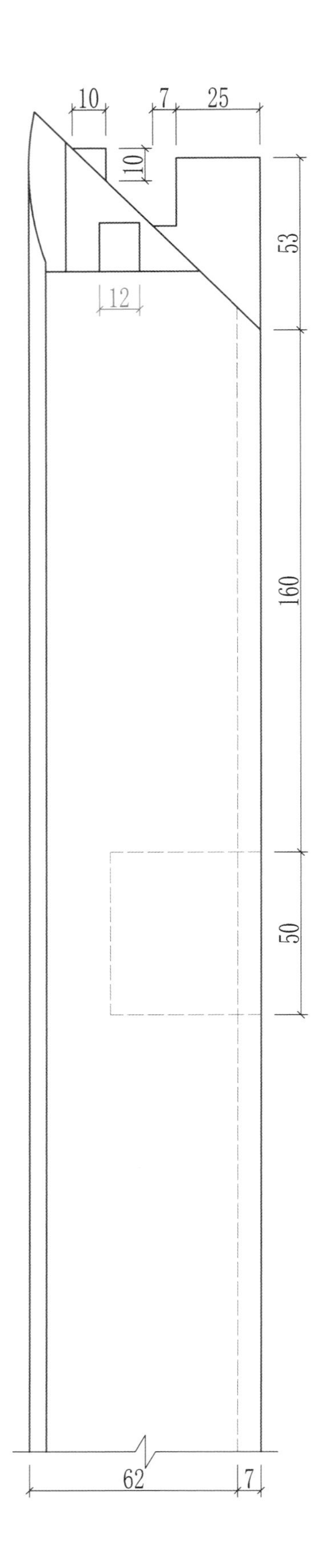

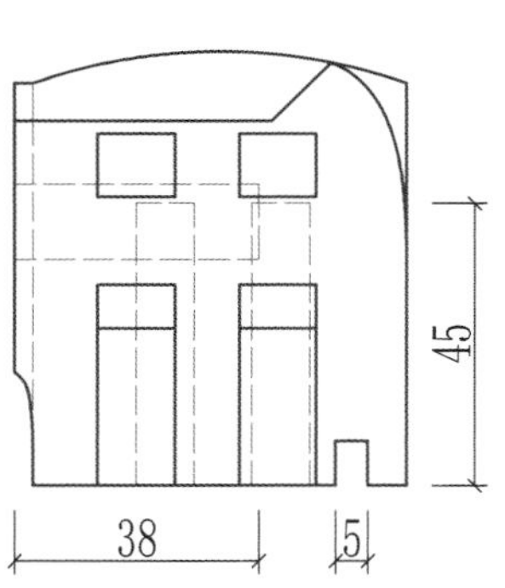

正视图	左视图
俯视图	

比例：1:2

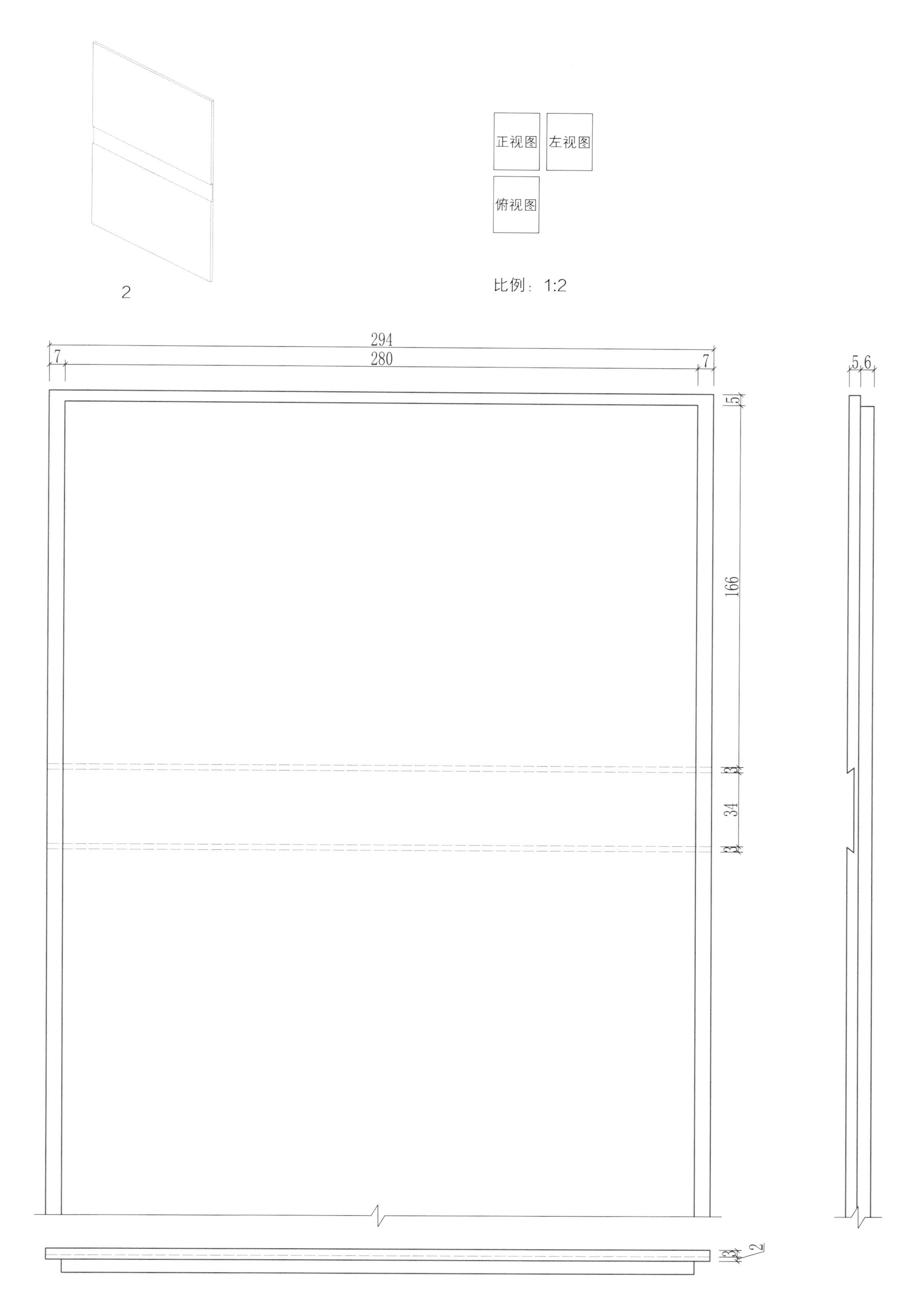
2
正视图
左视图
俯视图
比例：1:2
294
7
280
7
5.6
5
166
3
34
3
3
2

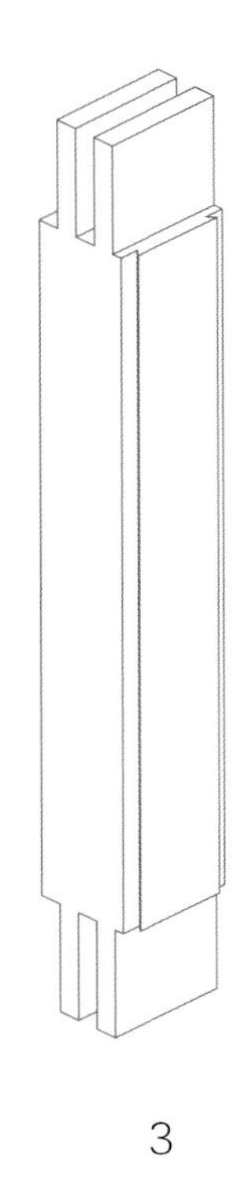

3

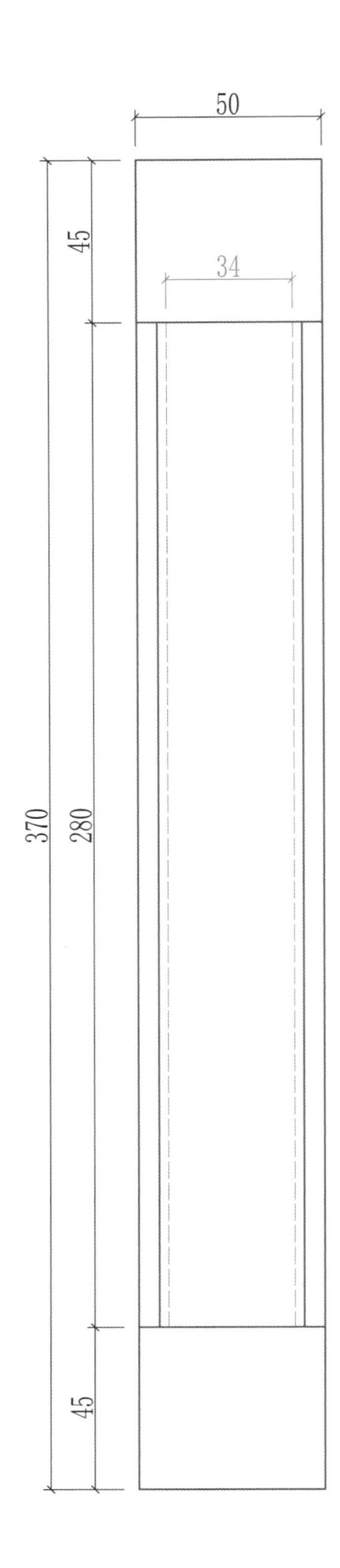

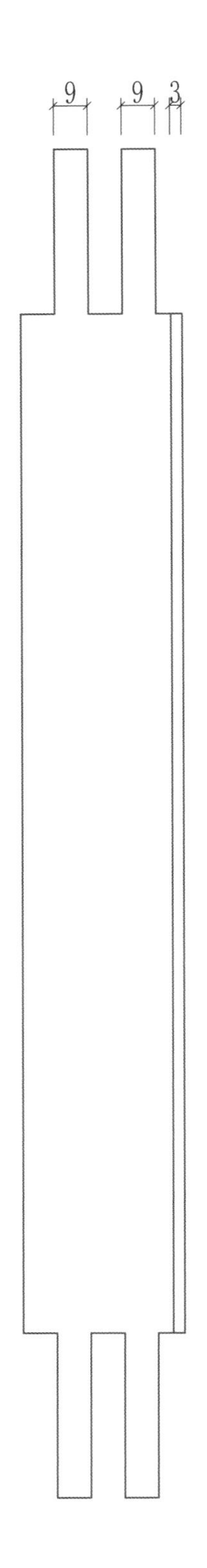

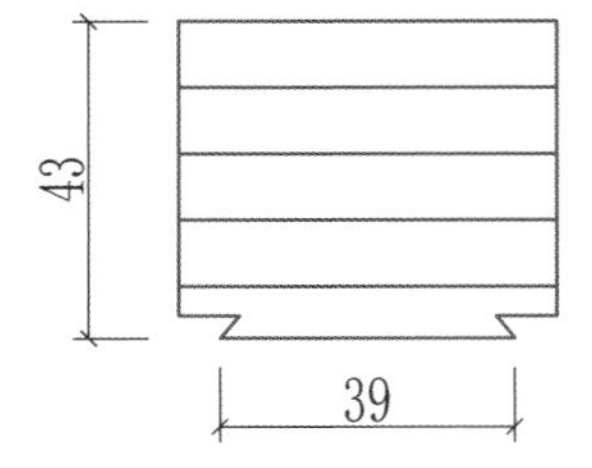

正视图	左视图
俯视图	

比例：1:2

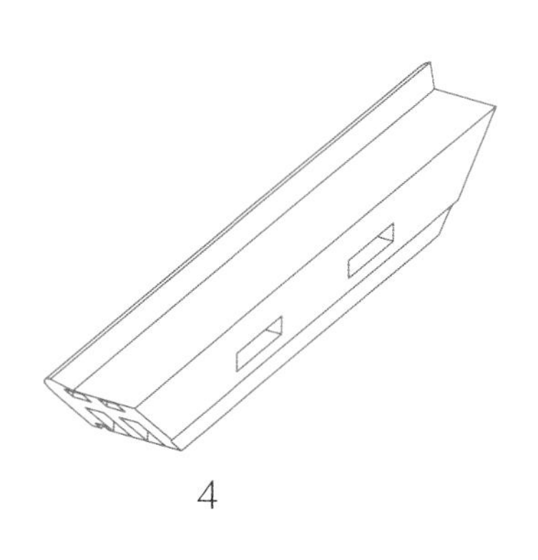

4

正视图
左视图
俯视图

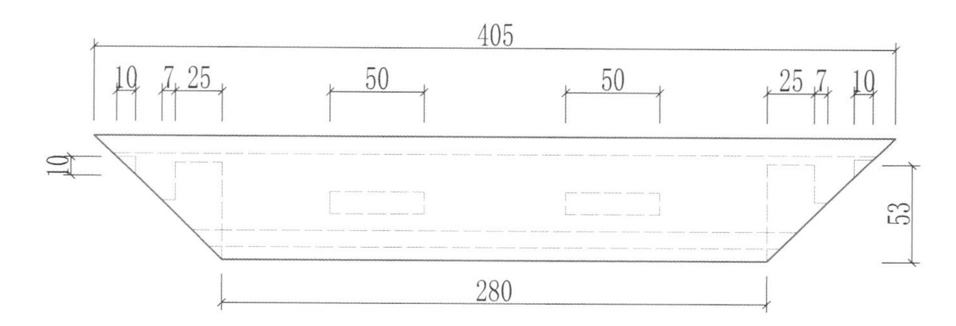
405
10
7
25
50
50
25
7
10
10
53
280

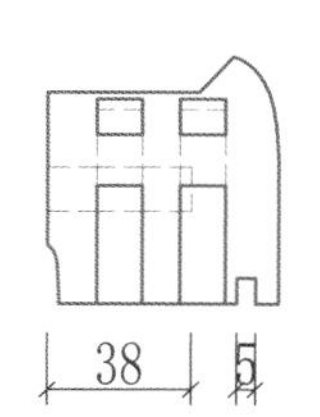
38
5

比例：1:4

12
12

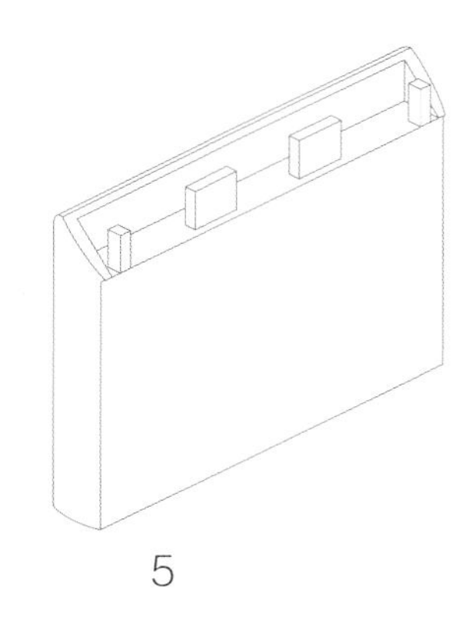

5

正视图
左视图
俯视图

比例：1:4

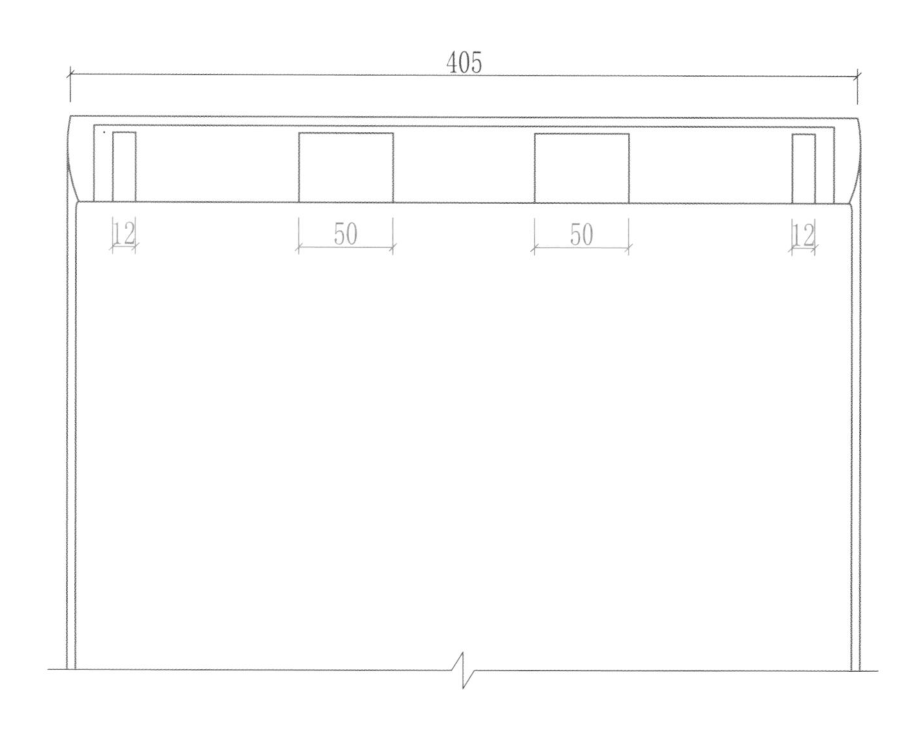
405
12
50
50
12

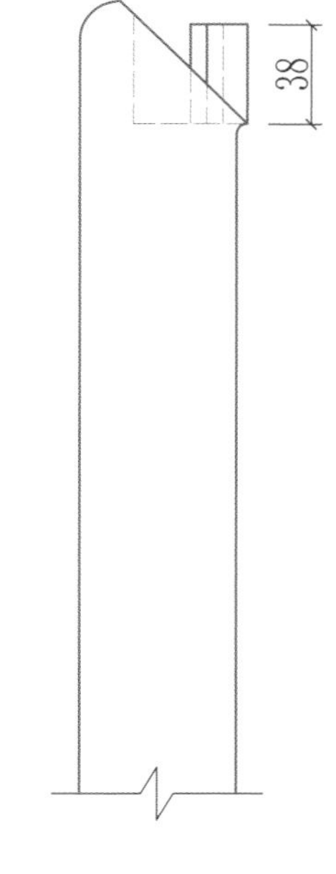
38

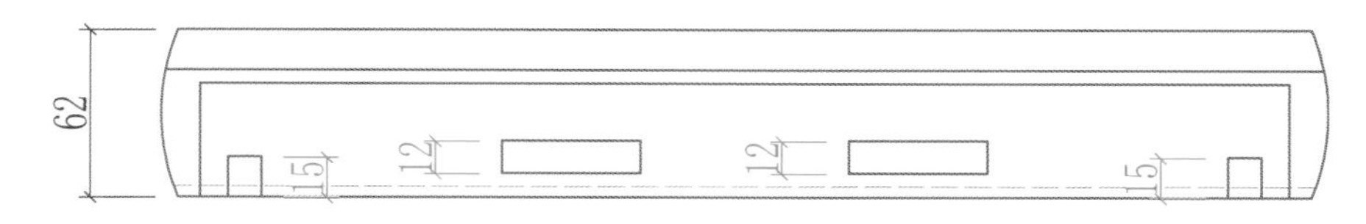
62
15
12
12
15

十二、方材丁字形接合 1（直肩榫）

此种榫卯是最基本的榫卯结构，被广泛应用于家具制作中。祖先最先制作简易家具时应该就已经采用了此结构，别的榫卯结构都是根据此种榫卯结构不断演变而来的。

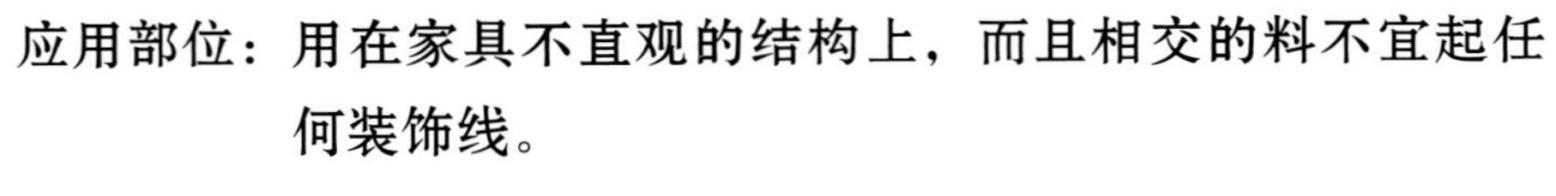
应用部位：用在家具不直观的结构上，而且相交的料不宜起任何装饰线。

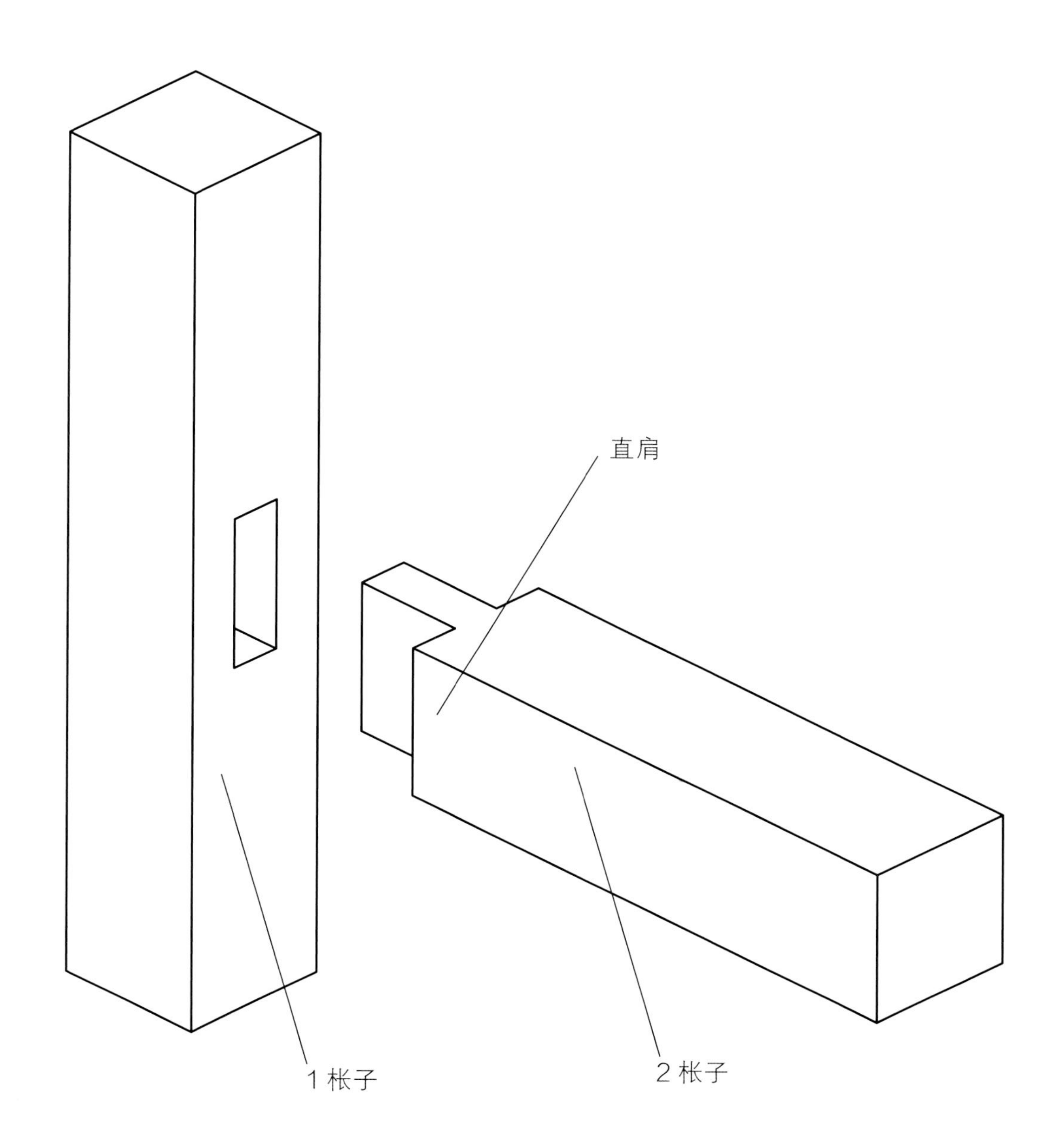

◆ **制作注意事项：** 在此结构中如果是半榫，榫头尽量做长，开榫头时锯口不要过榫头肩线，榫头的两个直肩要在一个平面上。

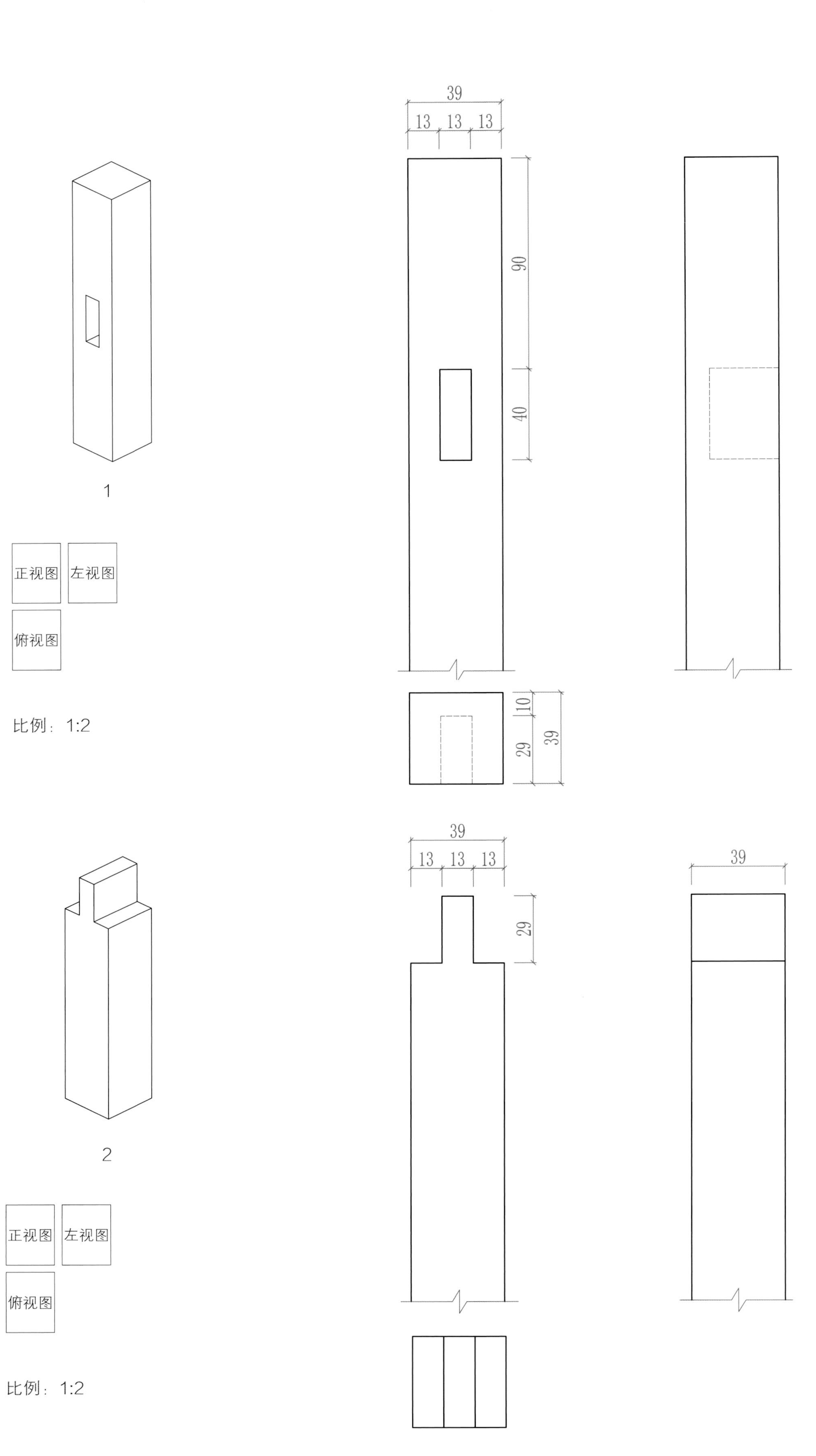
39
13
13
13
90
40
1
正视图
左视图
俯视图
比例：1:2
10
29
39
39
13
13
13
29
39
2
正视图
左视图
俯视图
比例：1:2

十三、方材丁字形接合 2（一面小格肩，一面直肩）

一般情况下，直肩用于家具的背面，格肩用于家具的看面。小格肩结构的应用便于两根直材表面起比较宽的相交装饰线，装饰线的宽度等于格肩宽度，使其相交处美观大方。

应用部位：在家具结构中应用广泛。

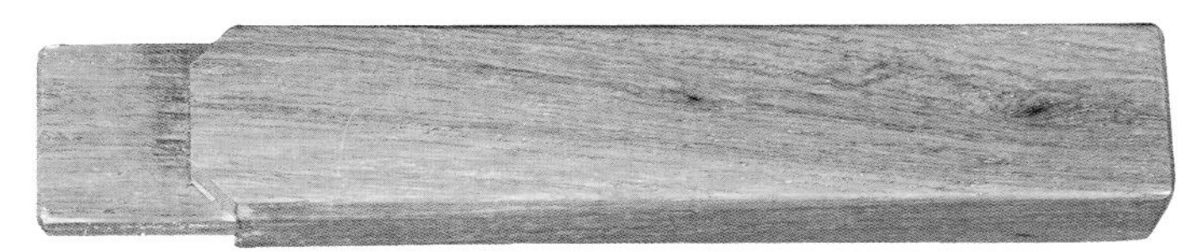

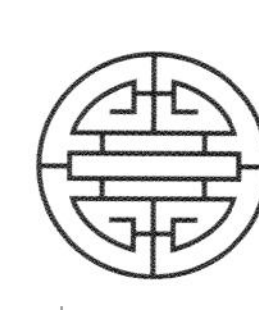

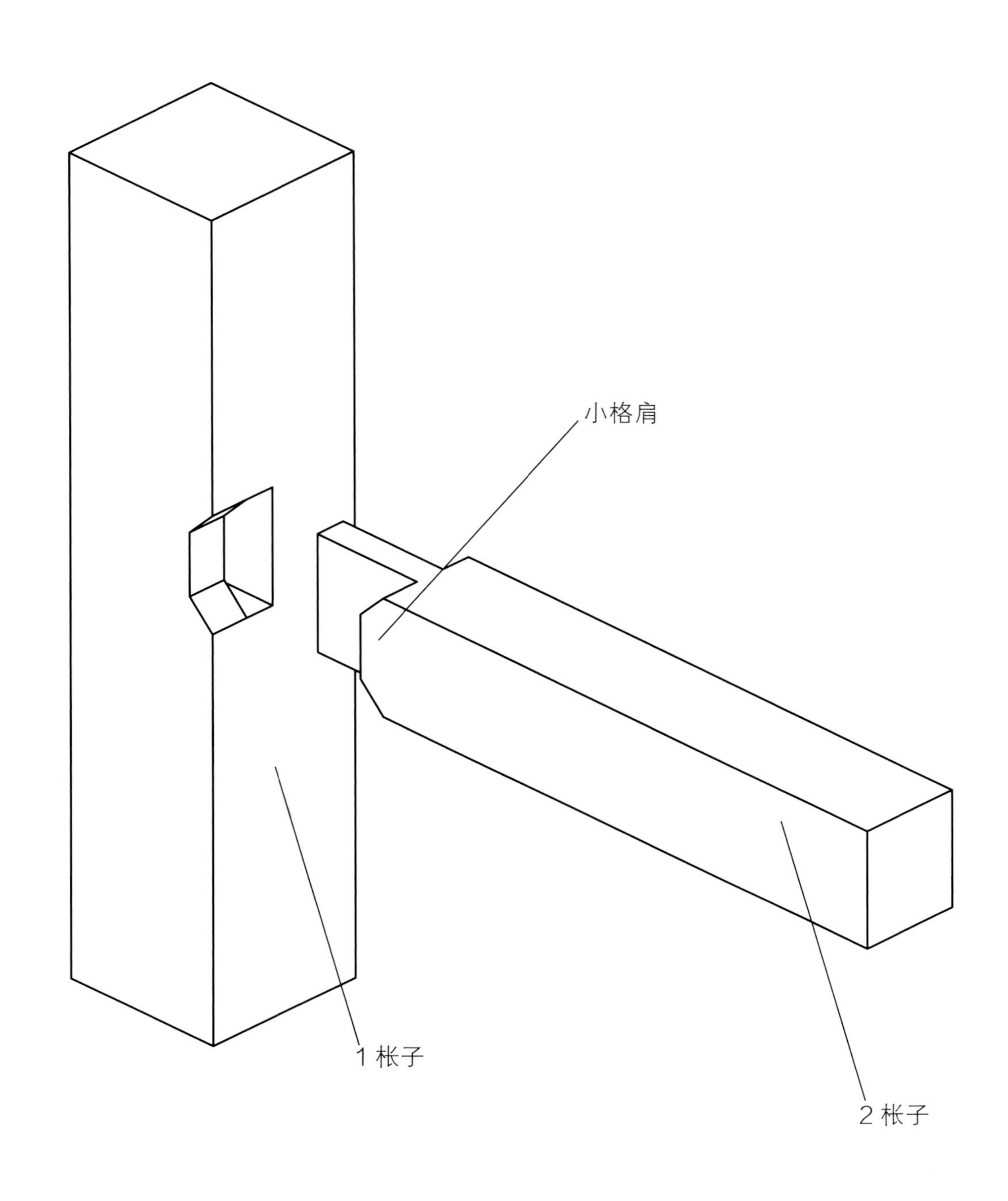

◆ **制作注意事项：** 如果两根料相交，小格肩的肩要厚一点，这样榫卯接合会更牢固。如果三根料相交，小格肩的肩要薄一些，这样可增加榫头的长度，那么也就增加了榫卯接合的牢固性。

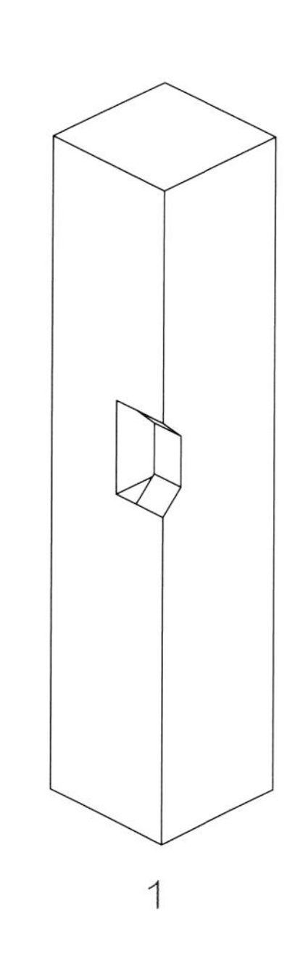

1

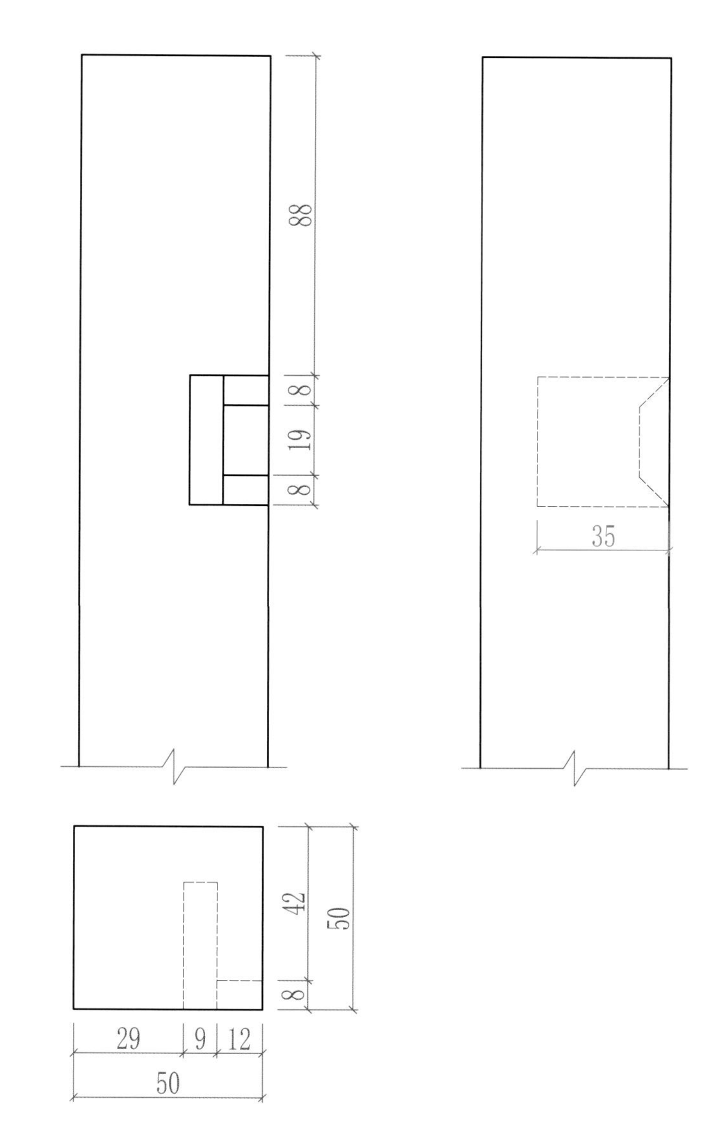

正视图 左视图

俯视图

比例：1:2

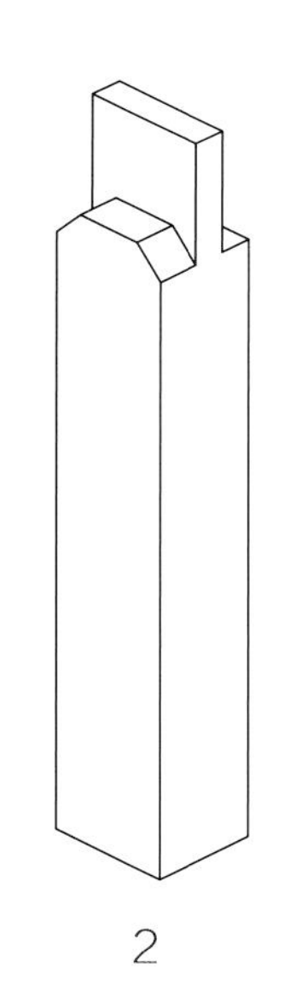

2

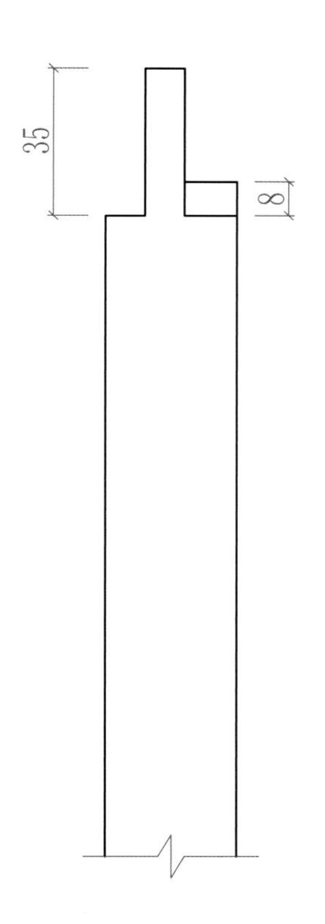

正视图 左视图

俯视图

比例：1:2

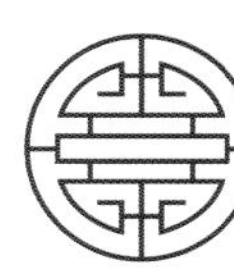

十四、方材丁字形接合3（一面大格肩，一面直肩）

大格肩和小格肩基本形式一样，加工比小格肩容易。在家具制作中，大格肩广泛应用于两根或三根料表面丁字接合。

应用部位：在家具结构中应用广泛。

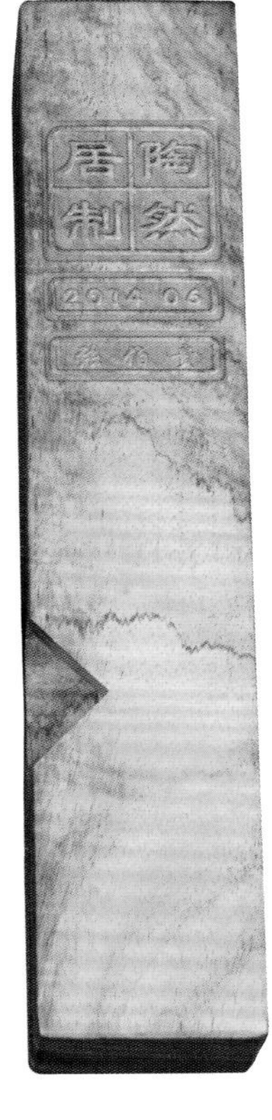

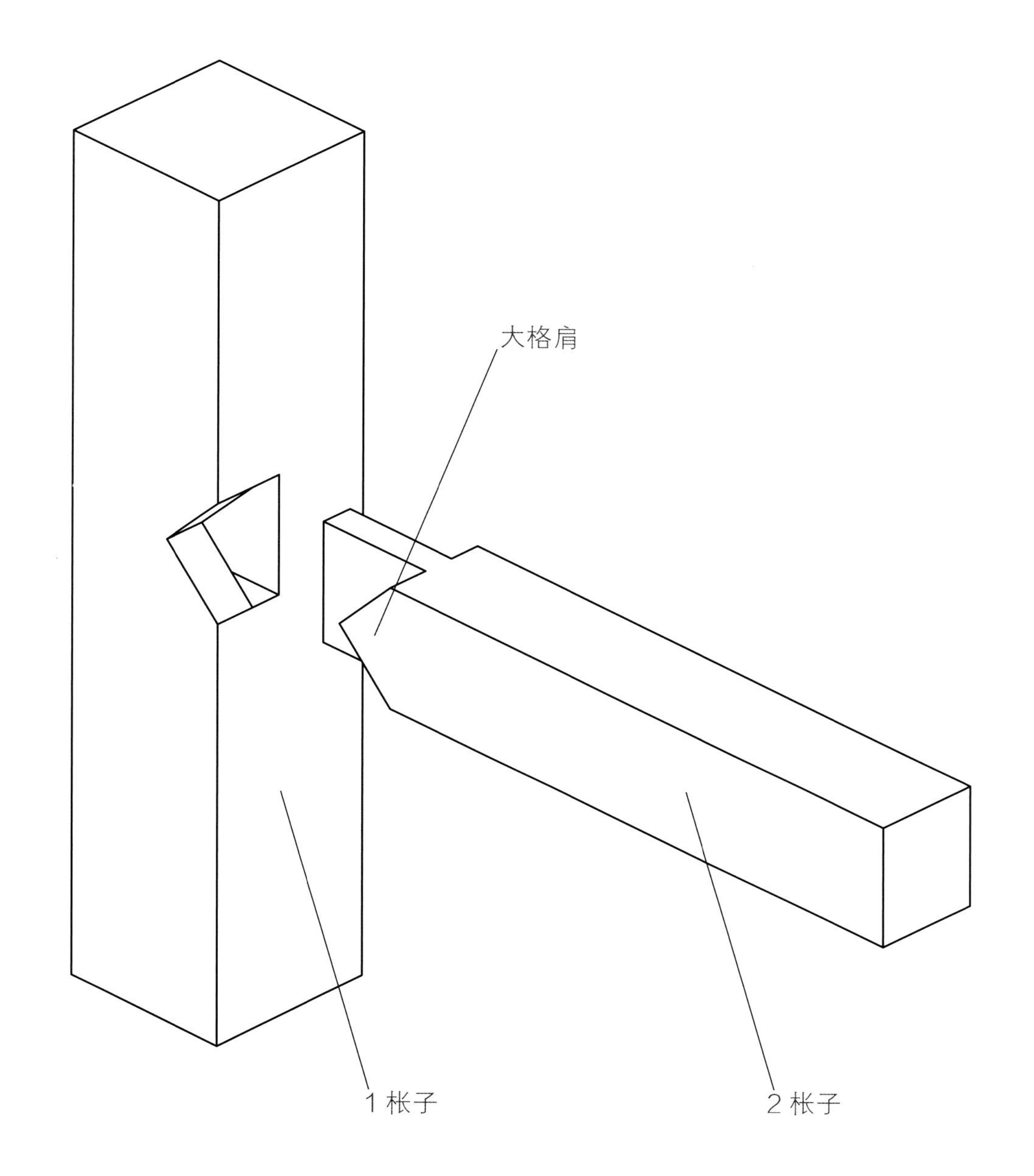

◆ **制作注意事项：** 一般情况下，格肩的一面是看面，直肩一面是背面，为了格肩处接合更严密，通常做法是：直肩的肩线比格肩的肩线做虚 1~2 丝米，这个做法适合所有的外格肩、内直肩榫卯的制作。

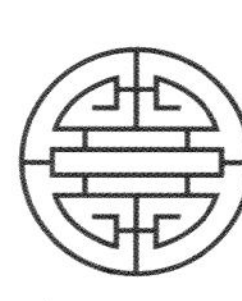

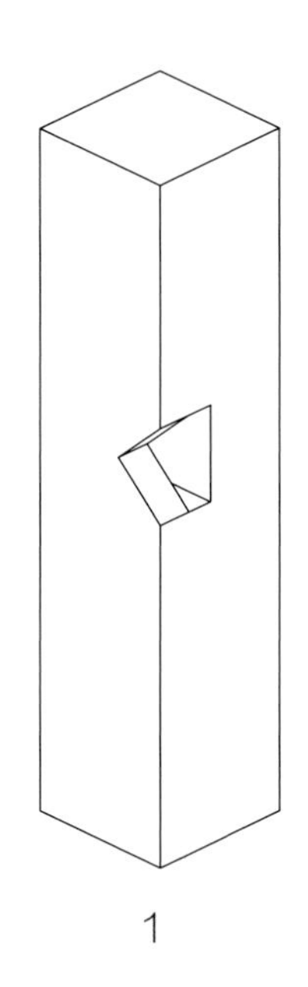

1

正视图 左视图

俯视图

比例：1:2

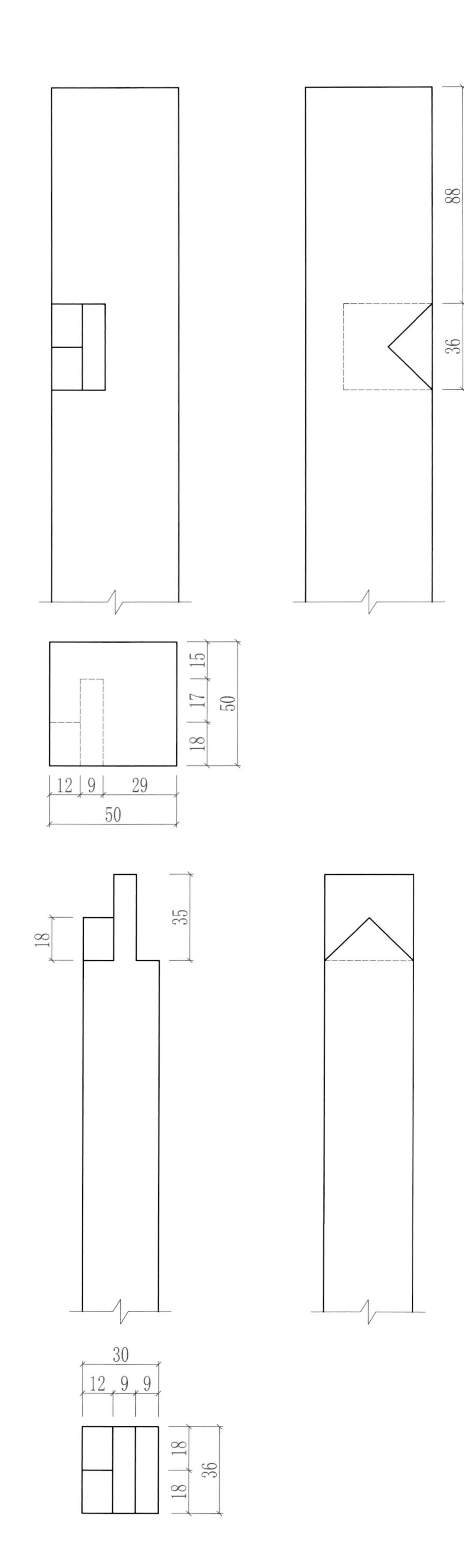

2

正视图 左视图

俯视图

比例：1:2

十五、方材丁字形接合 4（内角倒圆，两面大格肩虚肩榫）

两面大格肩一般来讲两面都是看面，人们习惯把家具的看面做成格肩，看不到的地方做成直肩，当两根料丁字接合相交时，如果料的厚度不一样，背面也只能做成直肩。大格肩虚肩是格肩结构的最佳结构，做成虚肩的目的是使榫头接触面大，增加了榫头和榫眼的摩擦力，达到榫卯接合牢固的目的。

应用部位：适用于床围子和沙发类扶手及几何造型图案。同时也适用框内角出各种线条装饰。

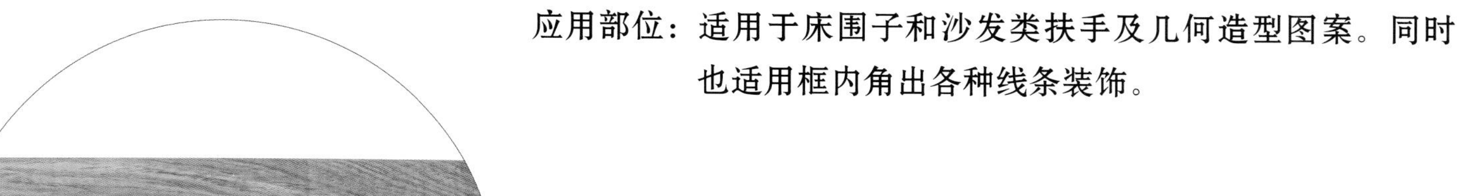

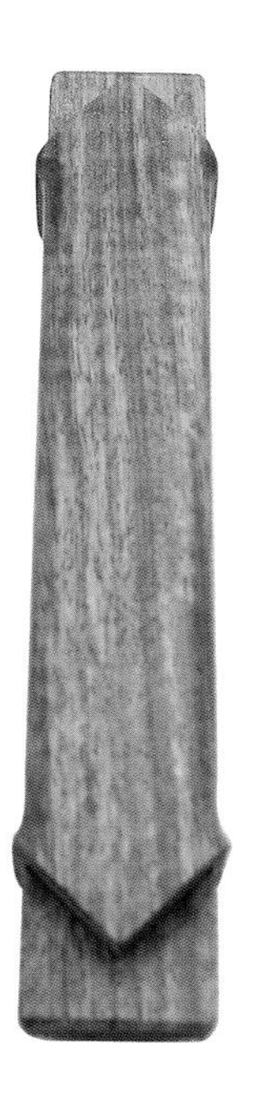

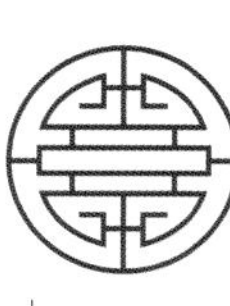

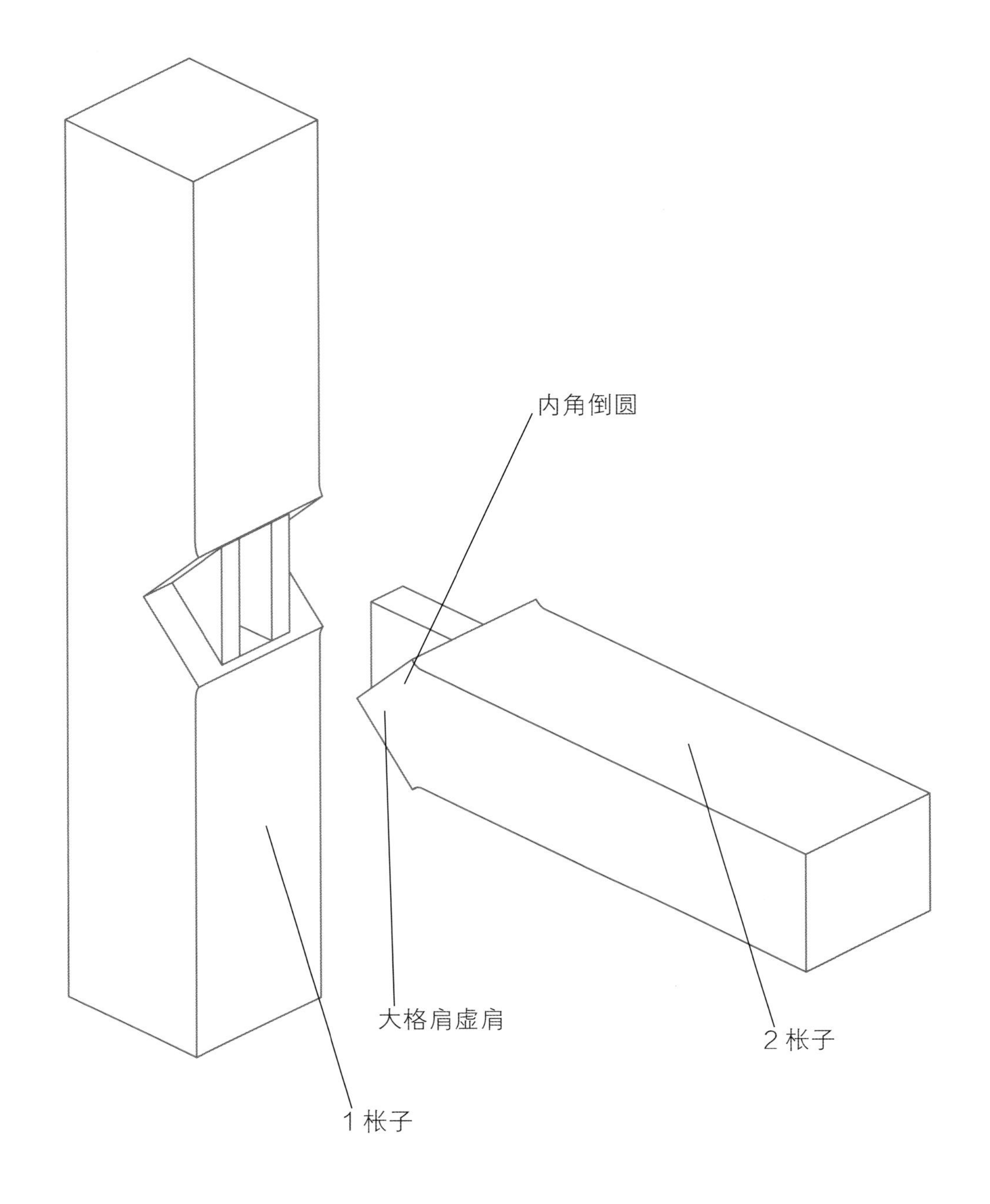

◆ 制作注意事项：这种结构是两根料丁字接合中比较难做的一种结构，如果用在组装家具时上胶水，格肩圆角处越严紧越好。如果家具是活拆家具，也就是家具不上胶水，拆装时圆角处容易“掉肉”，因为这里的木纤维是断茬。所以把窄面榫头和榫眼的接触面做了微小的格肩处理，这样大大减轻了“掉肉”现象。另外八字肩的圆角处接触面应做虚一点，这里不能受力。

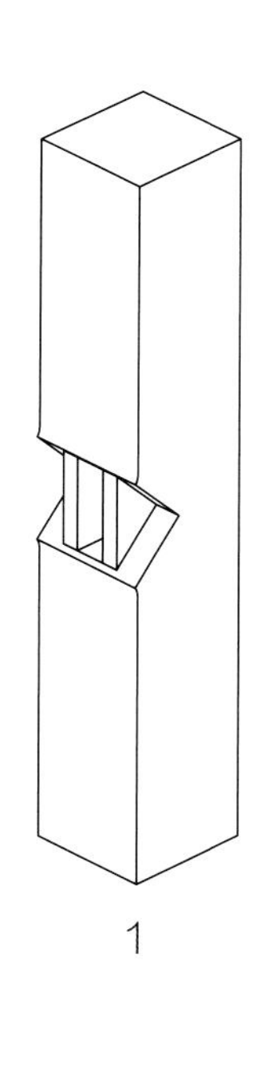

1

正视图 左视图

俯视图

比例：1:2

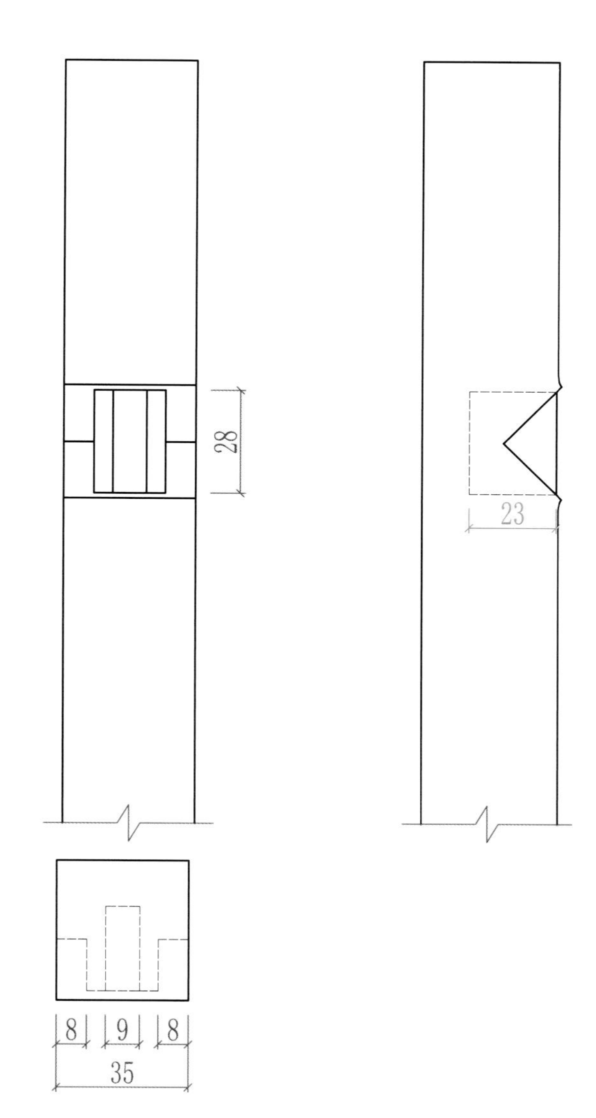

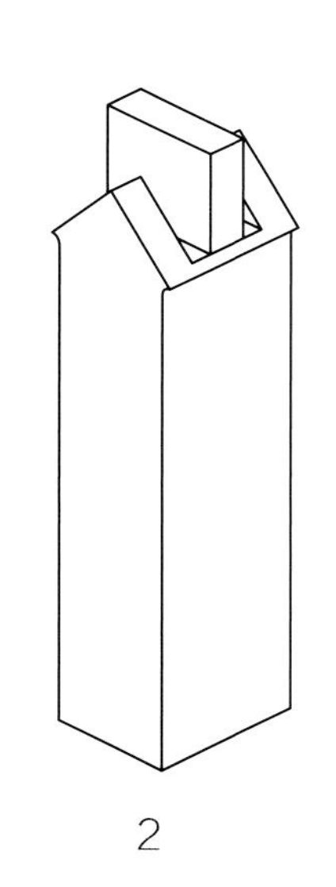

2

正视图 左视图

俯视图

比例：1:2

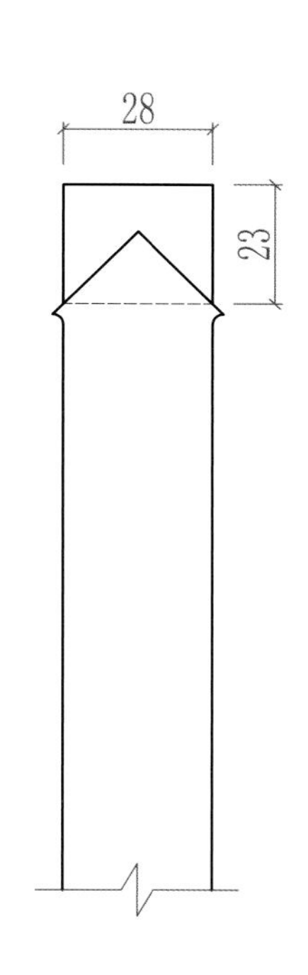

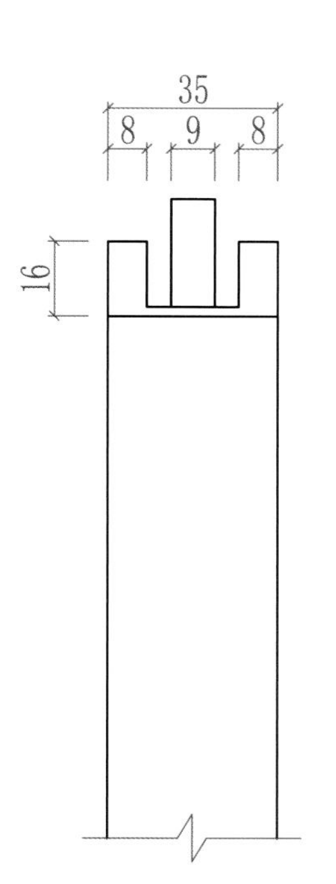

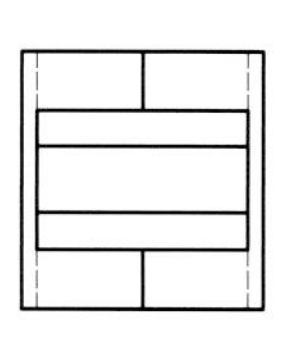

十六、方材丁字形接合5（两面格肩虚肩榫）

这种两面格肩虚肩榫是一种旧时做法，在现代家具制作中应用不多，八字肩的内壁是斜面，因为旧时格肩都是手工制作，这种做法可以节省工时，表面的效果和第十五章结构相同。

应用部位：适用于床围子和沙发类扶手及几何造型图案。

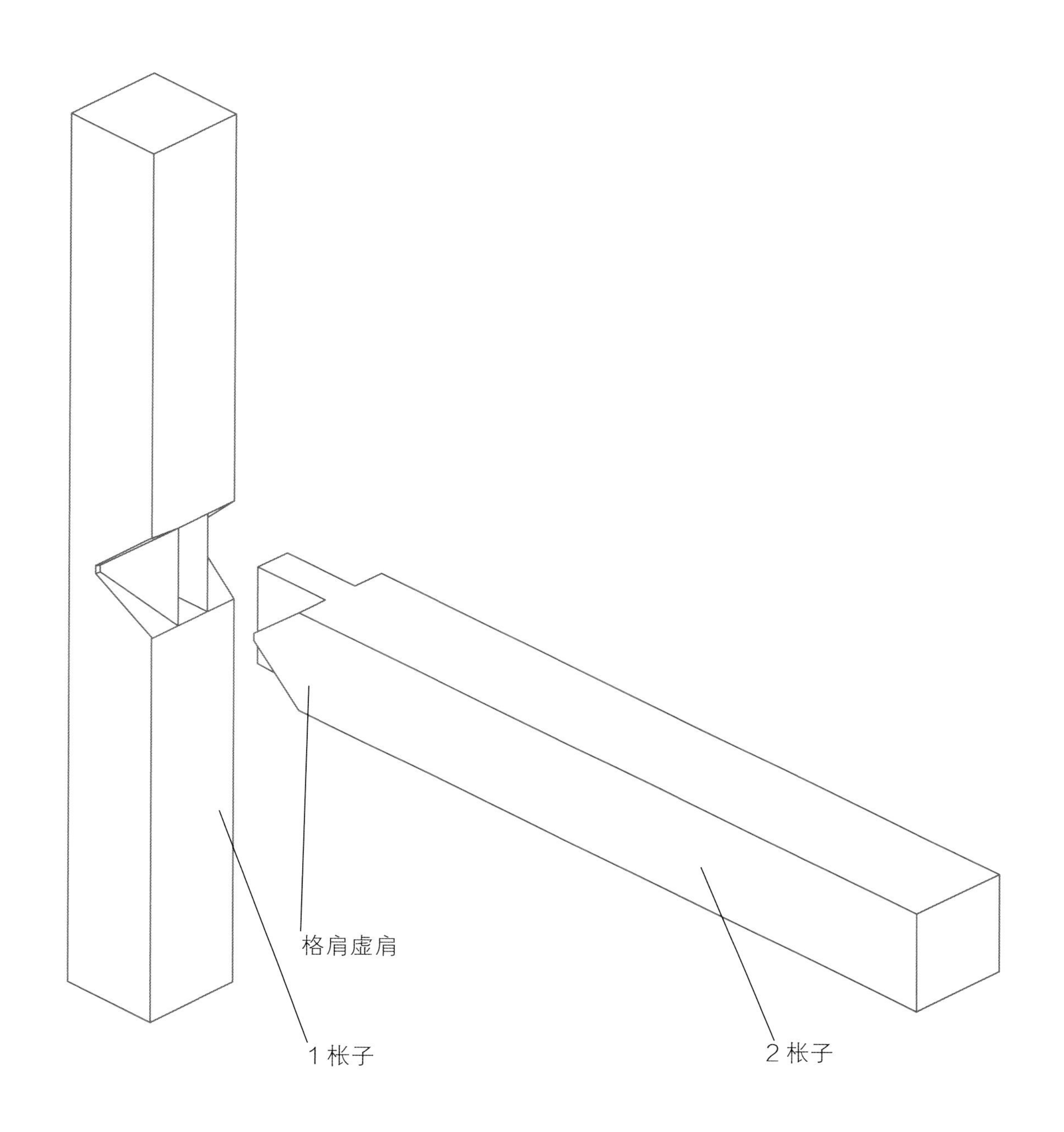

◆ **制作注意事项：**要保证八字肩内壁的斜度和榫眼上“榫舌”的斜度相吻合，这样才牢固，旧时是纯手工制作榫卯，为了省时省工才这样做，现在都是机械制作，一般不采用此种结构。

1

正视图 左视图

俯视图

比例：1:2

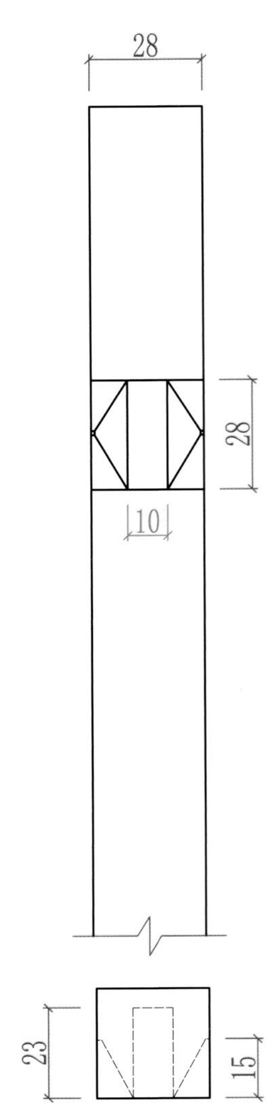

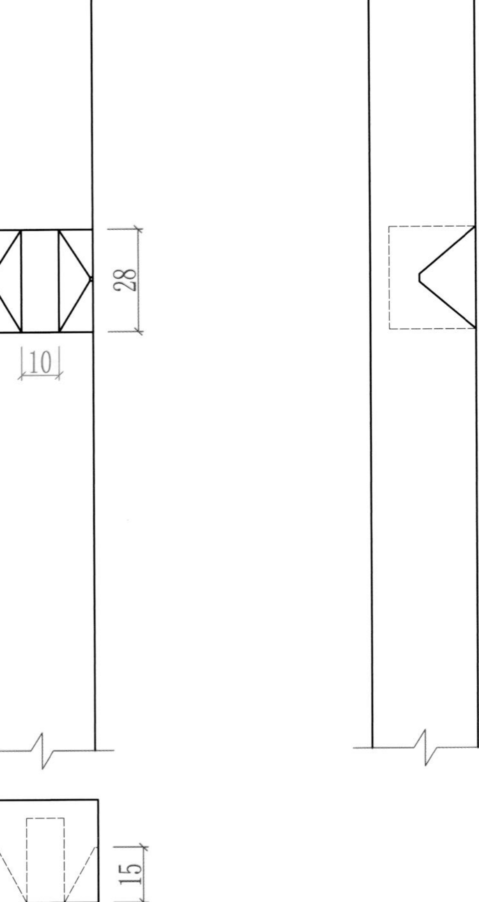

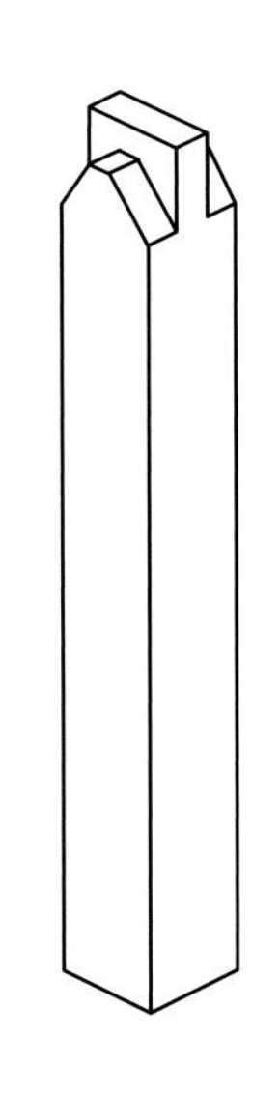

2

正视图 左视图

俯视图

比例：1:2

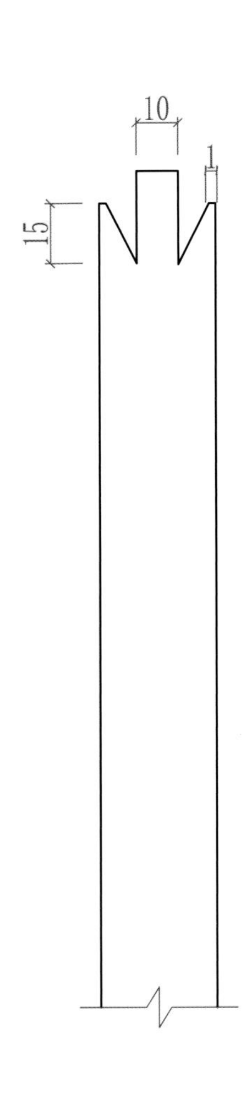

十七、方材丁字形接合 6（一面大格肩虚肩，一面直肩）

此种结构常用于柜体结构中，外面都做成大格肩虚肩，柜子里面丁字相交的料往往厚度不一样，只能做成直肩。即使两根相交的料厚度一样，因为直肩更容易加工，所以通常柜子里面都做直肩榫。

应用部位：应用广泛于家具制作。

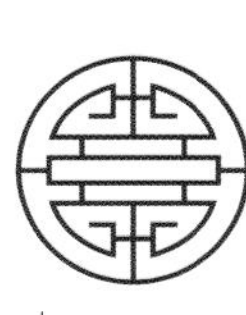

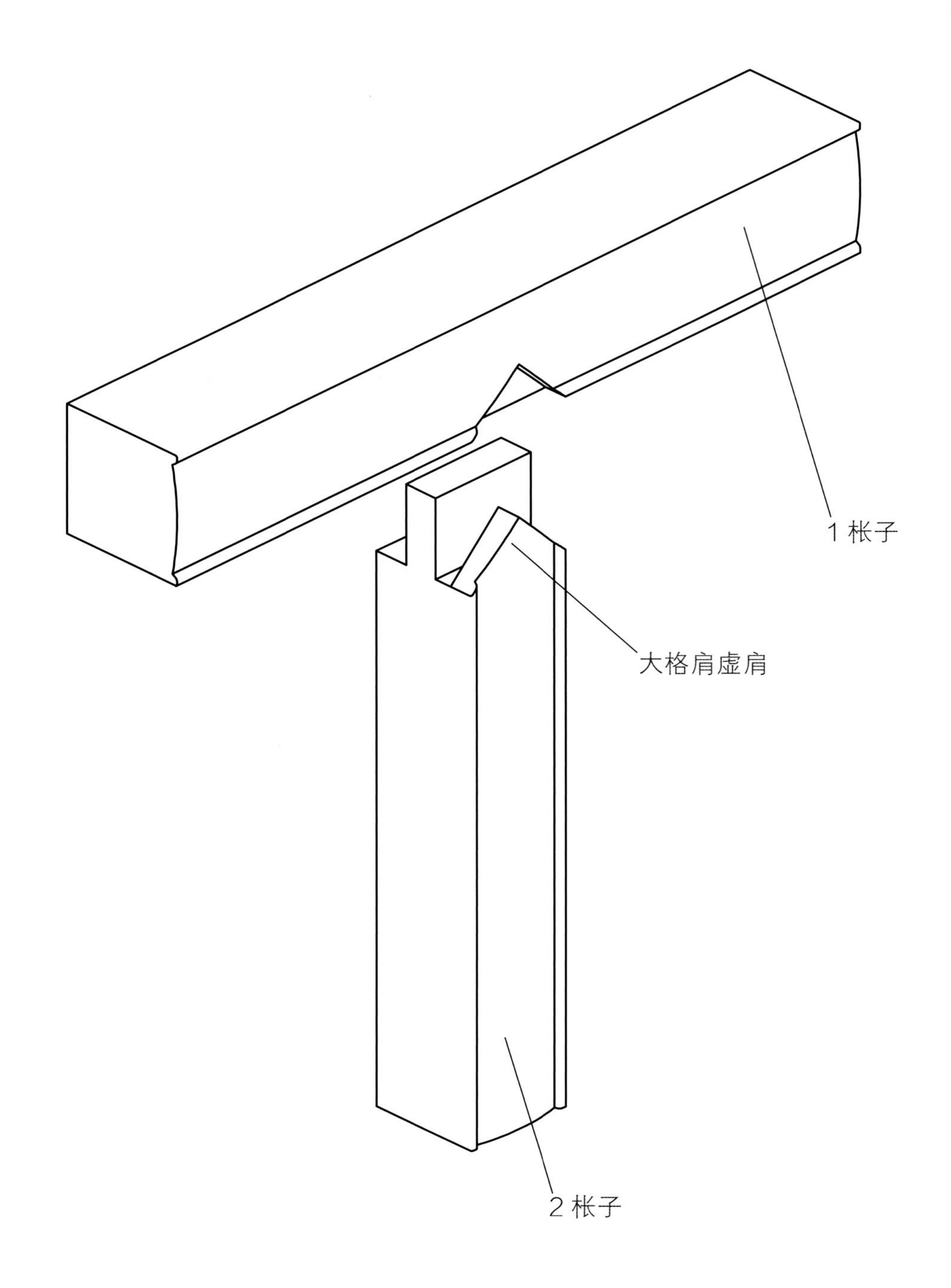

◆ **制作注意事项：** 所谓虚肩就是八字肩下还有一层榫舌，它的作用是增加榫头的摩擦力，在做此种结构时，只要是料的截面允许，八字格肩下的榫舌要尽量厚一些，榫头会更牢固。

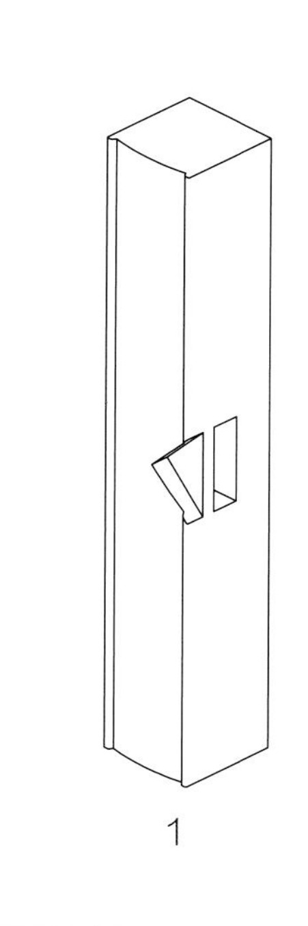

1

正视图 左视图
俯视图

比例：1:2

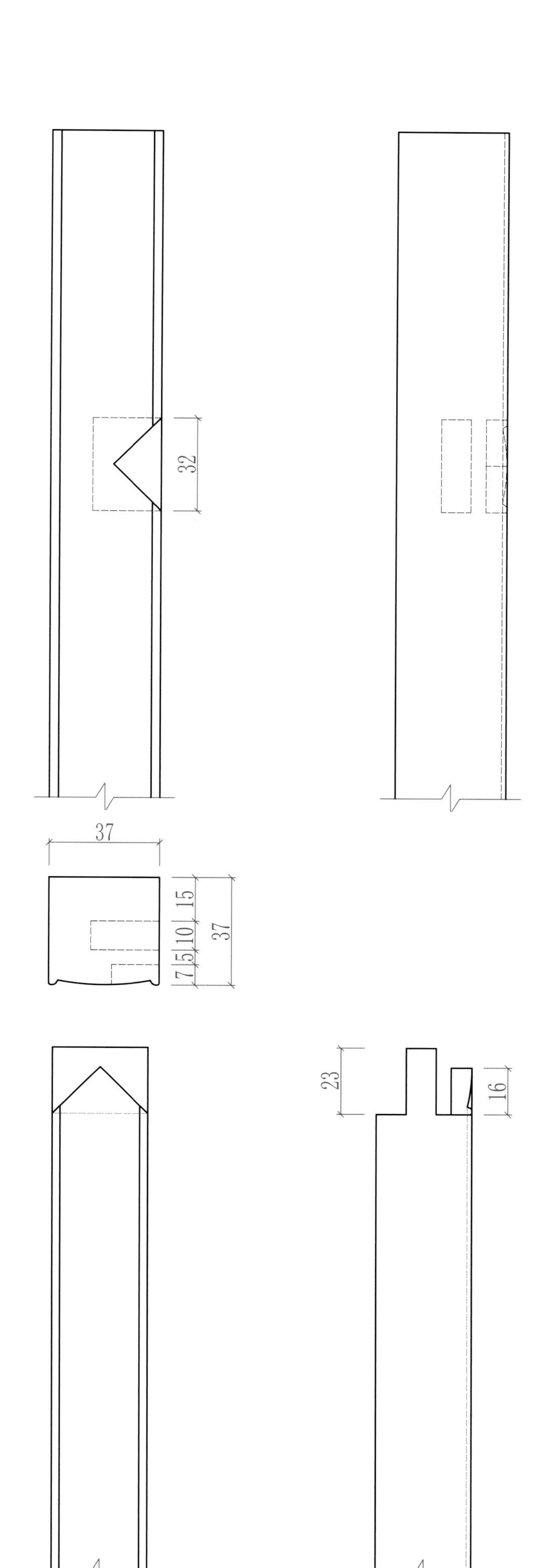

2

正视图 左视图
俯视图

比例：1:2

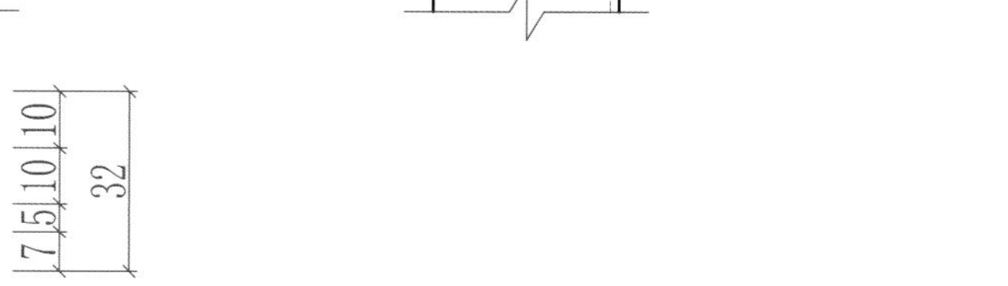

十八、方材丁字形接合 7（大格肩虚肩暗交叉榫）

这种榫卯结构在家具制作中很常见，榫头在榫眼内交叉，可以最大限度增大榫头的接触面，还不会使榫头外露。

应用部位：在家具制作中应用广泛。

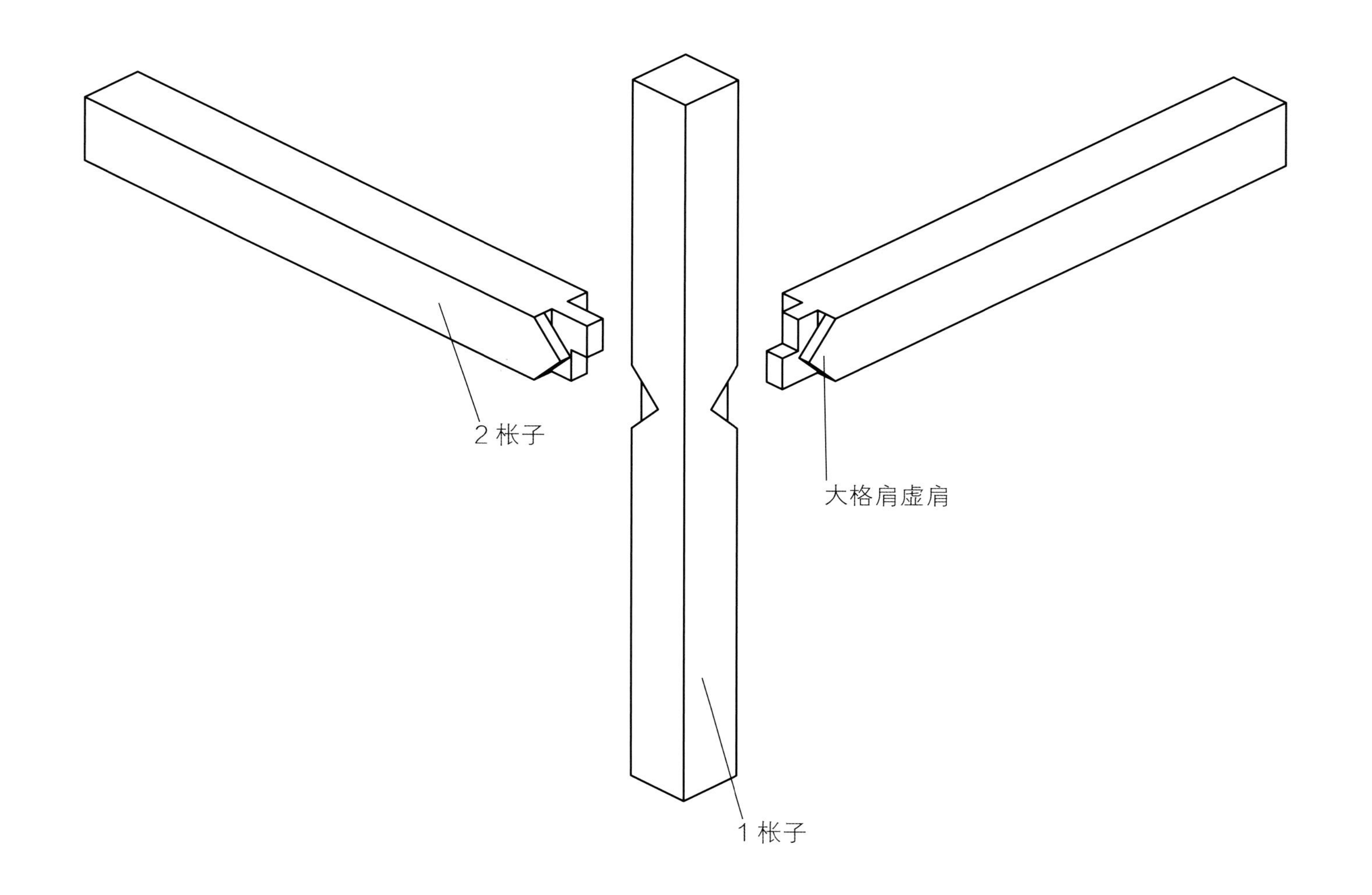

◆ **制作注意事项：** 在实际制作中，八字肩的厚度和八字肩下面的榫舌要尽量薄一点，这样做能够使两根料的榫头长一些，自然榫卯接合得会更牢固。

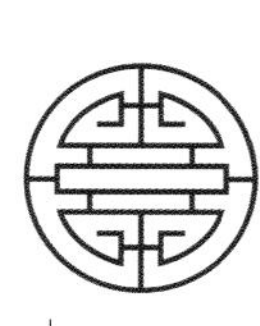

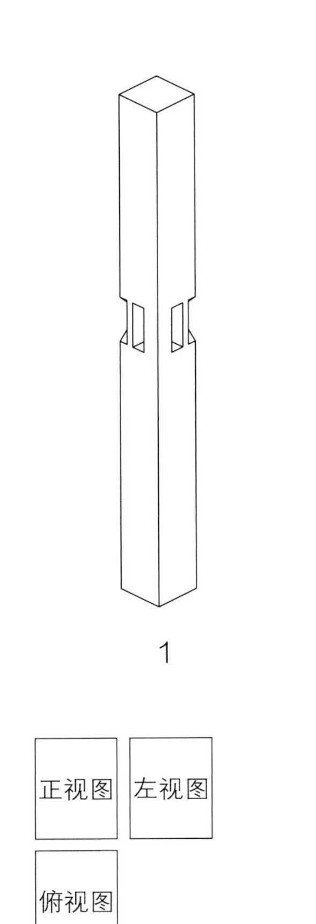
1
正视图
左视图
俯视图

比例：1:2

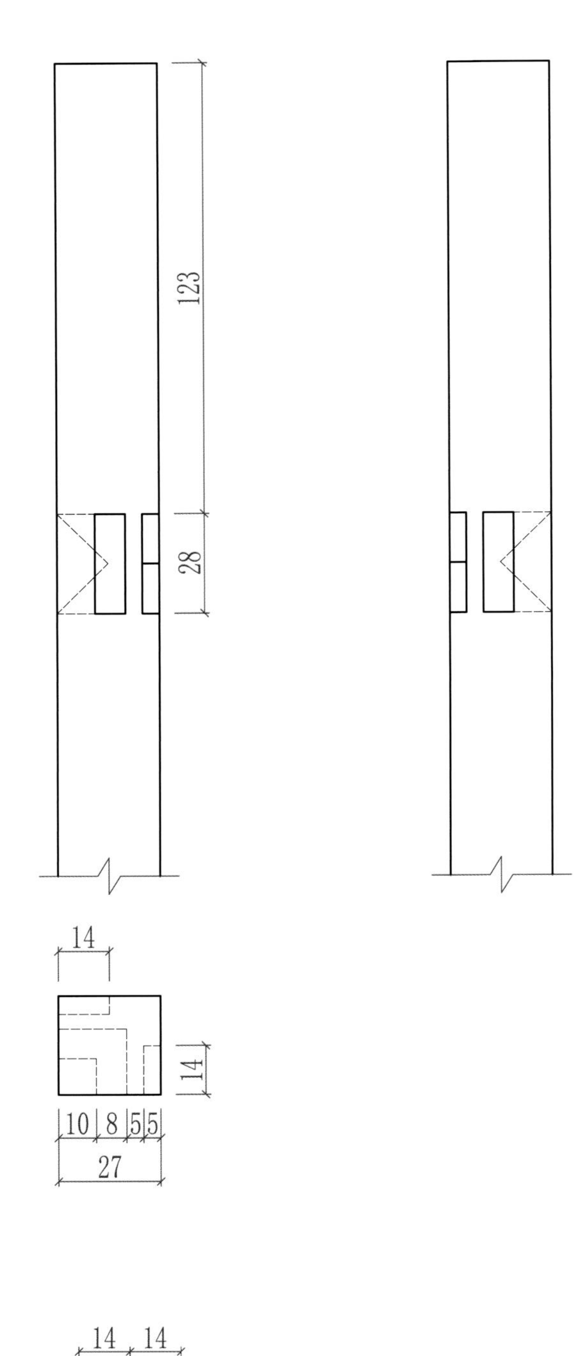
123
28
14
14
10
8
5
5
27

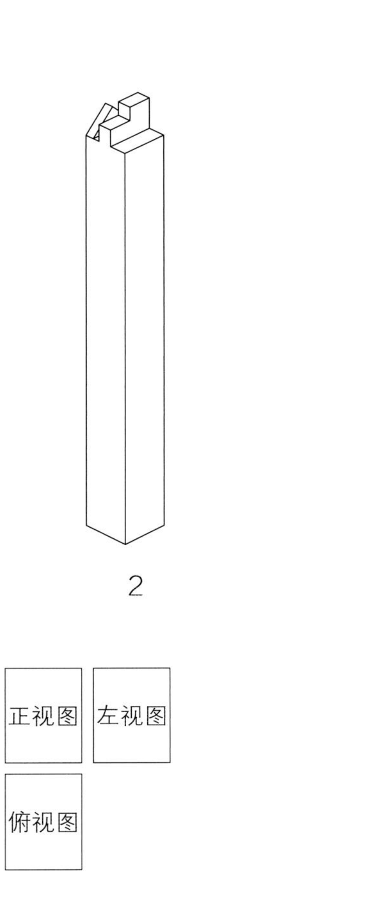
2
正视图
左视图
俯视图

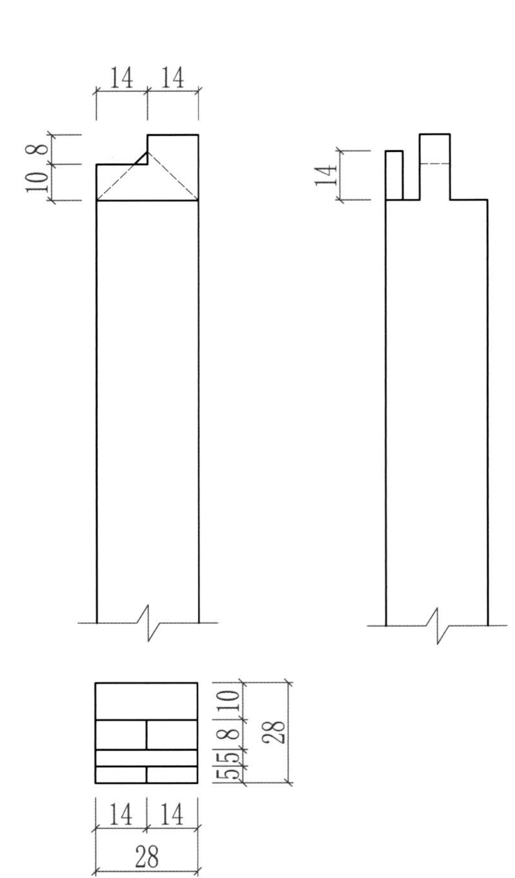
14
14
10
8
14
10
8
5
5
28
14
14
28

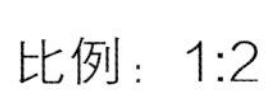
比例：1:2

十九、方材丁字形接合 8（大格肩虚肩，一面明榫一面暗榫）

用来制作这种榫卯结构的料，一般截面都比较大，而且是出榫的一面是侧面，不出榫的一面是正面。

应用部位：一般在柜类的腿上应用居多。

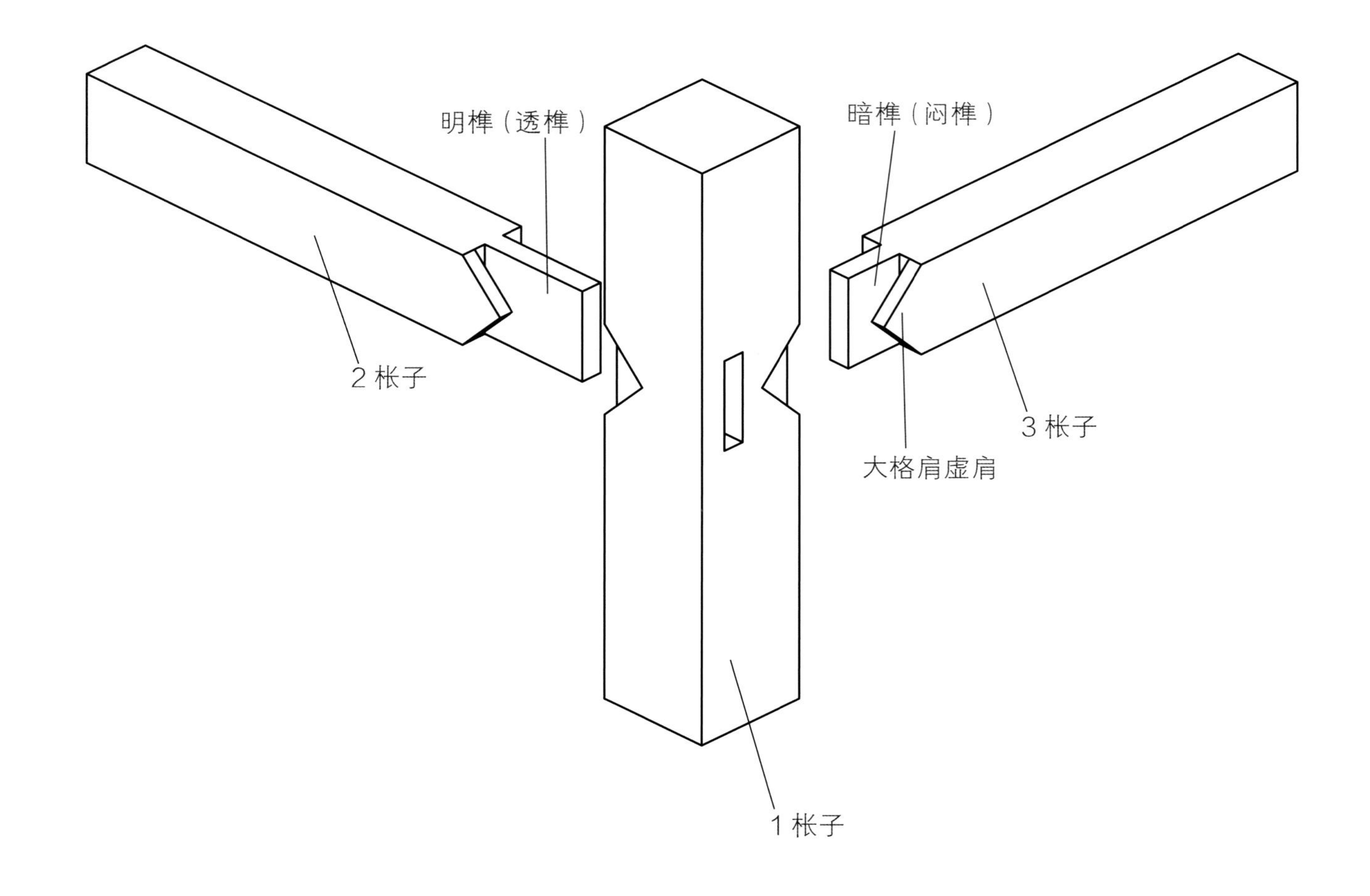

◆ **制作注意事项：** 在这个结构中，尽量把短榫做长，短榫的长度组装后几乎与长榫相交为宜。

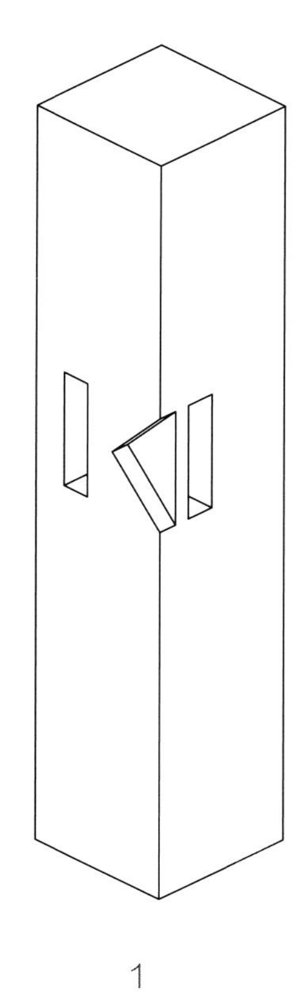

1

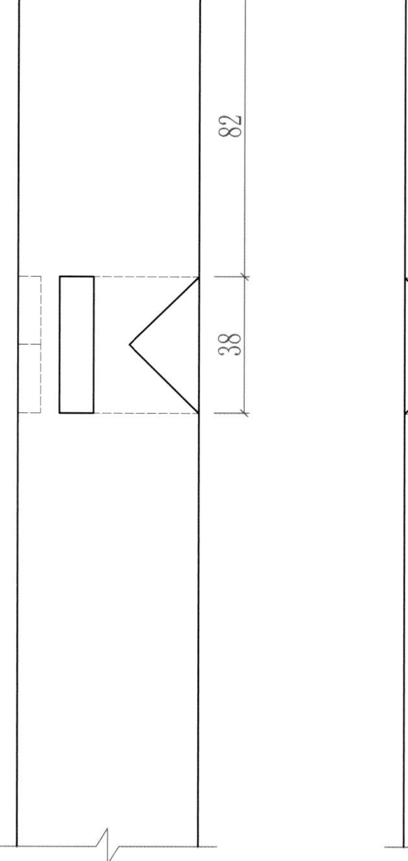

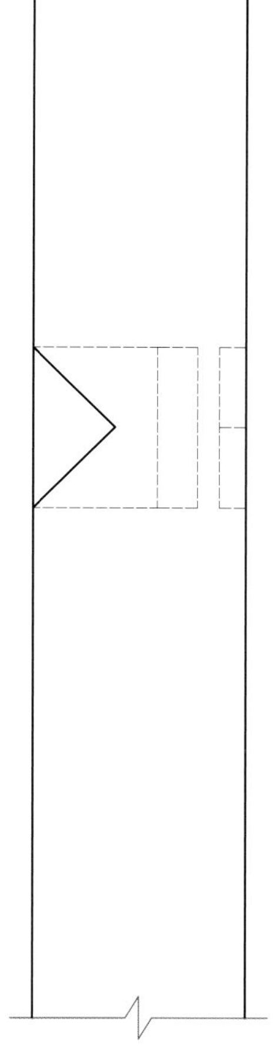

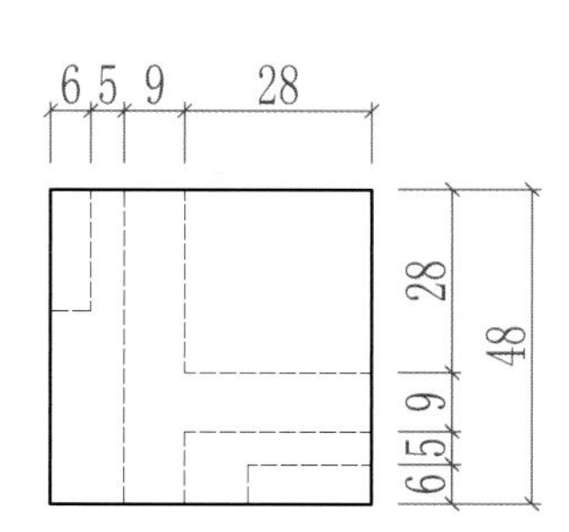

正视图 左视图

俯视图

比例：1:2

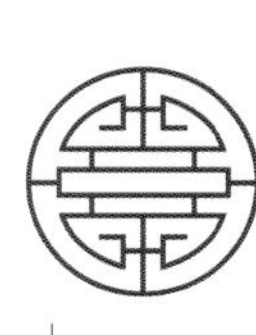

2

正视图 左视图

俯视图

比例：1:2

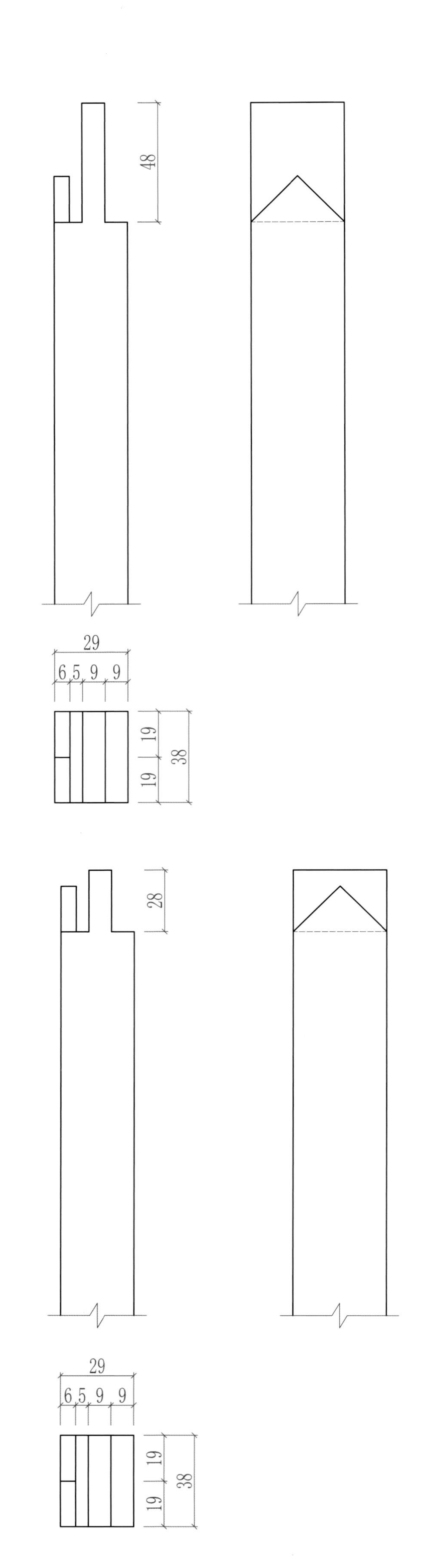

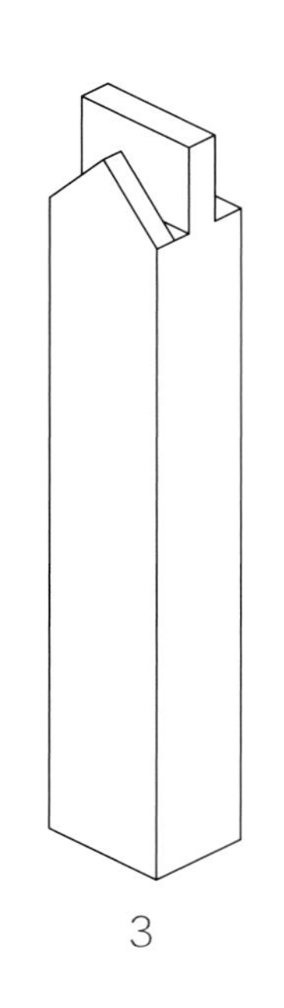

3

比例：1:2

二十、方材丁字形接合 9（半榫，榫头内格角相交）

用来制作这种榫卯结构的料，一般截面比较大，有人喜欢两个面都不要明榫，还想让两根料受力比较均匀，而且把榫头做到最长，可采用此种结构。因榫眼内榫头需要格肩，所以这种榫卯加工精度高。

应用部位：一般用在柜类家具腿足上。

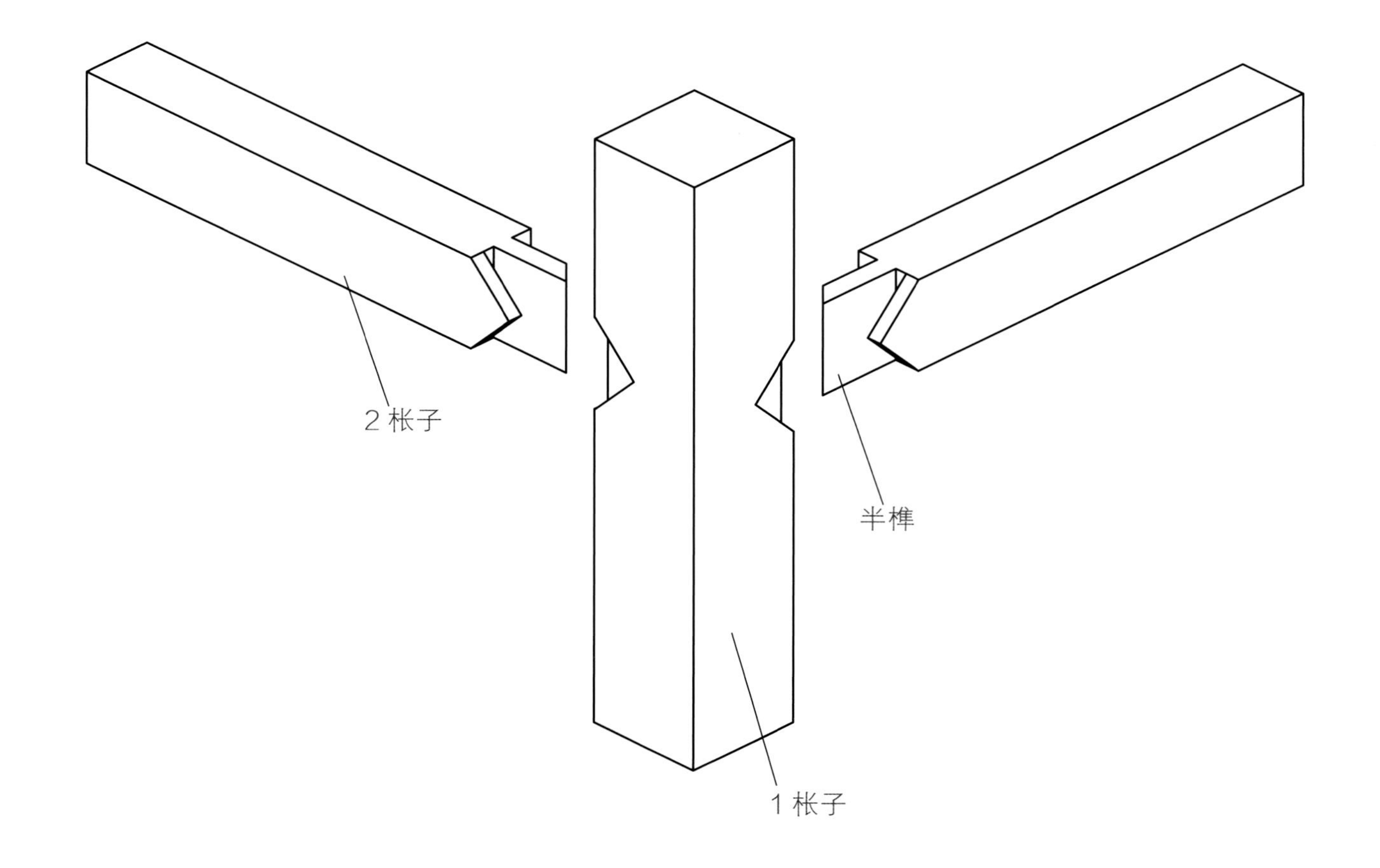

◆ **制作注意事项：** 在实际制作中，榫头的长度要计算准确，榫头相交处要留缝隙。如果两个榫头在榫眼内相撞，会造成榫卯接合不严。这种结构往往还涉及打槽装板，最好是夹舌的厚度正好是装板槽的厚度。

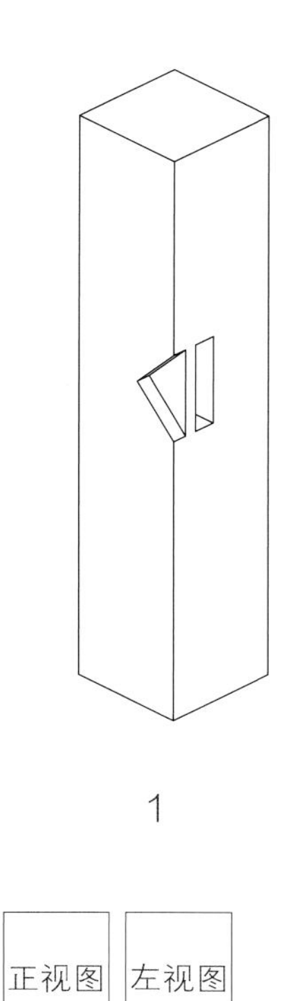

1

正视图 左视图

俯视图

比例：1:2

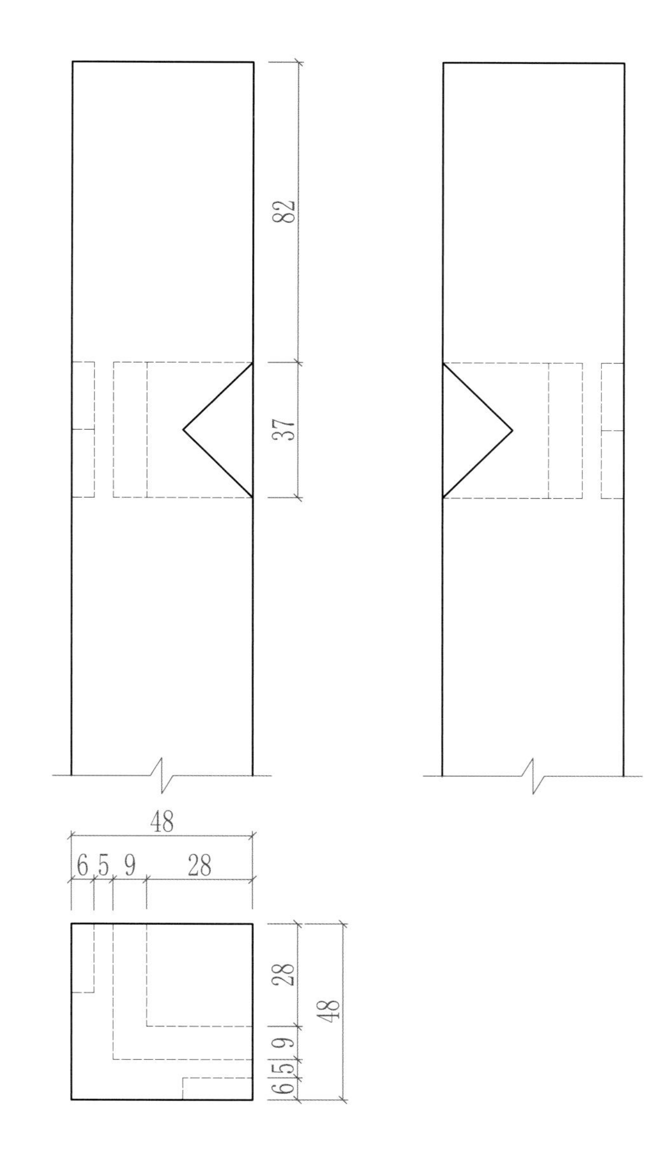

2

正视图 左视图

俯视图

比例：1:2

二十一、方材丁字形接合 10（大格肩虚肩大进小出榫）

为使两根相交的料受力均匀，而且受力最大化，需要把榫头做成大进小出榫。对于做不上胶水的家具，此种结构是最佳选择，要比暗榫牢固很多。

应用部位：这种结构应用在柜类腿足处居多。

直肩

2 枨子

大格肩虚肩

3 枨子

1 枨子

◆ **制作注意事项：** 三根料相交时，大格肩虚肩大进小出榫是一个比较复杂的结构，在柜类制作中经常用到，尤其是“活拆”家具中是首选的结构。在制作中应该注意两点：一是打眼时先打小眼后再打大眼，这样做可避免榫眼内壁掉“肉”；二是柜腿的截面很少有正方形，大部分柜腿侧面窄、正面宽，一定要在柜腿侧面横枨上做长榫（如上图2），柜腿正面横枨上做短榫（如上图3），这样两根枨受力会更均匀。

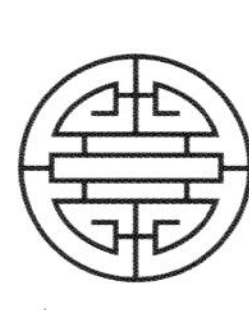

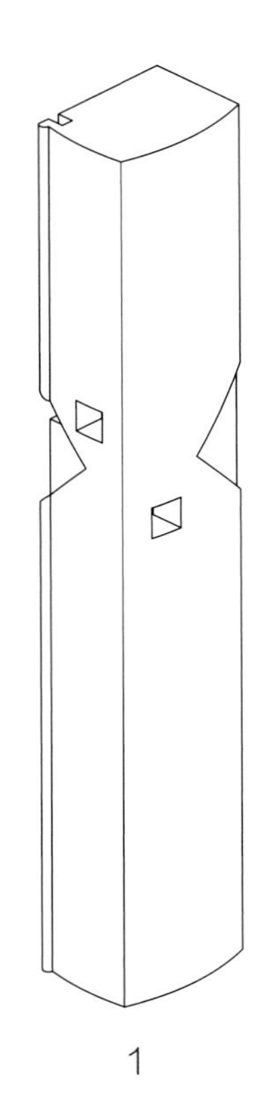

1

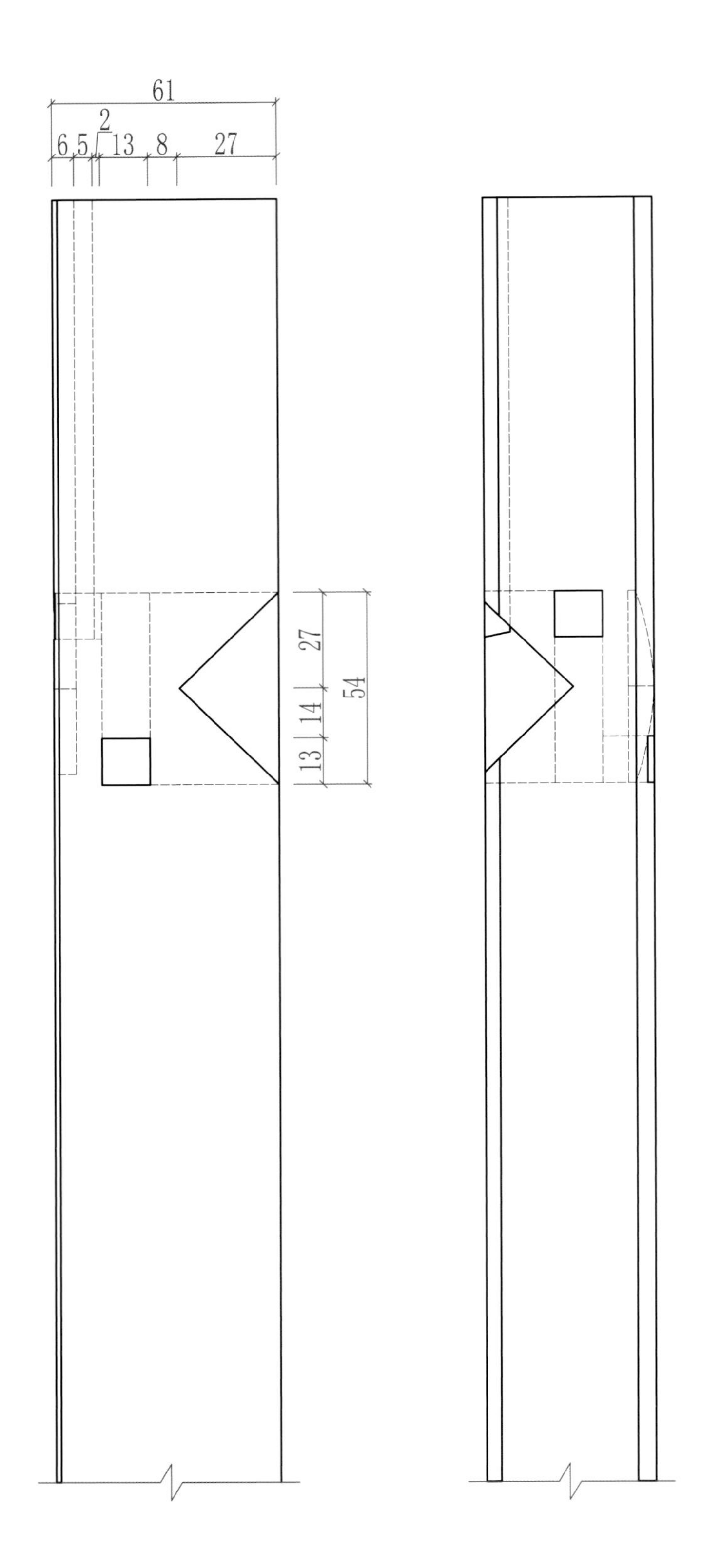

比例：1:2

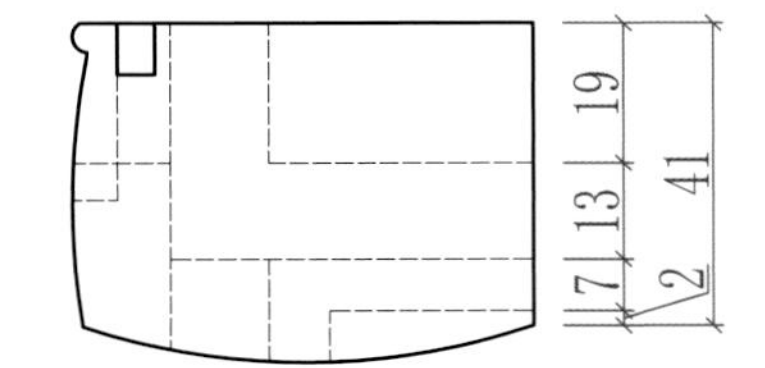

2

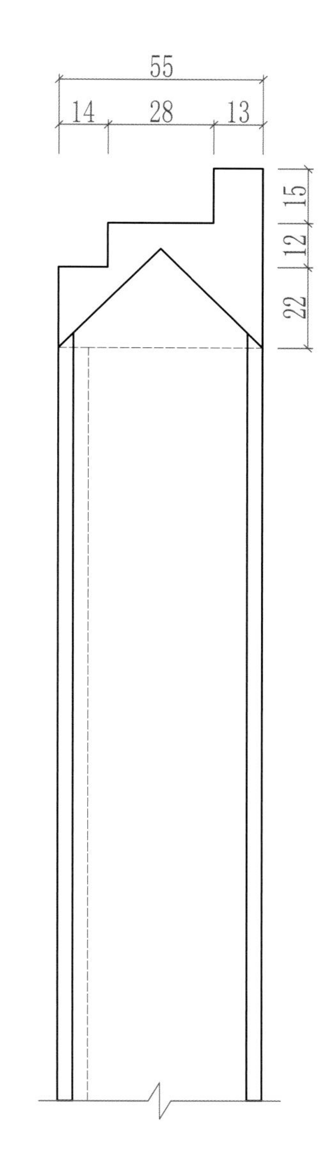

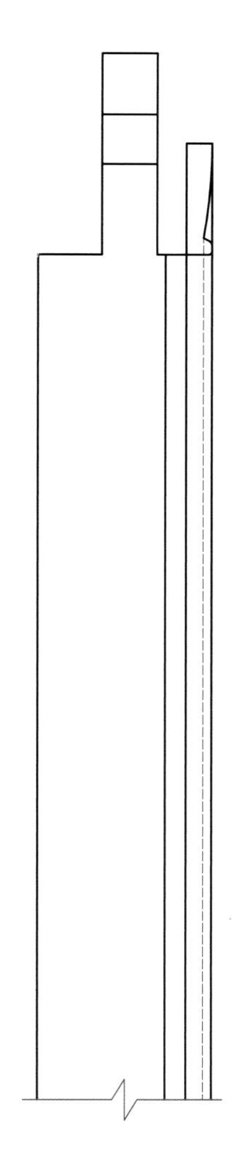

正视图	左视图
俯视图	

比例：1:2

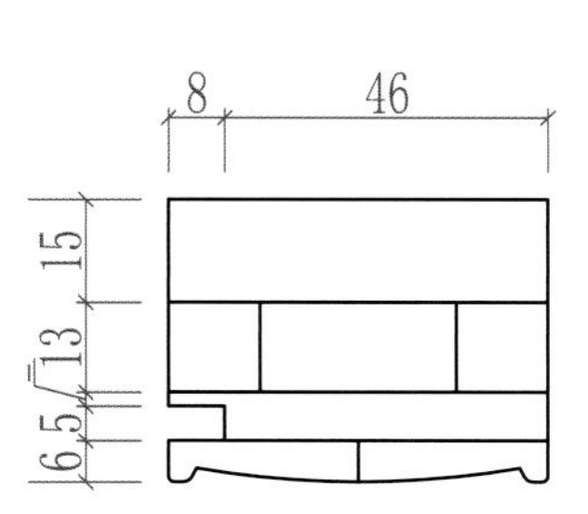

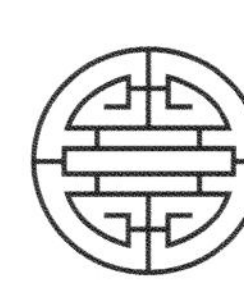

3

比例：1:2

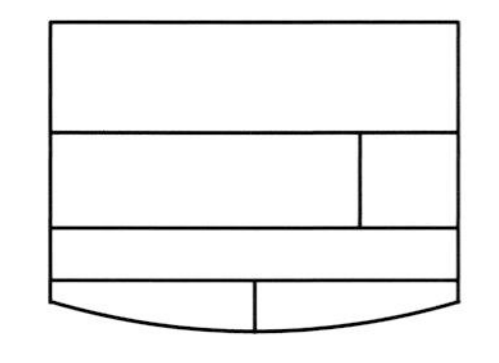

二十二、圆材丁字接合 1（飘肩）

此结构中榫头的肩是弧形的，又称蛤蟆肩，肩的弧度大小和相交圆材的接触面弧度一致。飘肩榫广泛应用于中式家具制作中，是明式家具典型的榫卯结构。

应用部位：用于圆材和圆材相交处。

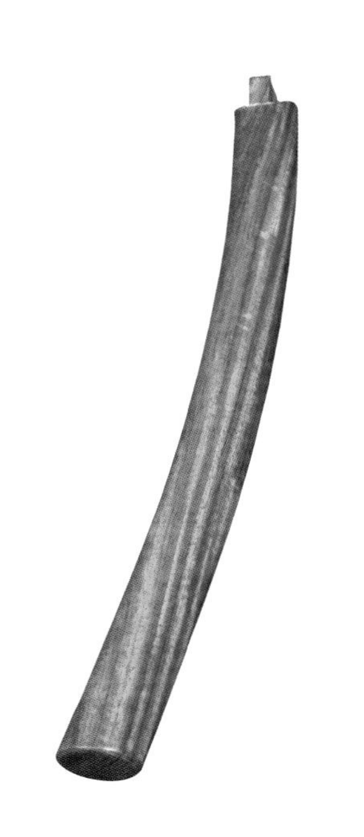

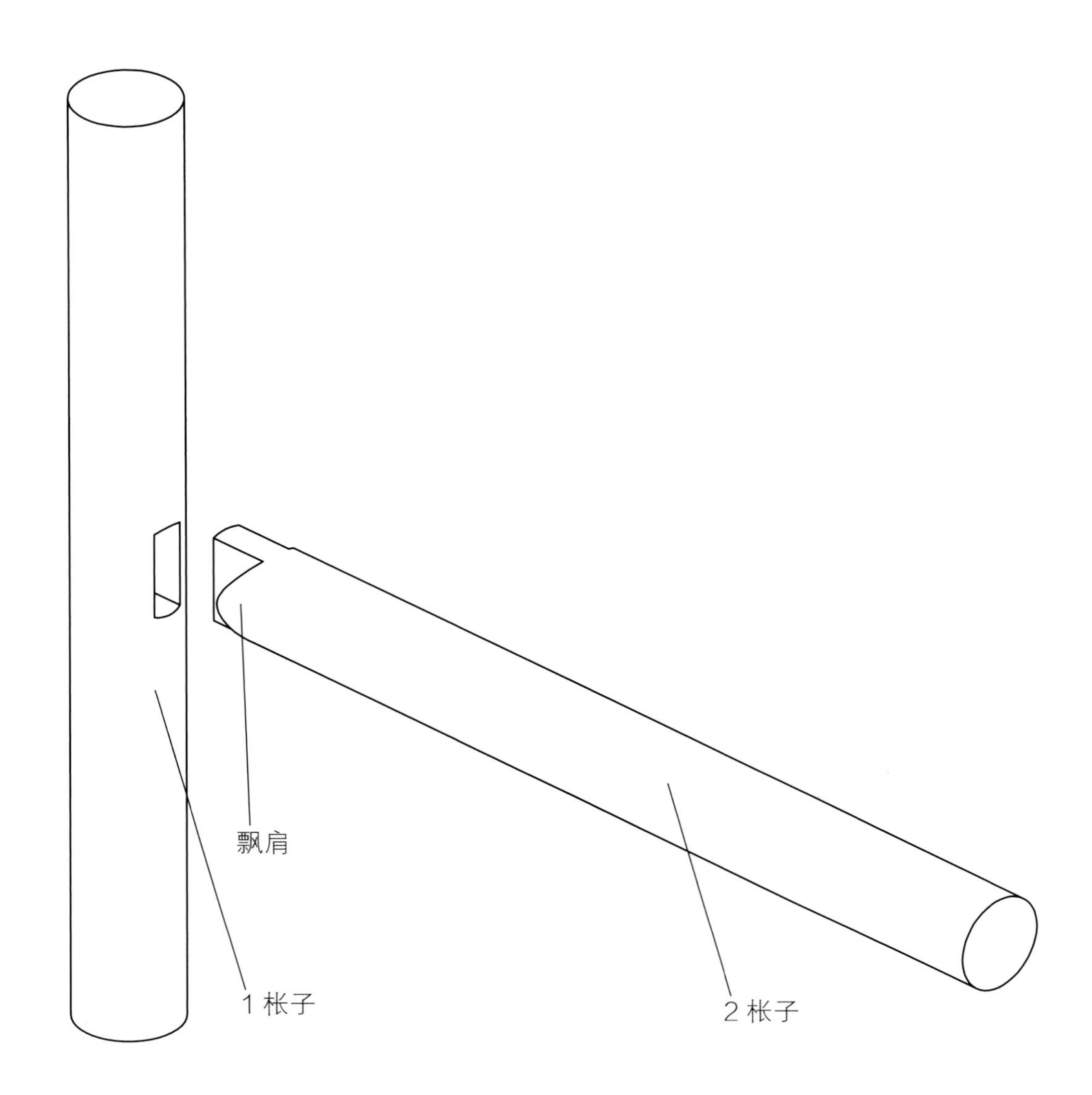

◆ **制作注意事项：** 制作飘肩榫如果不是数控机床制作，需要注意两点：一是榫眼要比榫头略小一点，以免组装后出现三角形缝隙（往往榫头会随枨子一起倒圆）；二是飘肩榫在组装时飘肩不能受力很容易碰坏，飘肩里面要多留点“肉”，根据圆材弧度通过试装把多余的“肉”去掉，使飘肩和圆材吻合。这个结构中横竖材截面是相同的，当横竖材截面不同时，飘肩的形状是有差异的。

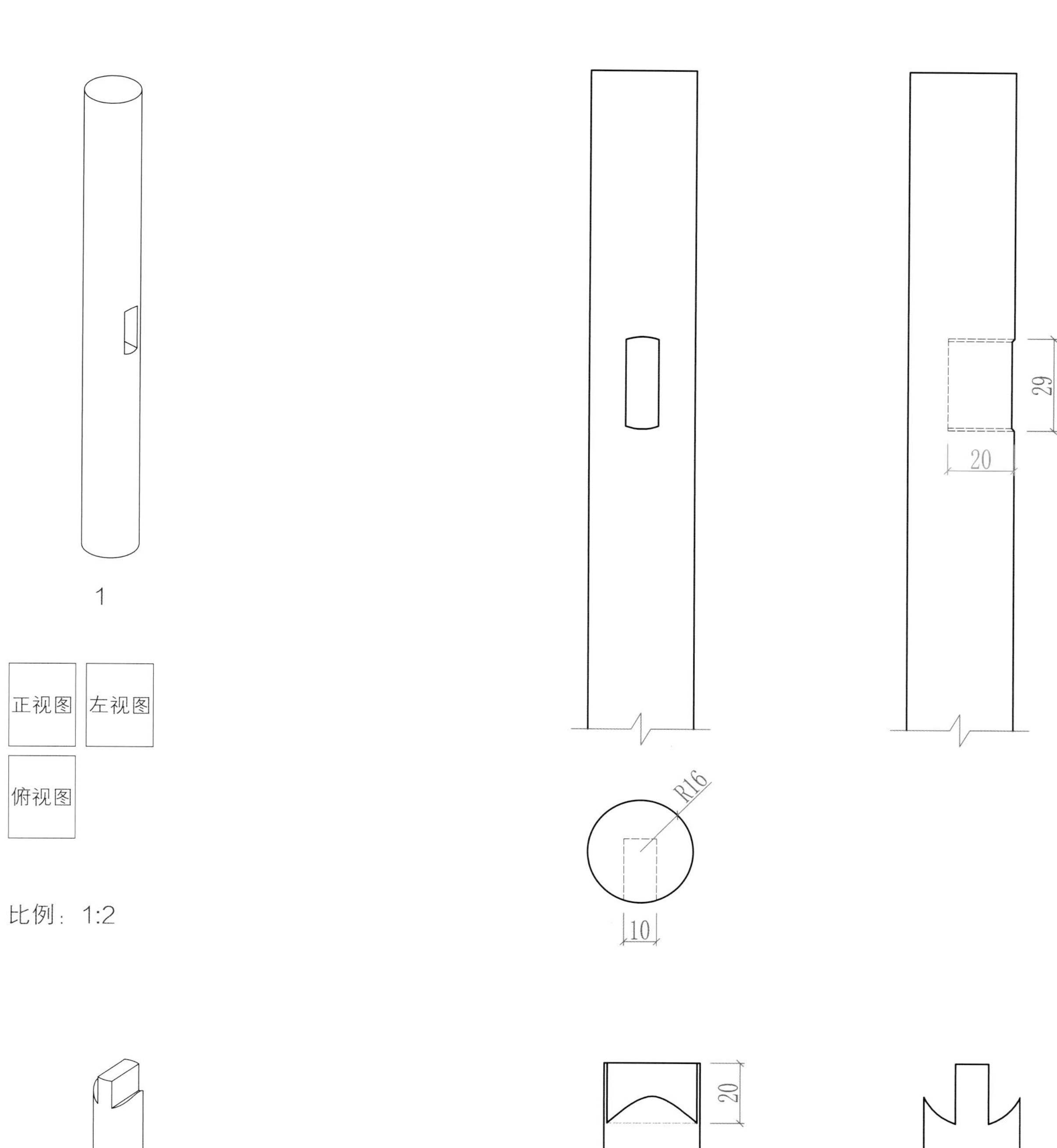

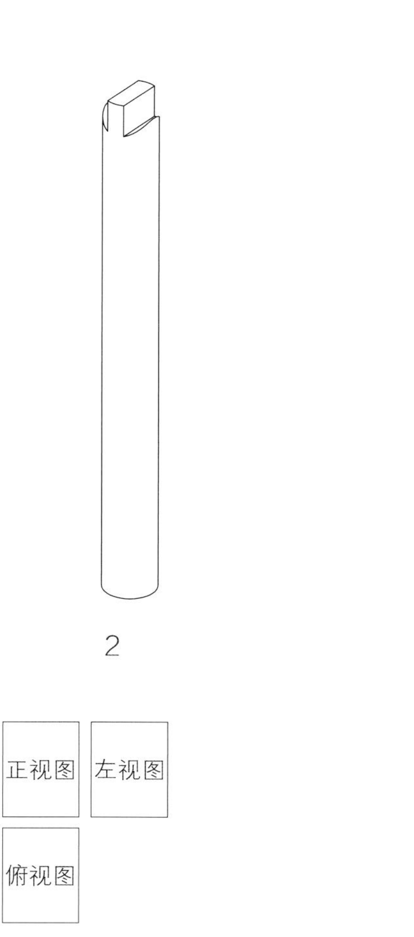

比例：1:2

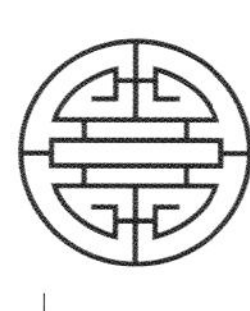

二十三、圆材丁字接合 2（裹腿，又称圆包圆结构）

圆包圆结构在中国古典家具中具有鲜明的特点，尤其是在明式家具中应用广泛，它的结构特点是受竹器的启发，经多年的提炼已经成型。

应用部位：枨子与腿足相交处。

4 短边（抹头）
5 长边（大边）
双榫
3 矮老
2 裹腿枨
1 腿子

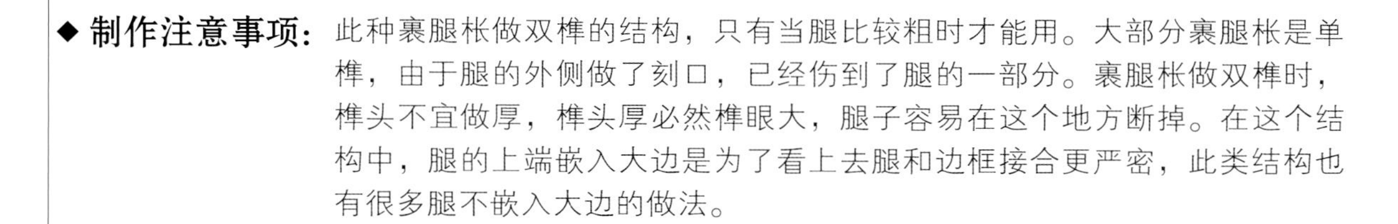

◆ **制作注意事项：** 此种裹腿枨做双榫的结构，只有当腿比较粗时才能用。大部分裹腿枨是单榫，由于腿的外侧做了刻口，已经伤到了腿的一部分。裹腿枨做双榫时，榫头不宜做厚，榫头厚必然榫眼大，腿子容易在这个地方断掉。在这个结构中，腿的上端嵌入大边是为了看上去腿和边框接合更严密，此类结构也有很多腿不嵌入大边的做法。

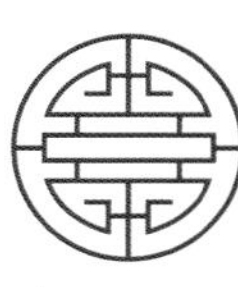

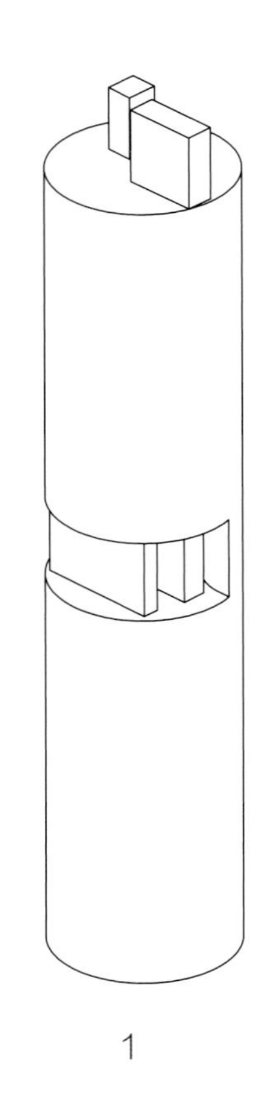

1

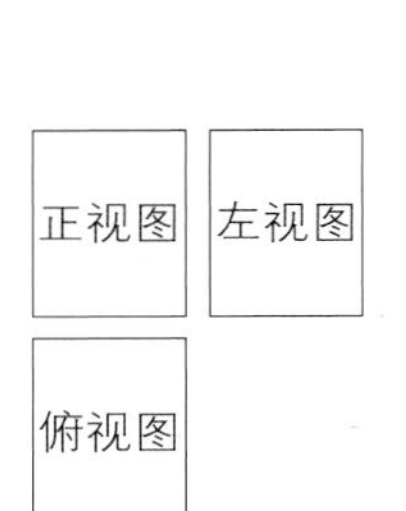
正视图
左视图
俯视图

比例：1:2

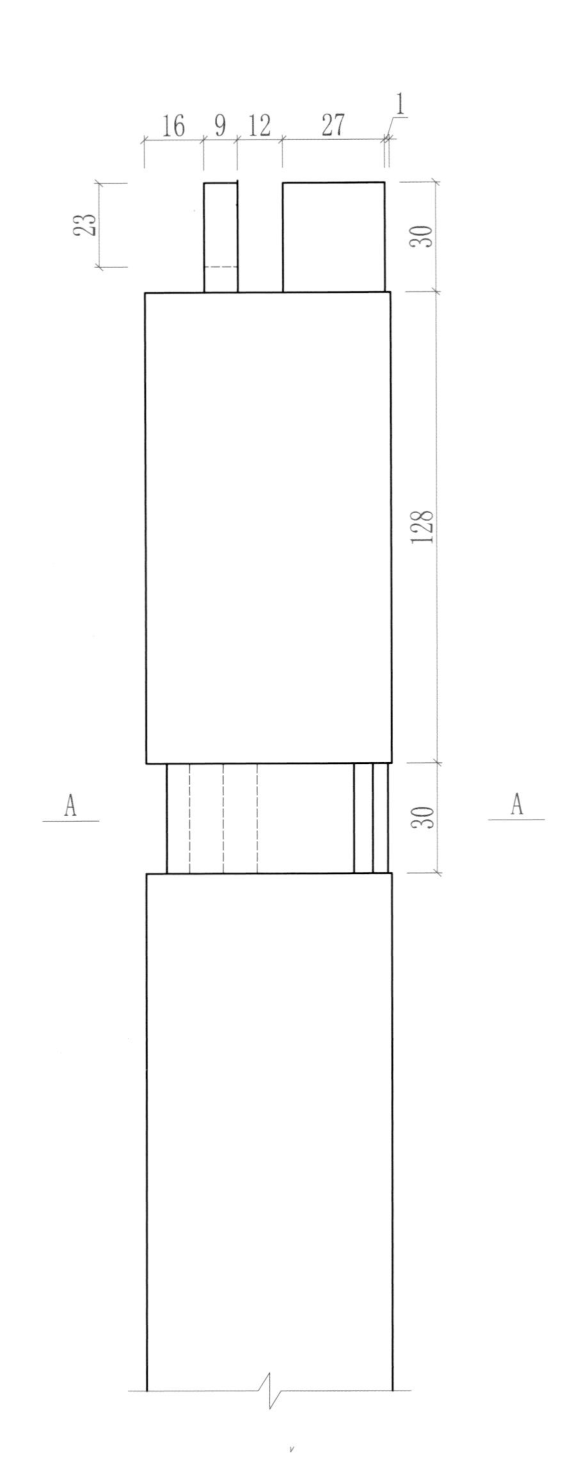
16
9
12
27
1
23
30
128
30
A

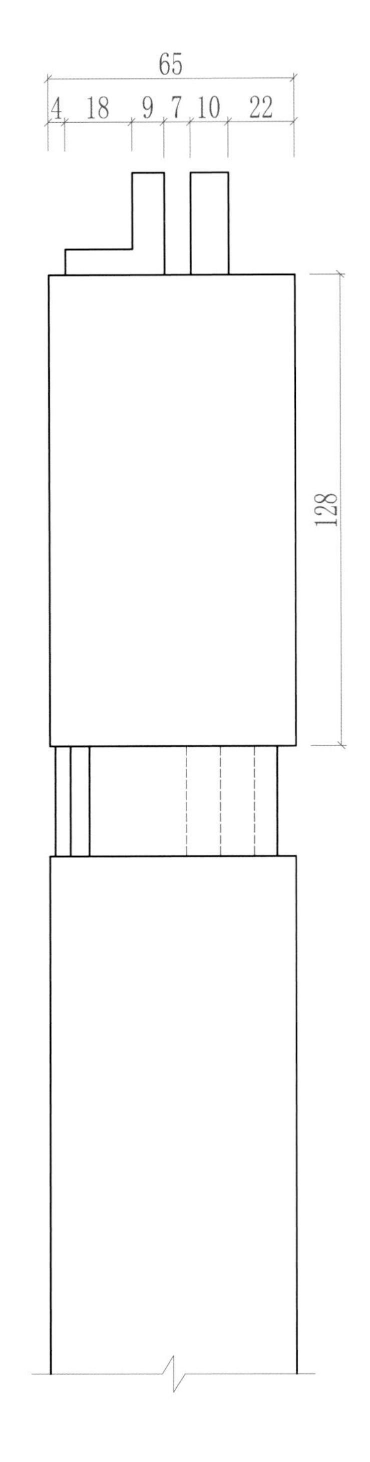
65
4
18
9
7
10
22
128
A

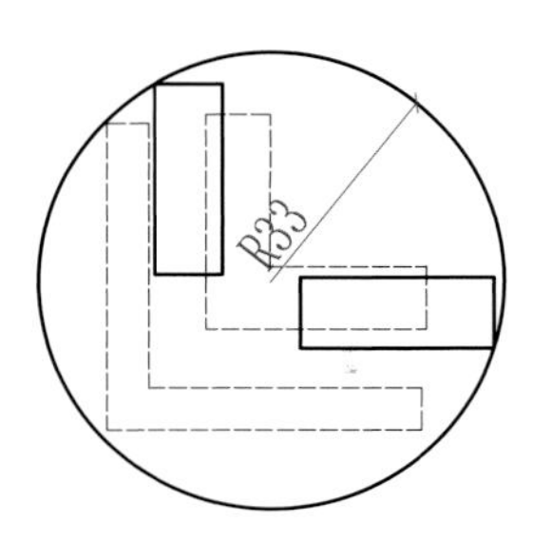
R33

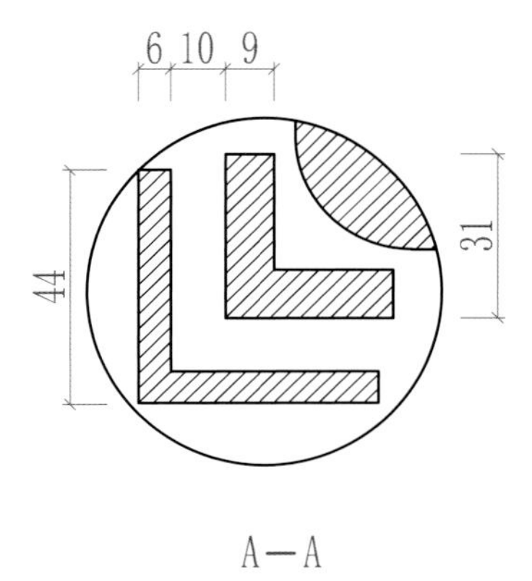
6
10
9
44
31

A—A

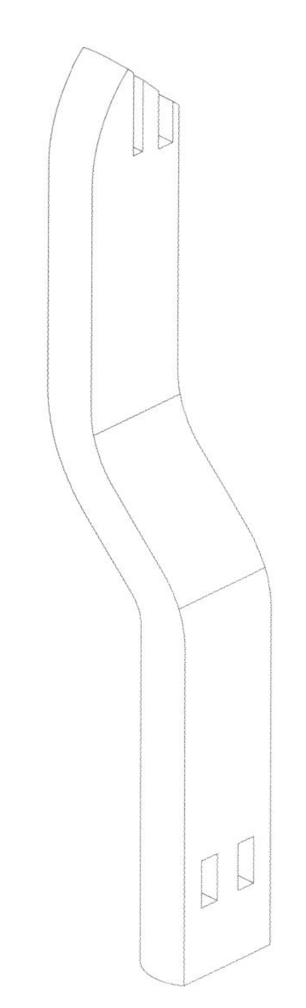

2

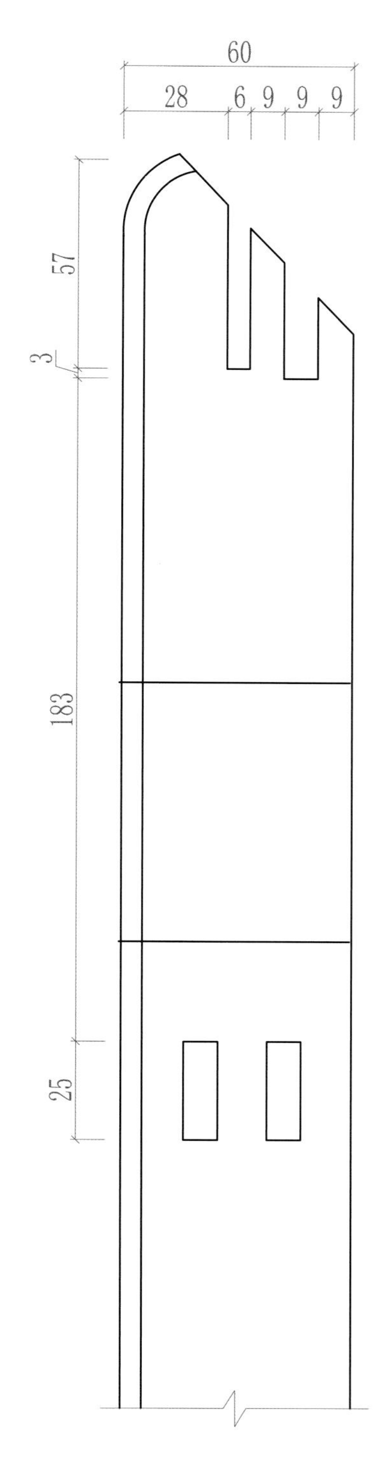

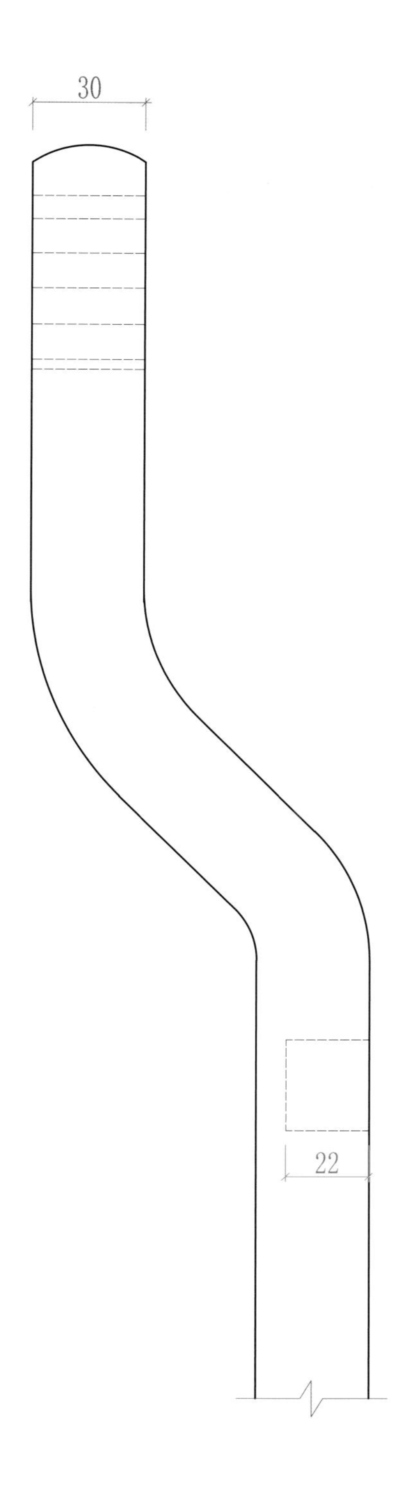

比例：1:2

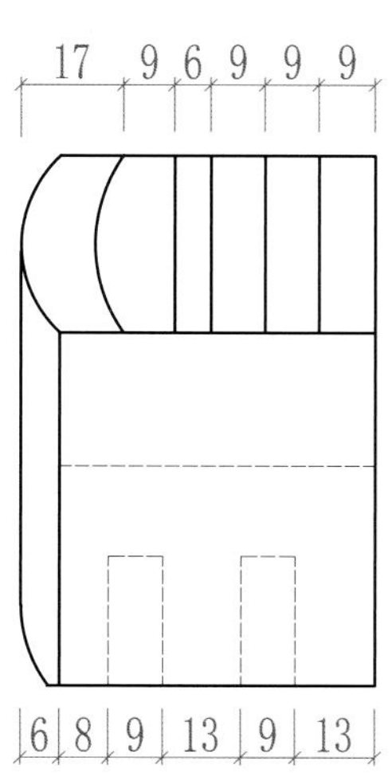

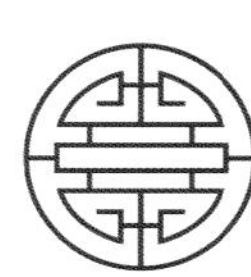

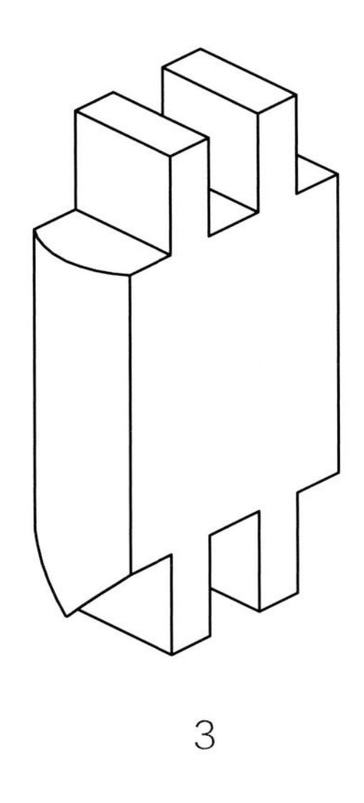

3

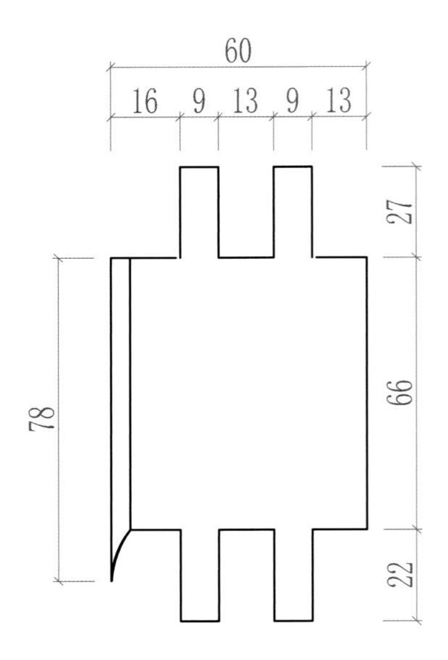

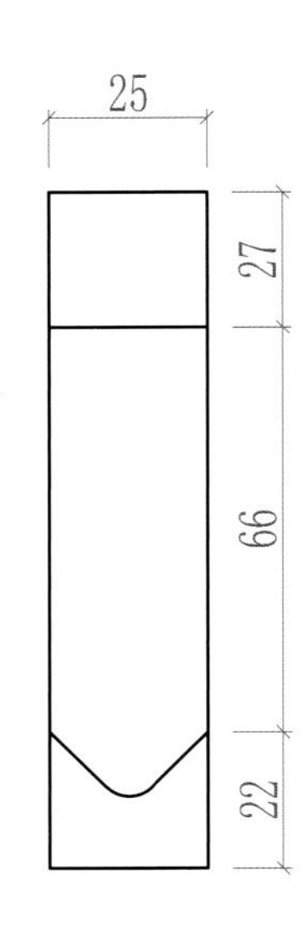

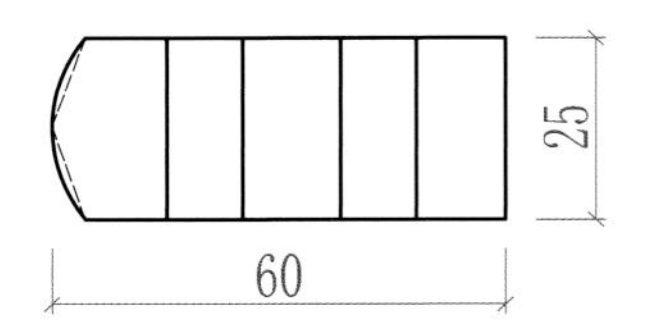

正视图	左视图
俯视图	

比例：1:2

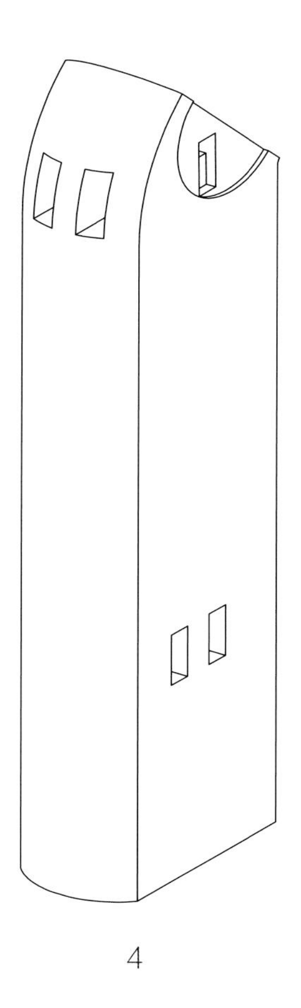

4

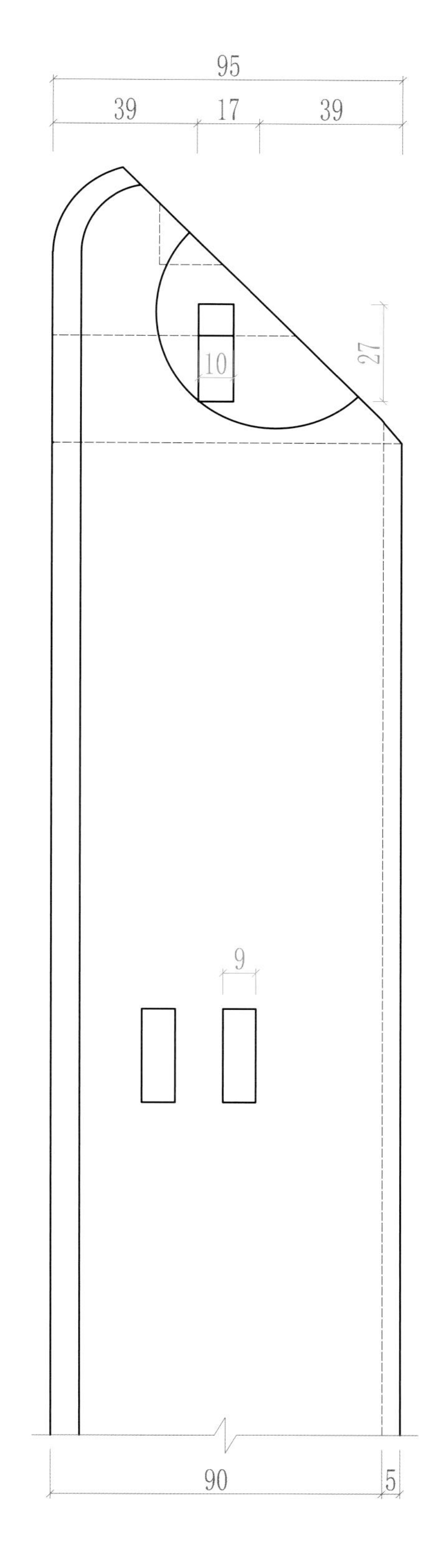
95
39
17
39
27
10
9
90
5

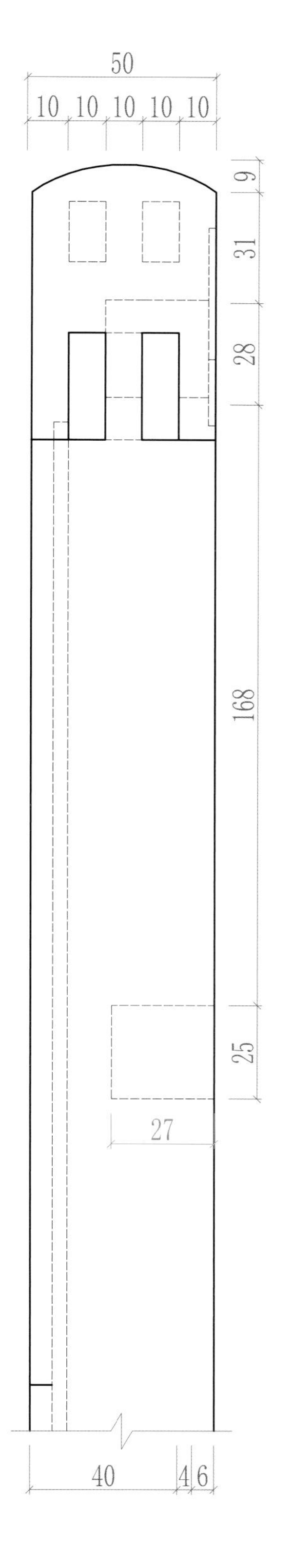
50
10
10
10
10
10
9
31
28
168
25
27
40
4
6

正视图
左视图
俯视图

比例：1:2

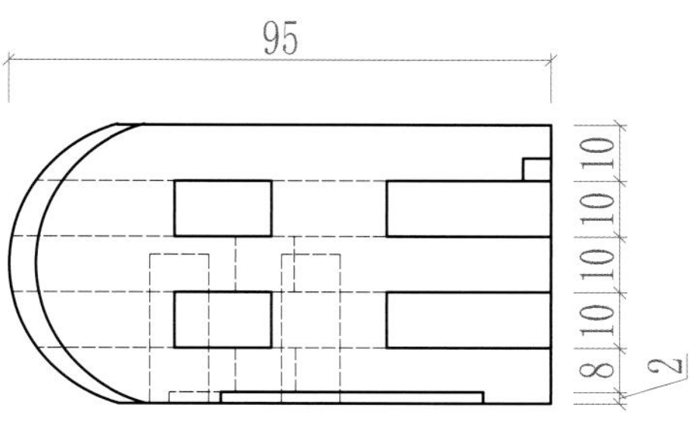
95
10
10
10
10
10
8
2

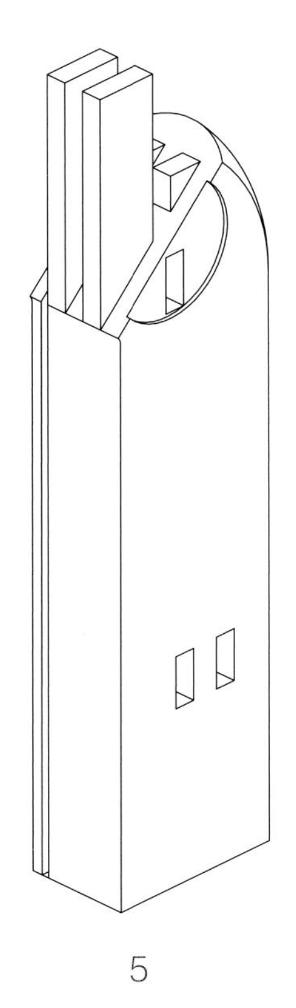

5

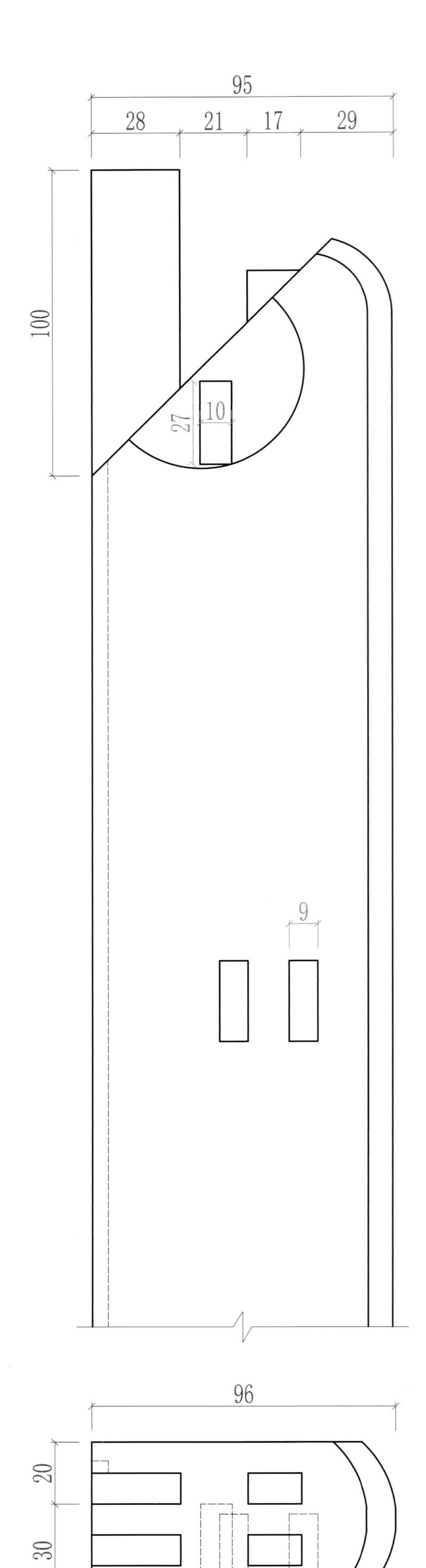

95
28
21
17
29
100
27
10
9
96
20
30

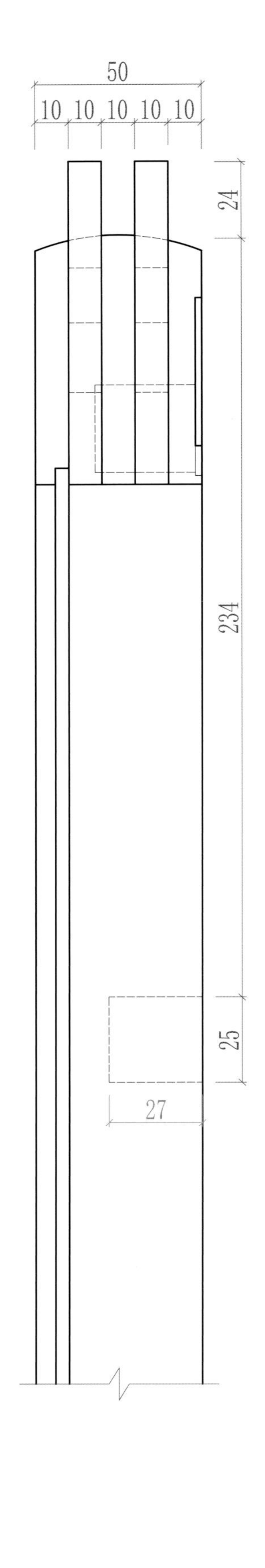

50
10
10
10
10
10
24
234
25
27

正视图
左视图
俯视图

比例：1:2

二十四、圆材丁字接合3（裹腿，又称圆包圆结构）

这种丁字接合方法是明式家具结构中最规范的榫卯结构，常用于圆腿桌子和圆腿杌凳结构中。

应用部位：枨子与腿足相交处。

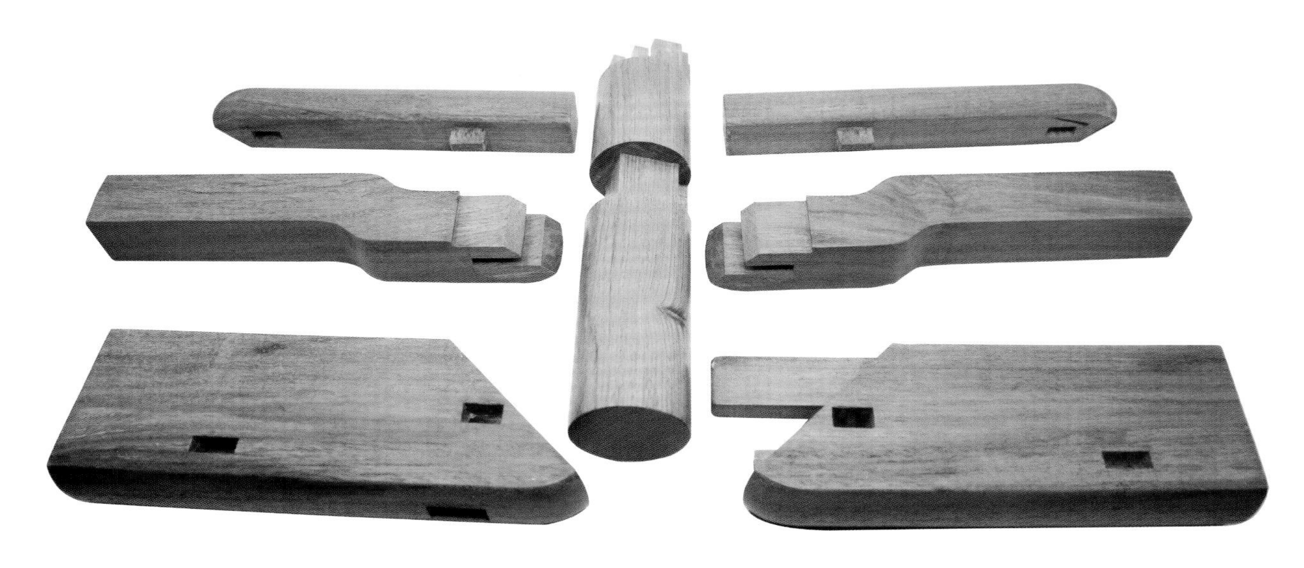

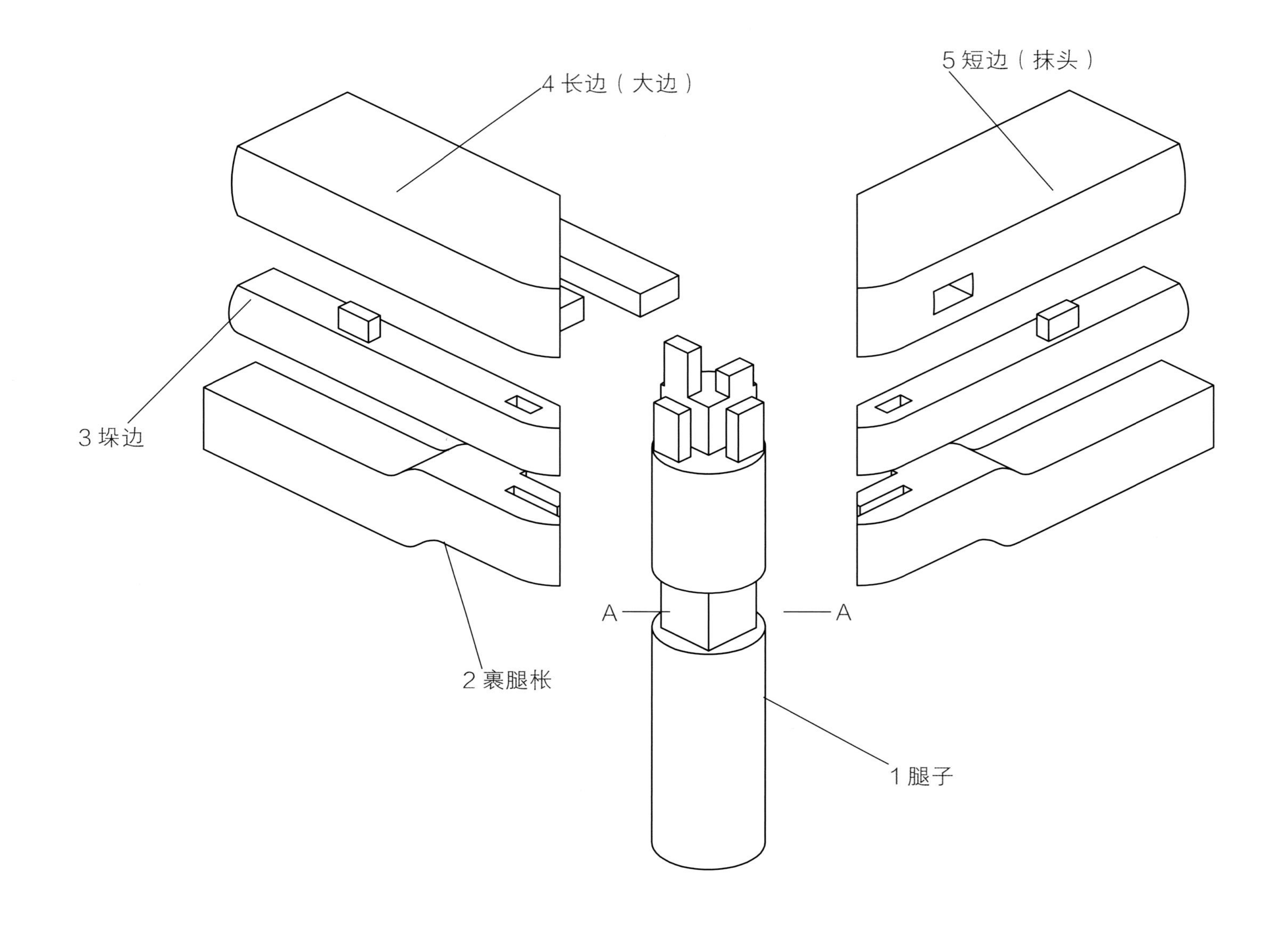

◆ **制作注意事项：** 在这个结构中，榫头榫眼制作都比较容易，就是要把腿足上的方形部位处（上图 A–A 处）截面尽量做大，这个部位是整件家具的主要受力点。

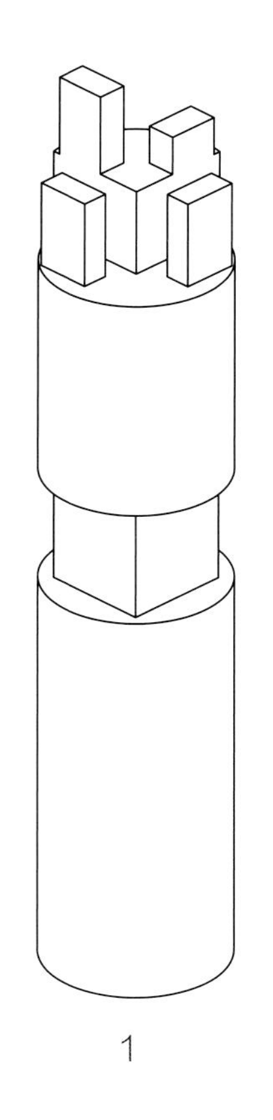

1

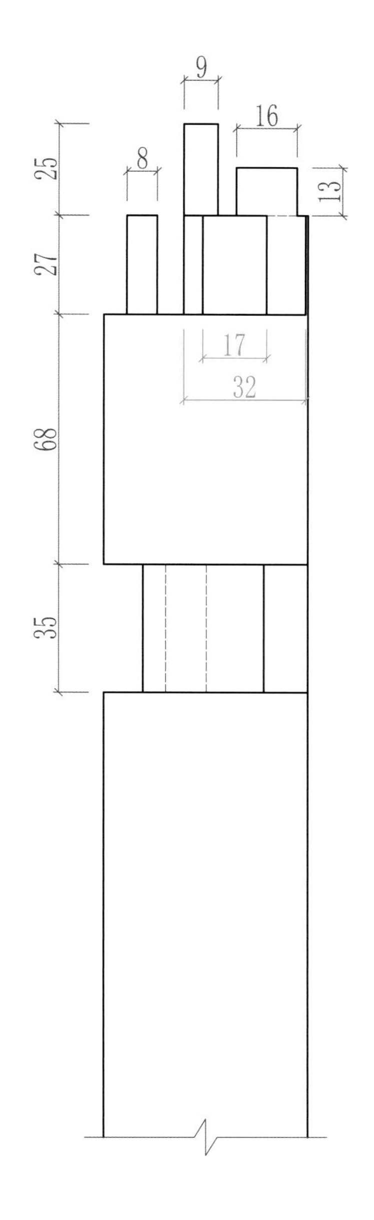

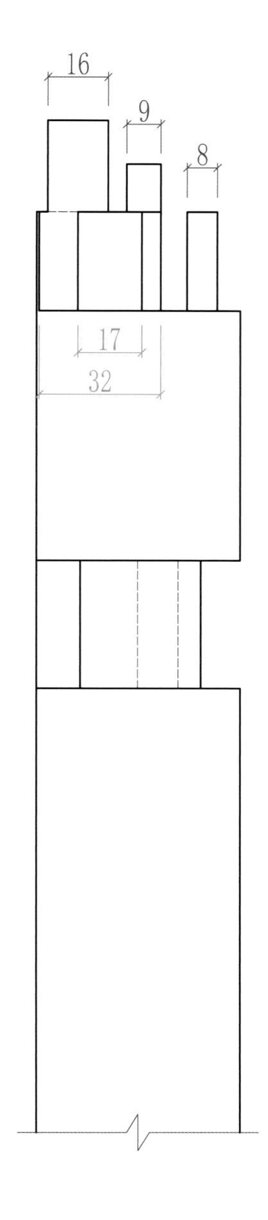

俯视图

比例：1:2

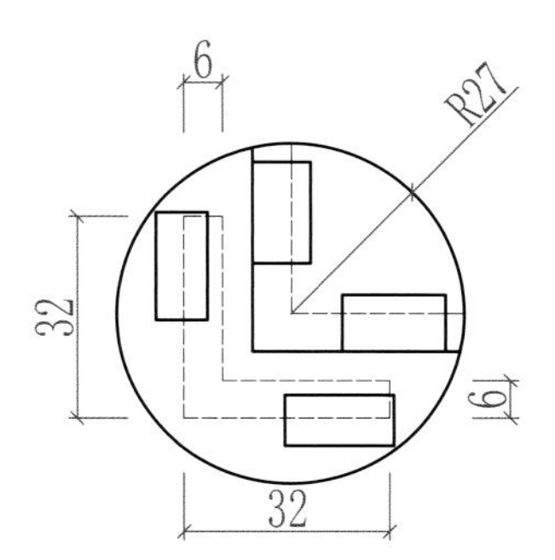

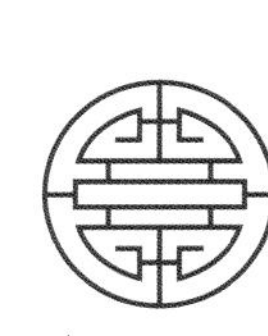

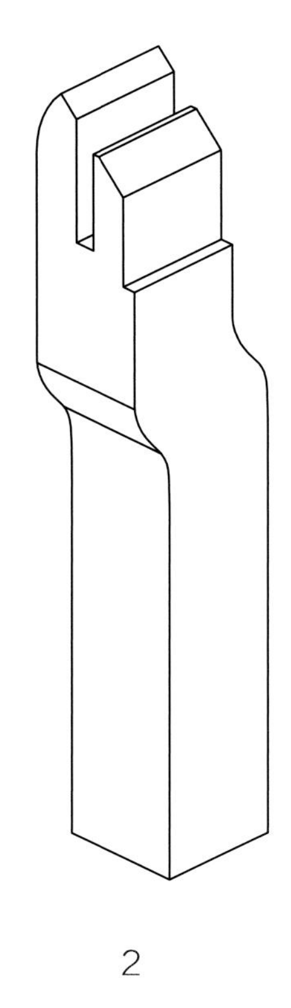

2

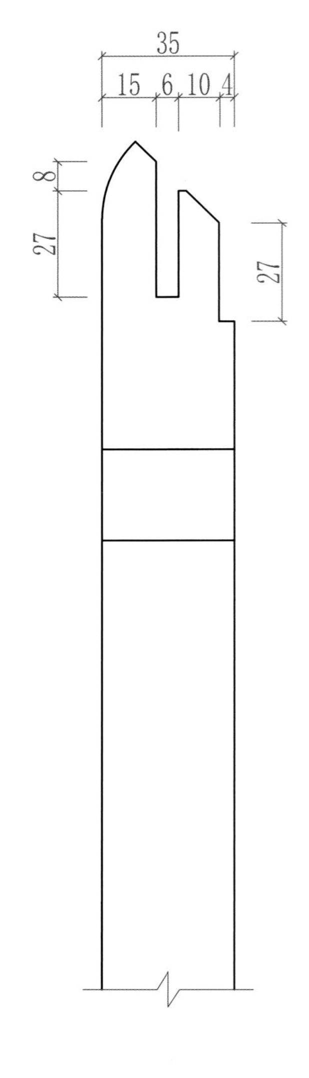

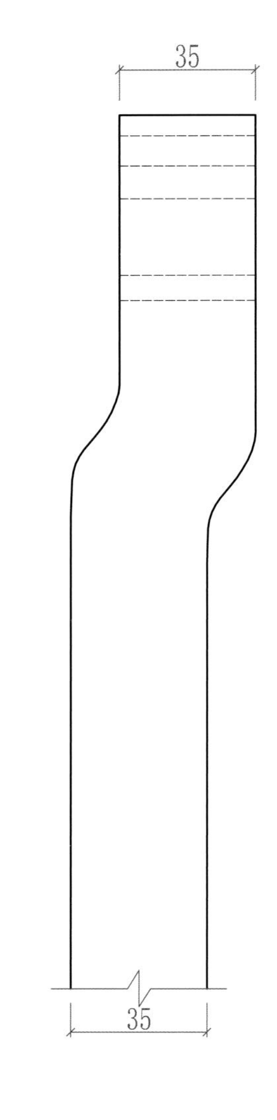

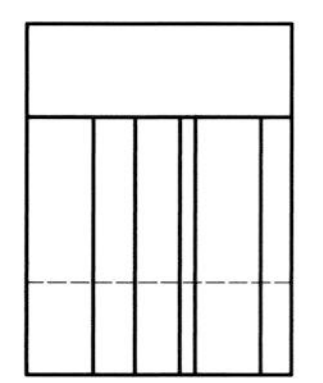

比例：1:2

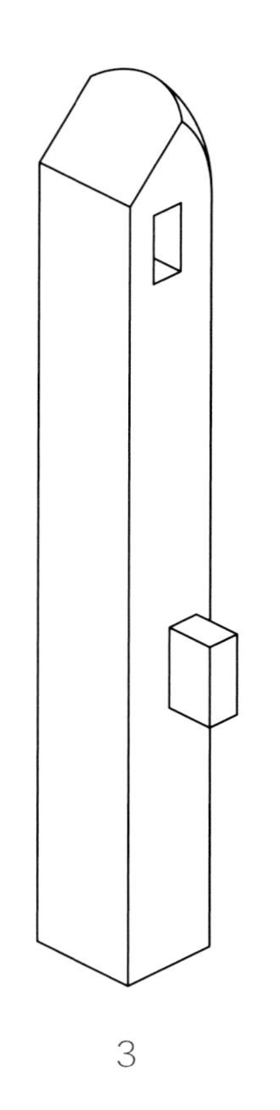

3

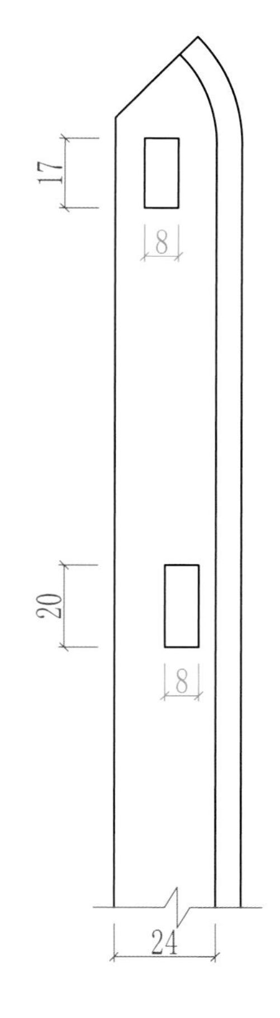

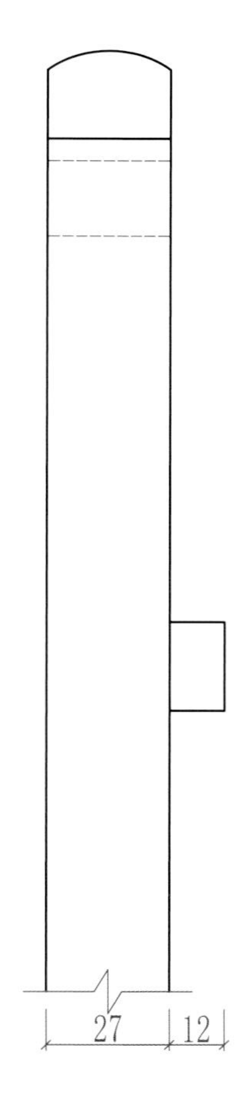

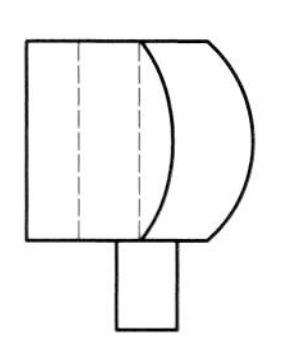

比例：1:2

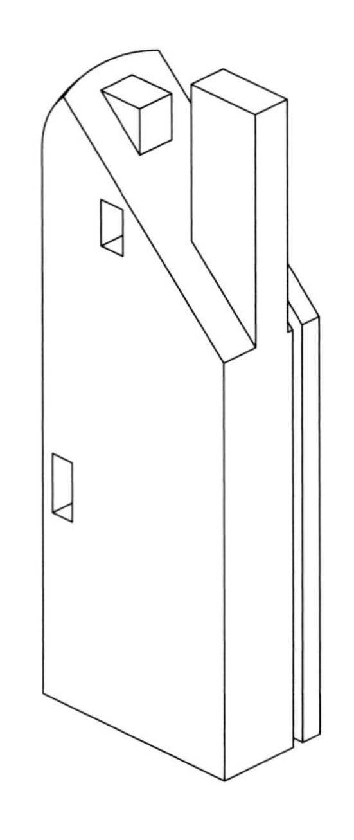

4

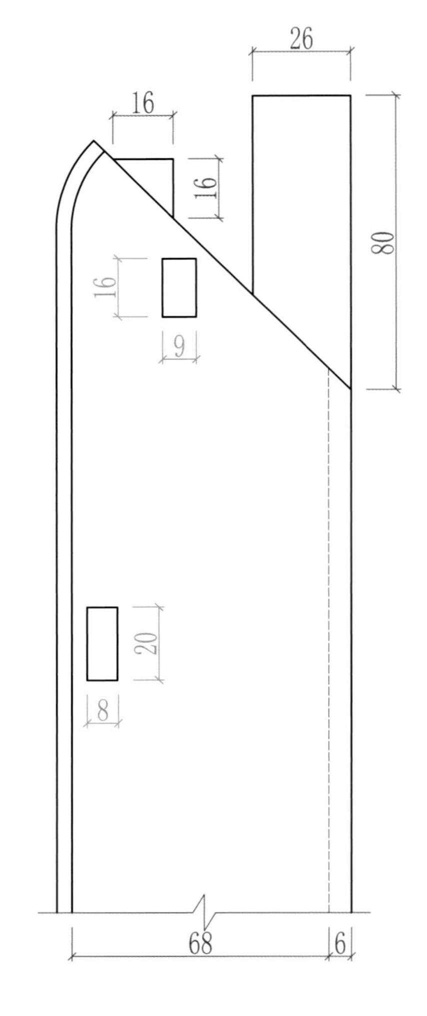

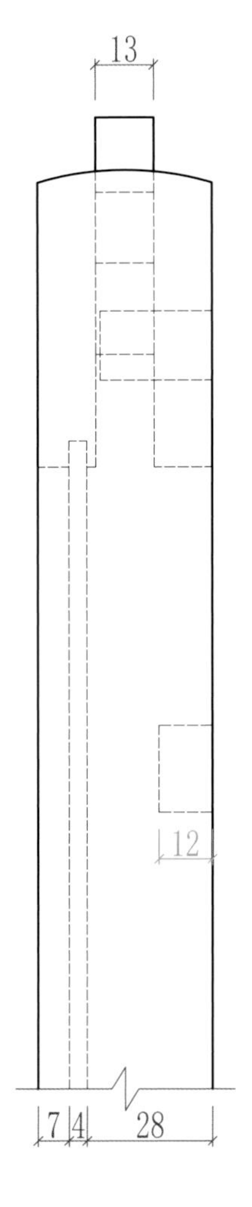

比例：1:2

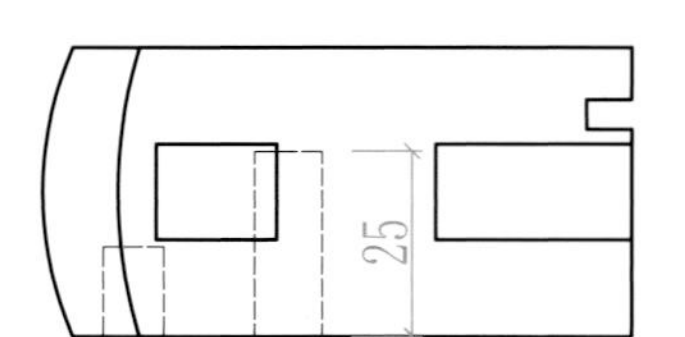

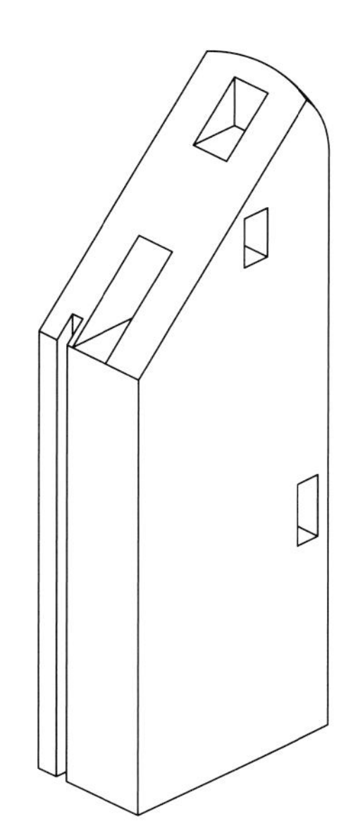

5

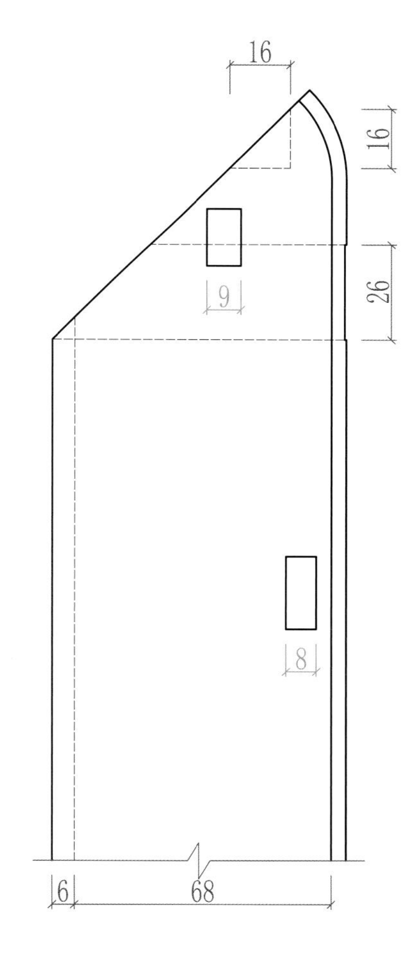

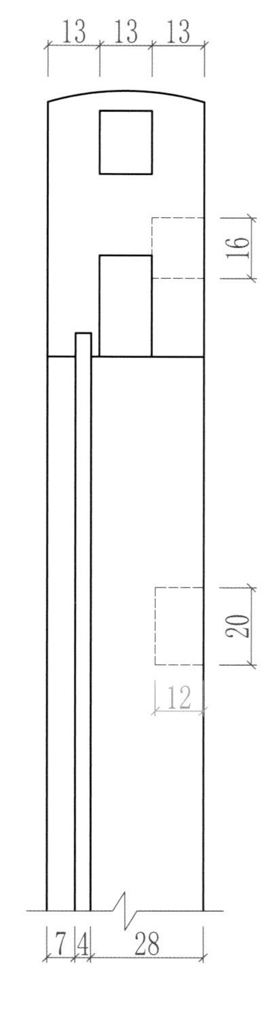

比例：1:2

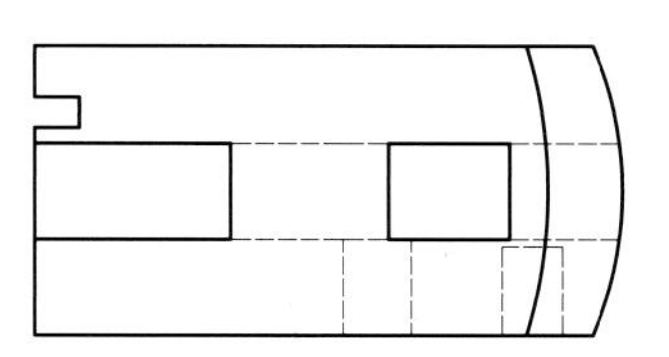

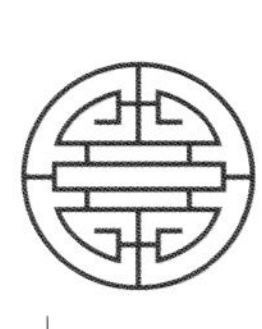

二十五、圆材丁字接合 4（大进小出榫）

三根圆材相交的大进小出榫和三根方材相交的大进小出榫基本结构是一样的，不同的是格肩变成了飘肩。

应用部位：常用于圆腿椅凳类的拉枨或是圆材相交装板结构。

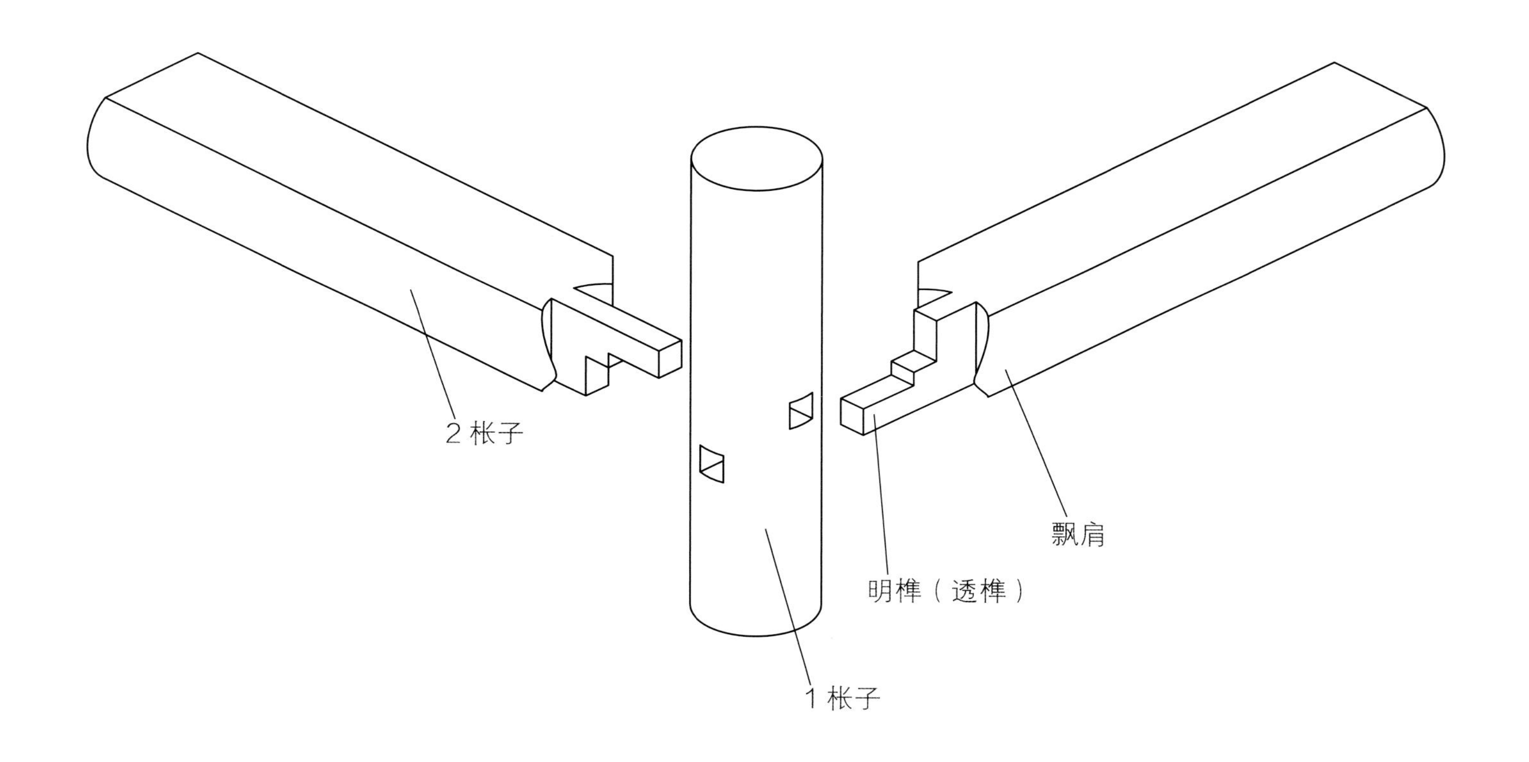

◆ **制作注意事项：** 一是制作时要把飘肩和腿的吻合处做严实，这是制作这个榫卯结构的关键；
二是外露榫头的大小以碰不到外侧飘肩为合适。

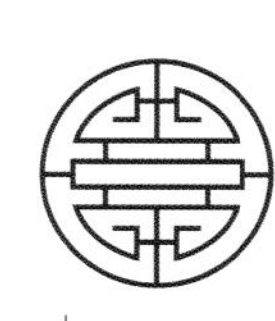

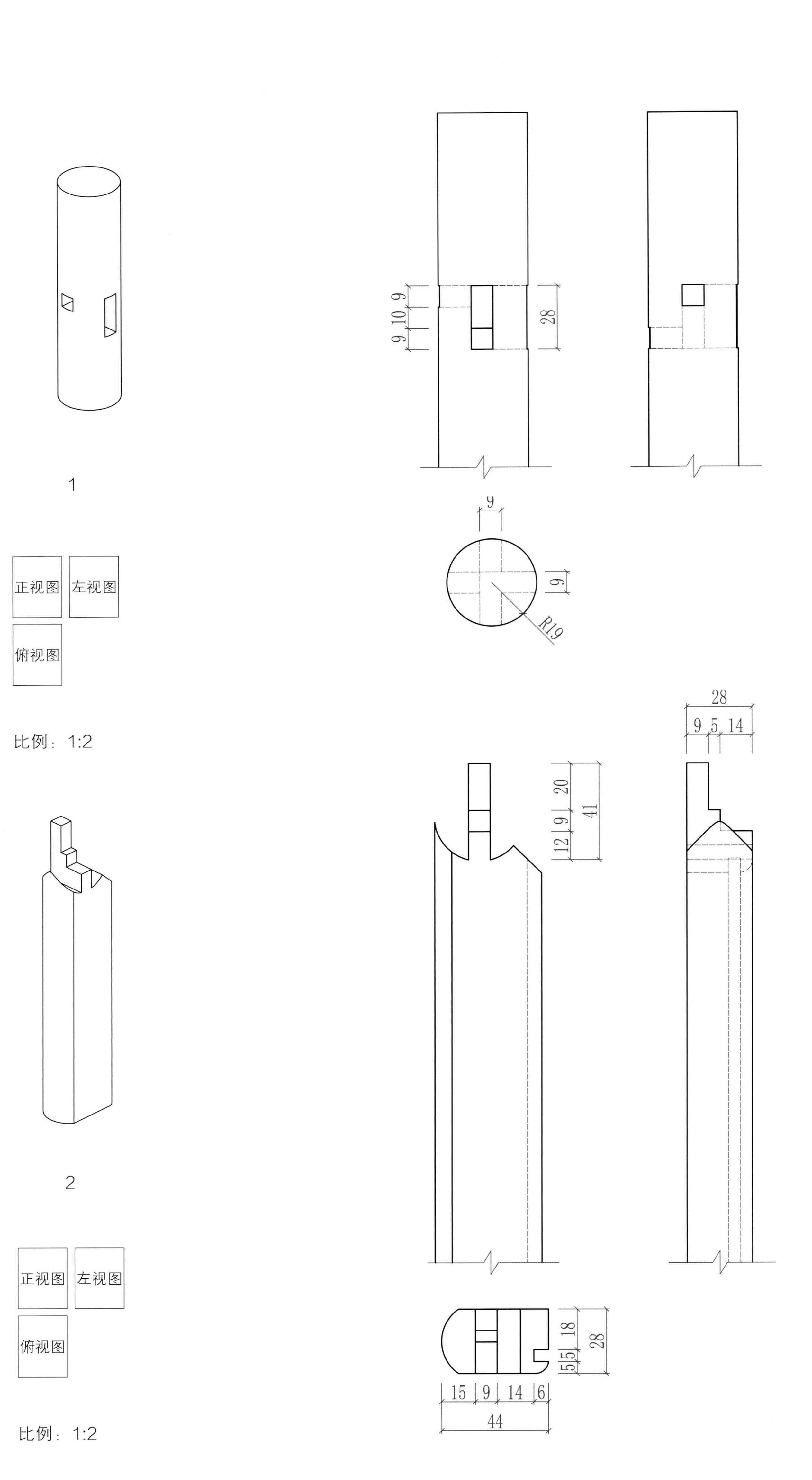
1
正视图
左视图
俯视图
比例：1:2
9 10 9
9
28
9
9
R19
2
正视图
左视图
俯视图
比例：1:2
20
12 9
41
28
9 5 14
18
28
5 5
15 9 14 6
44

二十六、方材角接合 1（揣揣榫）

这是一个两面格肩的方材角接合结构。如不想见到明榫，方材的截面又不大，揣揣榫接合是比较牢固的结构。

应用部位：此种结构常用于椅子前腿和扶手角接合部位，有时也用于截面较小的边框结构。

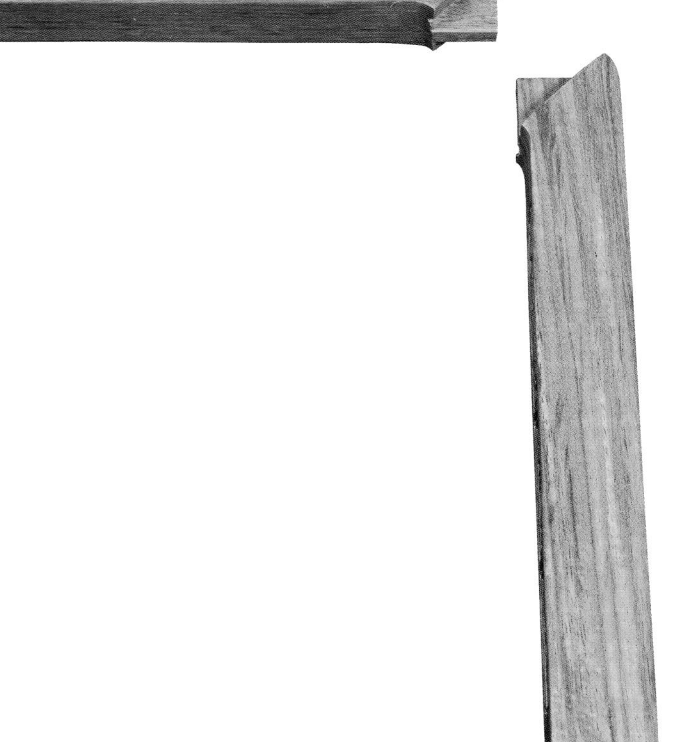

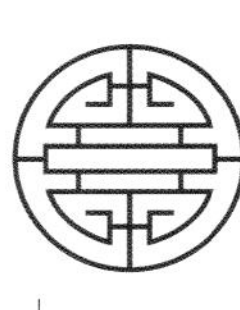

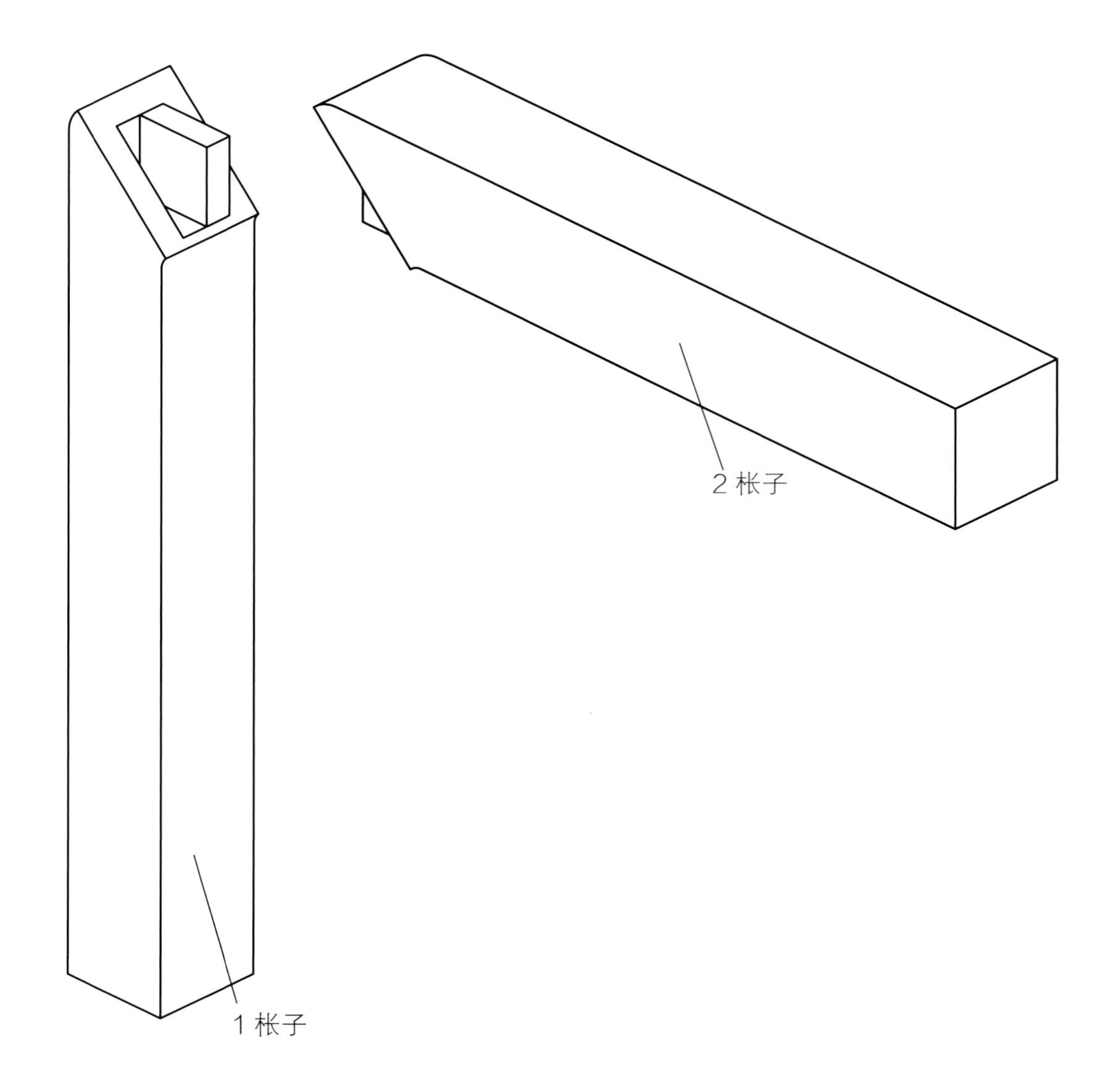

◆ **制作注意事项：** 揣揣榫是两根料上各自有相同的榫头和榫眼，和揣手一样接合，粘接后受力稳定、牢固。如果采用方眼和方榫头接合方法，在受力时，方眼的一端料容易开裂。制作不上胶水的“活拆”家具时，此法不适用。在这个结构中两根料相交处有圆角，在组装时圆角处很容易损坏，所以在两根料的内角处做了微小格肩，这样做减轻了“掉肉”现象。

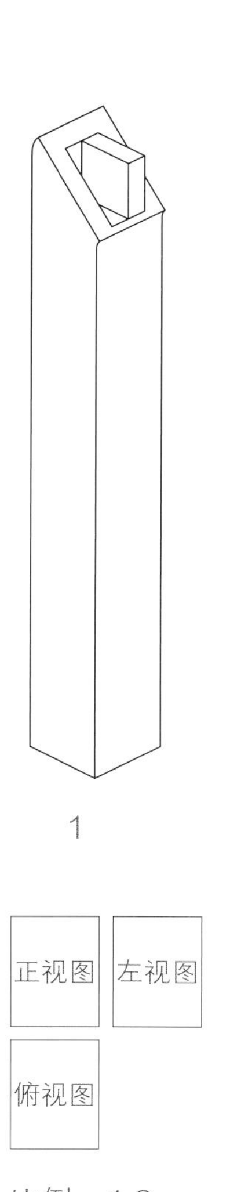

1

正视图 左视图

俯视图

比例：1:2

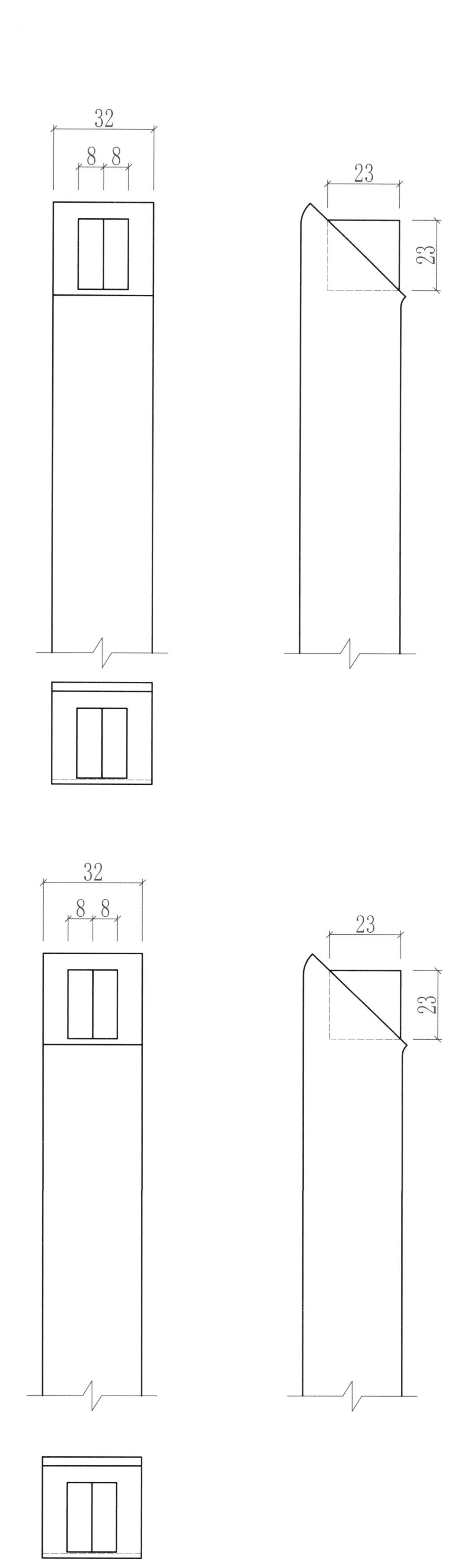

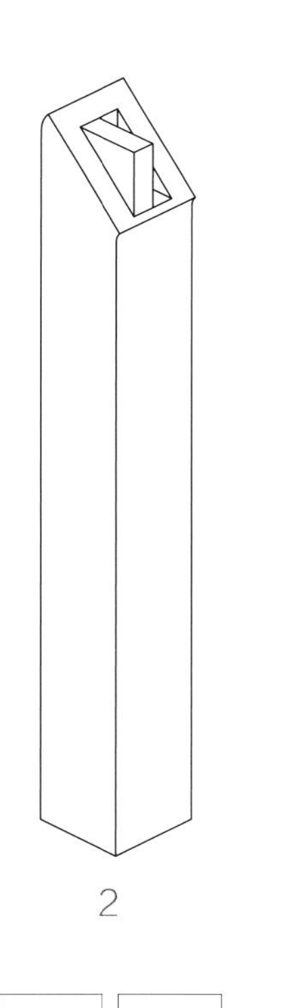

2

比例：1:2

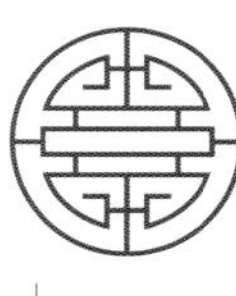

二十七、方材角接合 2（揣揣榫）

这种揣揣榫是在一根料上做一个榫舌，在另一根料上做两个榫舌，这样就比上一个节的榫卯结构接合得更牢固。

应用部位：常用在带有装板的沙发扶手和床围子上。

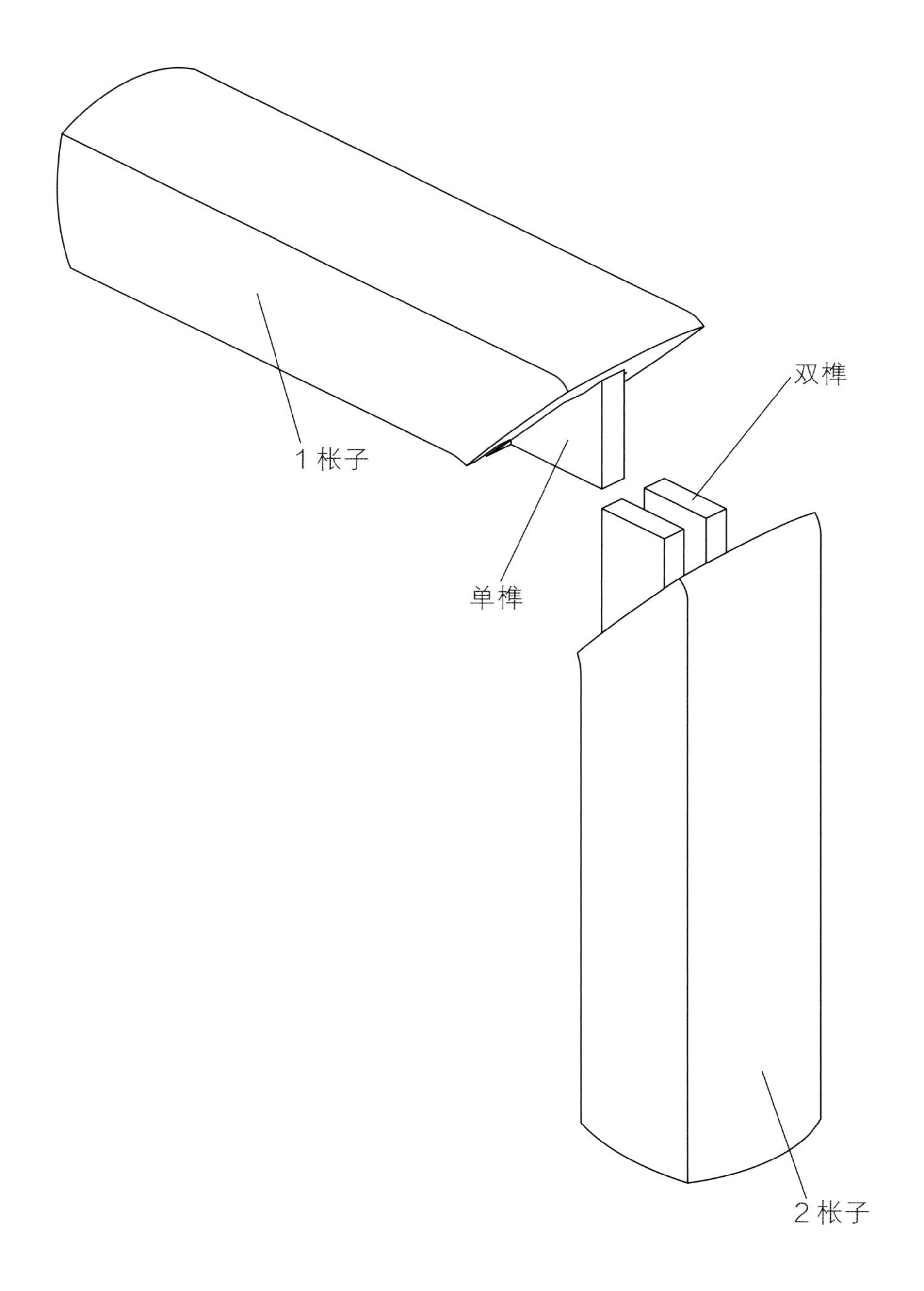

◆ **制作注意事项：** 在这个结构中，从料的截面分析，榫舌应设计得偏小，主要考虑到在此结构中，两面一般需要打槽装板，在家具制作中打槽伤到榫卯是最忌讳的。此种结构用在“活拆”家具上不太牢固。另外，只要两根料相交内角是圆角，那么两根料的内角接触面都要做微小格肩处理，以减少“掉肉”现象。

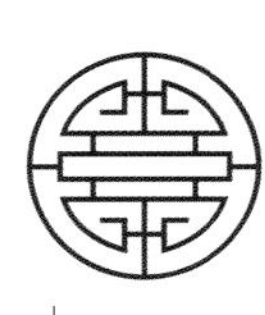

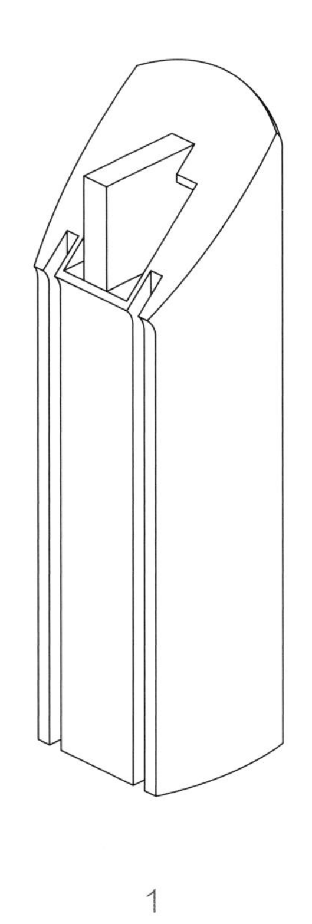

1

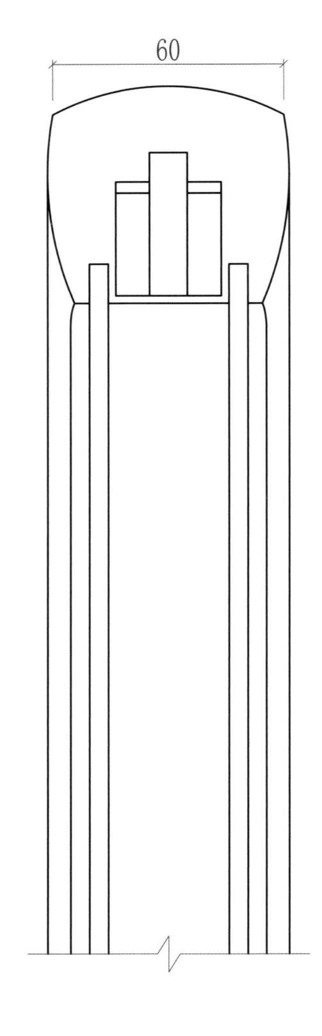

比例：1:2

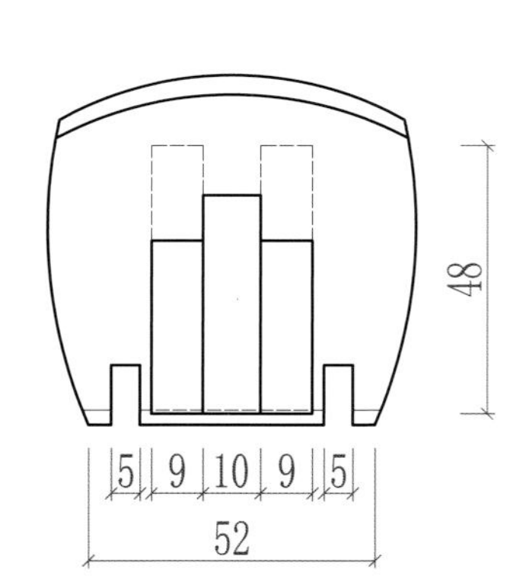

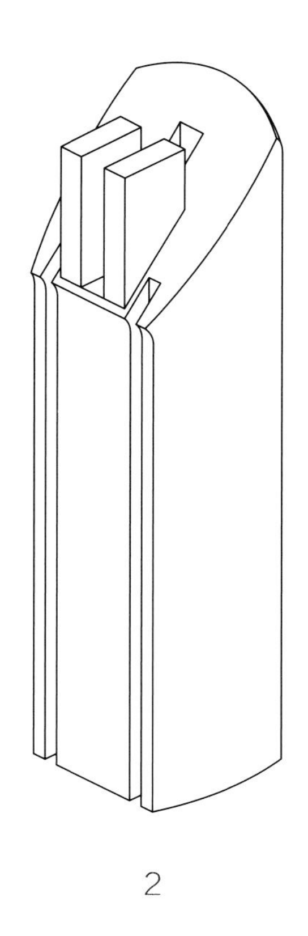

2

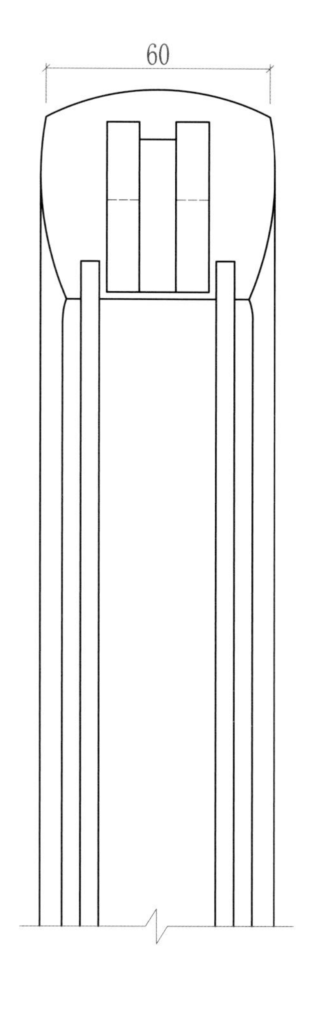

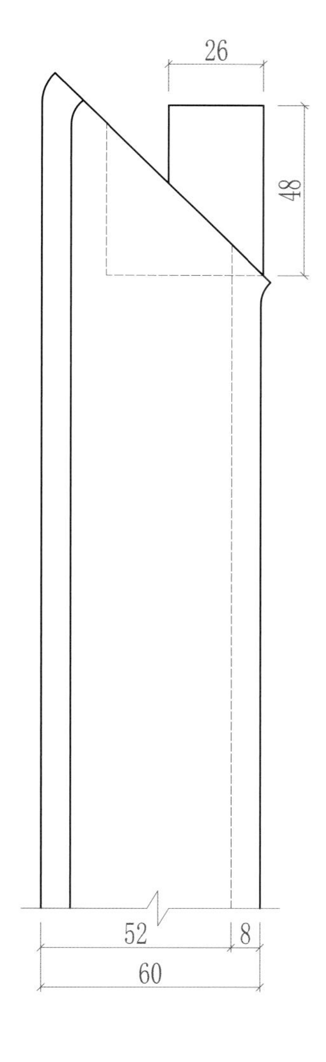

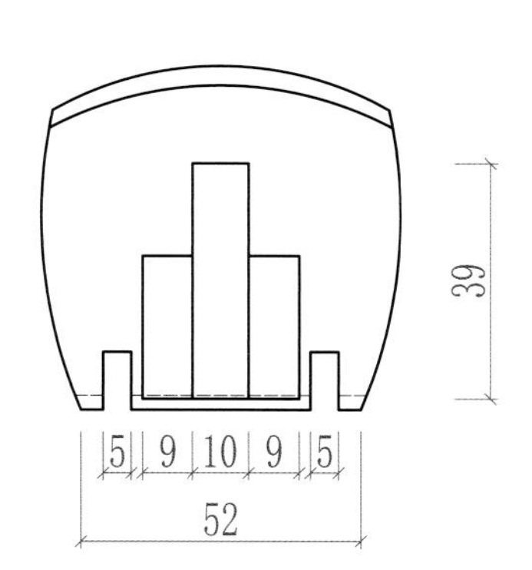

比例：1:2

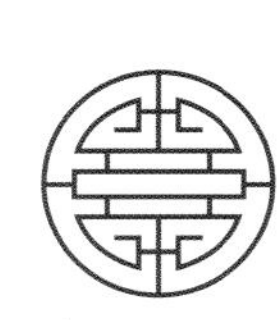

二十八、圆材角接合 1（夹头燕尾榫）

夹头燕尾暗榫和揣揣榫同属一类榫卯结构，加工难度大，但接合最牢固，它是揣揣榫的最高级做法，此种结构适合做“活拆”家具。

应用部位：常用于圆腿类椅子的前腿和扶手接合处，也可用于任意圆材角接合处。

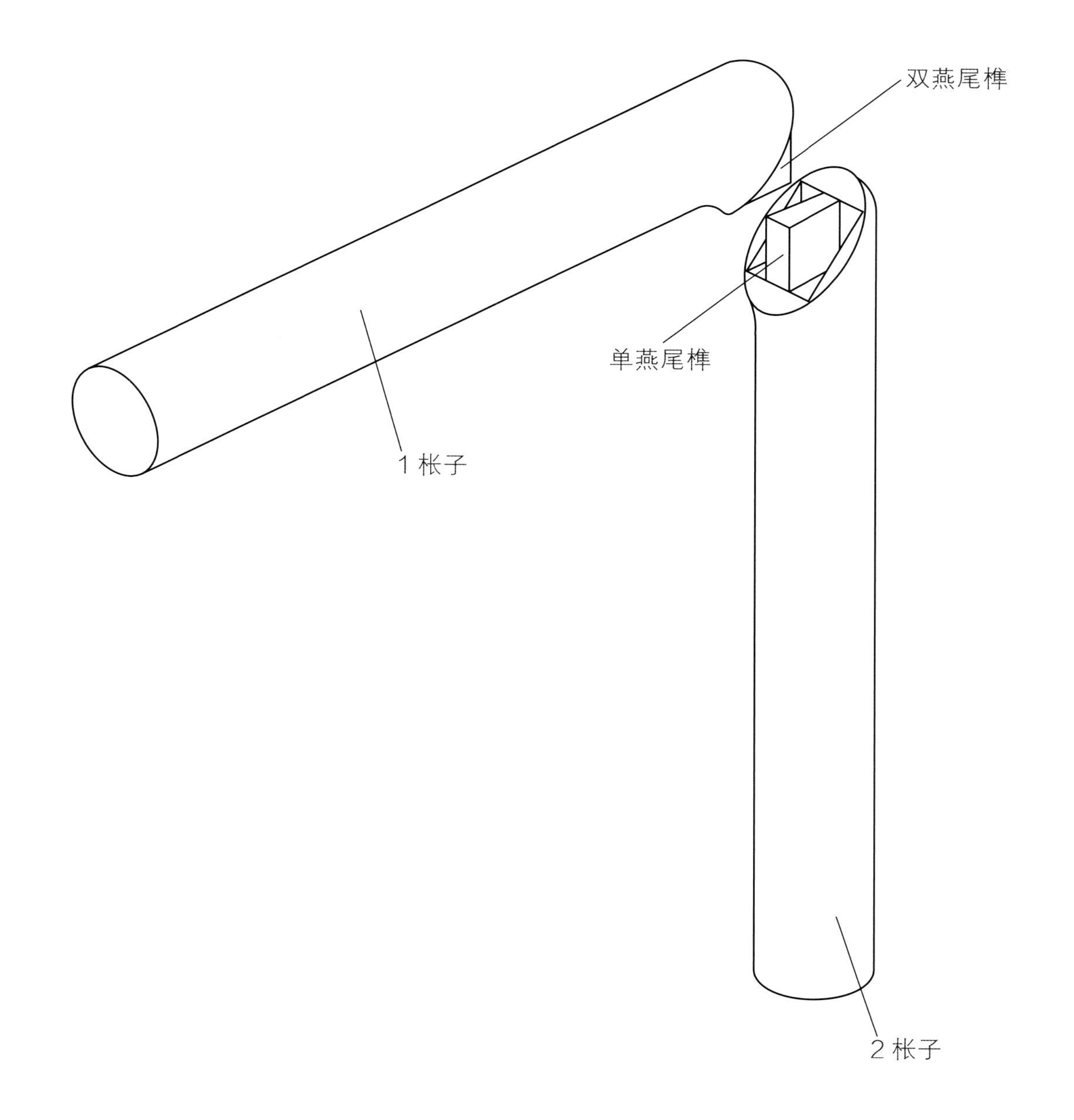

◆ **制作注意事项：** 根据料的大小尽量把榫头做大，因为料都是顺木纹制作的，没有横茬，组装时不容易开裂。单燕尾榫的接触面要严紧，双燕尾榫的外侧接触面略松一点为好。

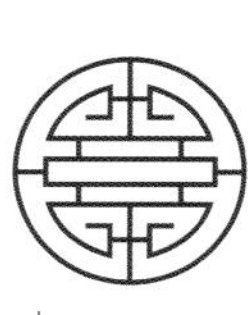

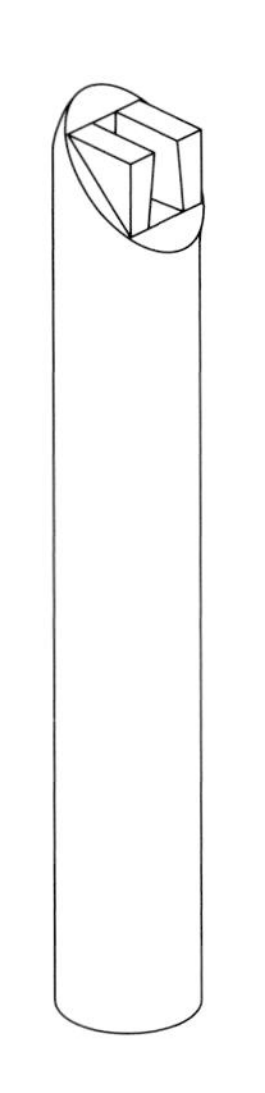

1

正视图	左视图
俯视图	

比例：1:2

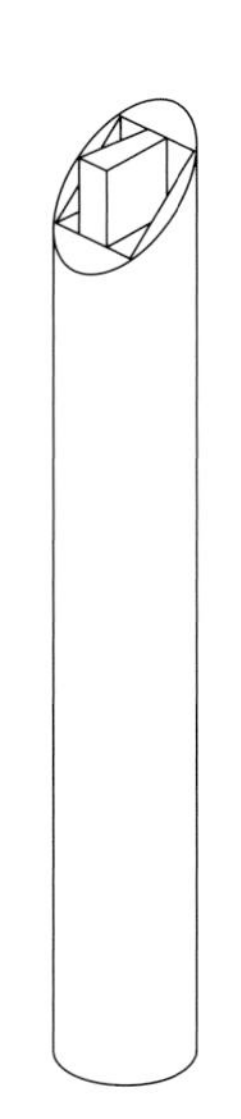

2

正视图	左视图
俯视图	

比例：1:2

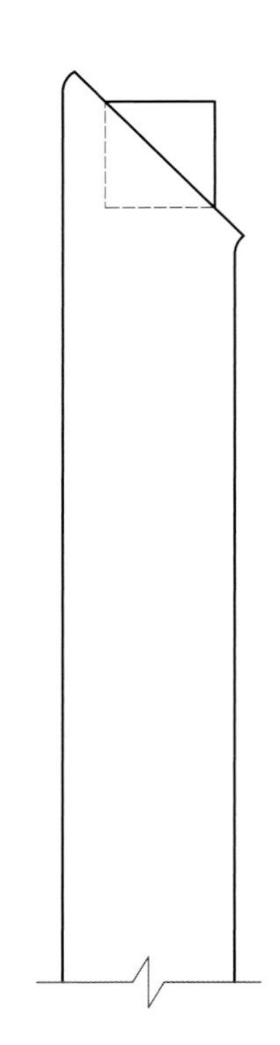

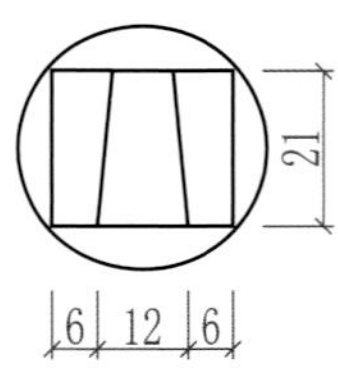

二十九、圆材角接合 2(挖烟袋锅榫)

挖烟袋锅榫可以理解为正方形的方材直肩丁字形接合，然后倒圆而成。这个结构只是为造型美观而设计的，它的受力不太合理。

应用部位：常用于官帽椅的前腿和扶手接合处。

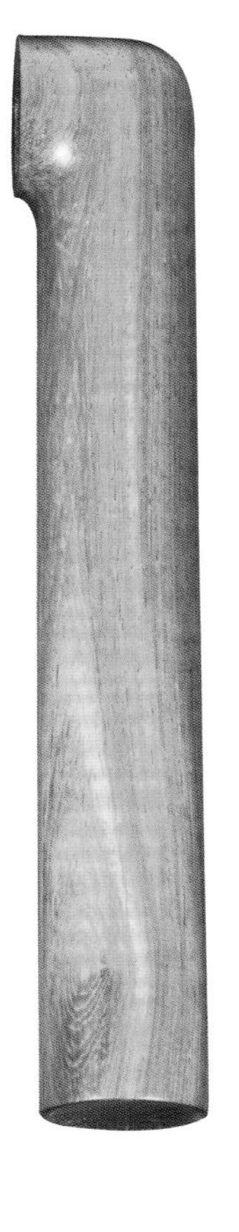

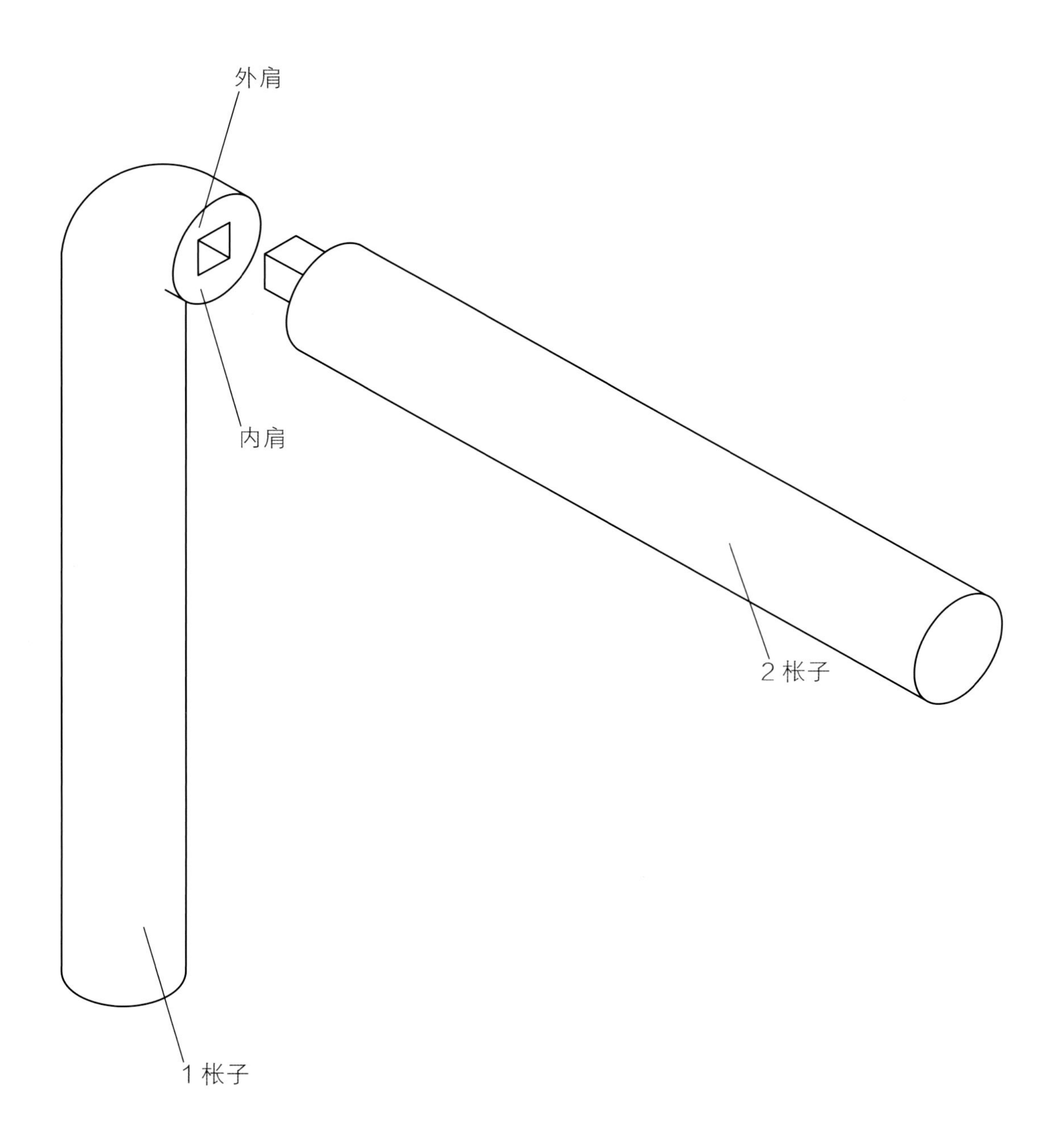

◆ **制作注意事项：** 这个榫卯的榫头处受力很大，木材不能有一点缺陷。挖烟袋锅榫四面有肩，以带榫眼的这根料为例，最外端榫眼的边缘为外肩，反之为内肩，一般内肩要尽量做薄，外肩做厚，这样榫卯才牢固。

1

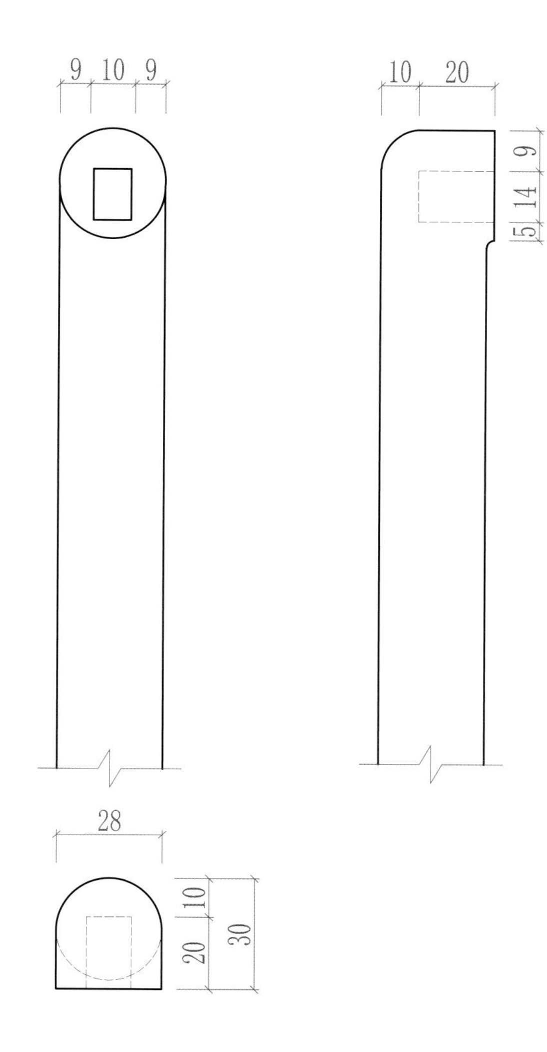

正视图 左视图

俯视图

比例：1:2

2

28

9 14 5

9 10 9 28

正视图 左视图

俯视图

比例：1:2

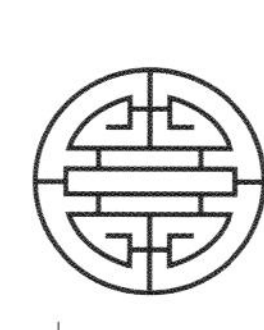

三十、板材角接合（开夹榫）

当需要接合的材料很薄或材料很小时，通常这样的榫卯结构很难加工，即使做了也达不到牢固最大化的目的。因此，要把榫头做到最大，把榫眼也做到最大，也就变成了一边是榫舌，一边是开口的榫夹，这样做是板材角接合最简易也是最牢固的方式。现代家具的边框制作也有用此种结构的，上胶水组装家具后比通常榫的连接还要牢固，只是不讲究而已。

应用部位：常用于家具的牙板结构。

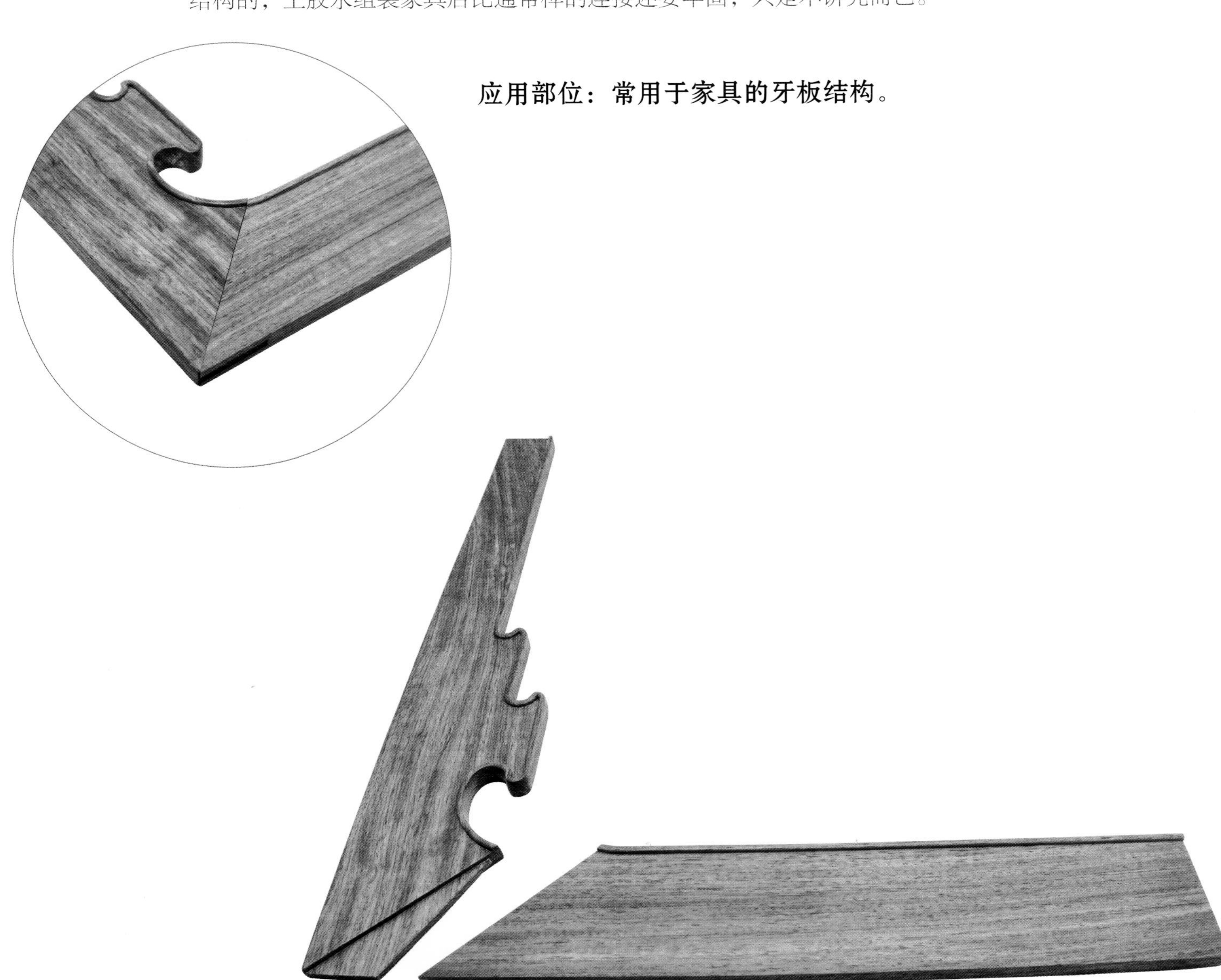

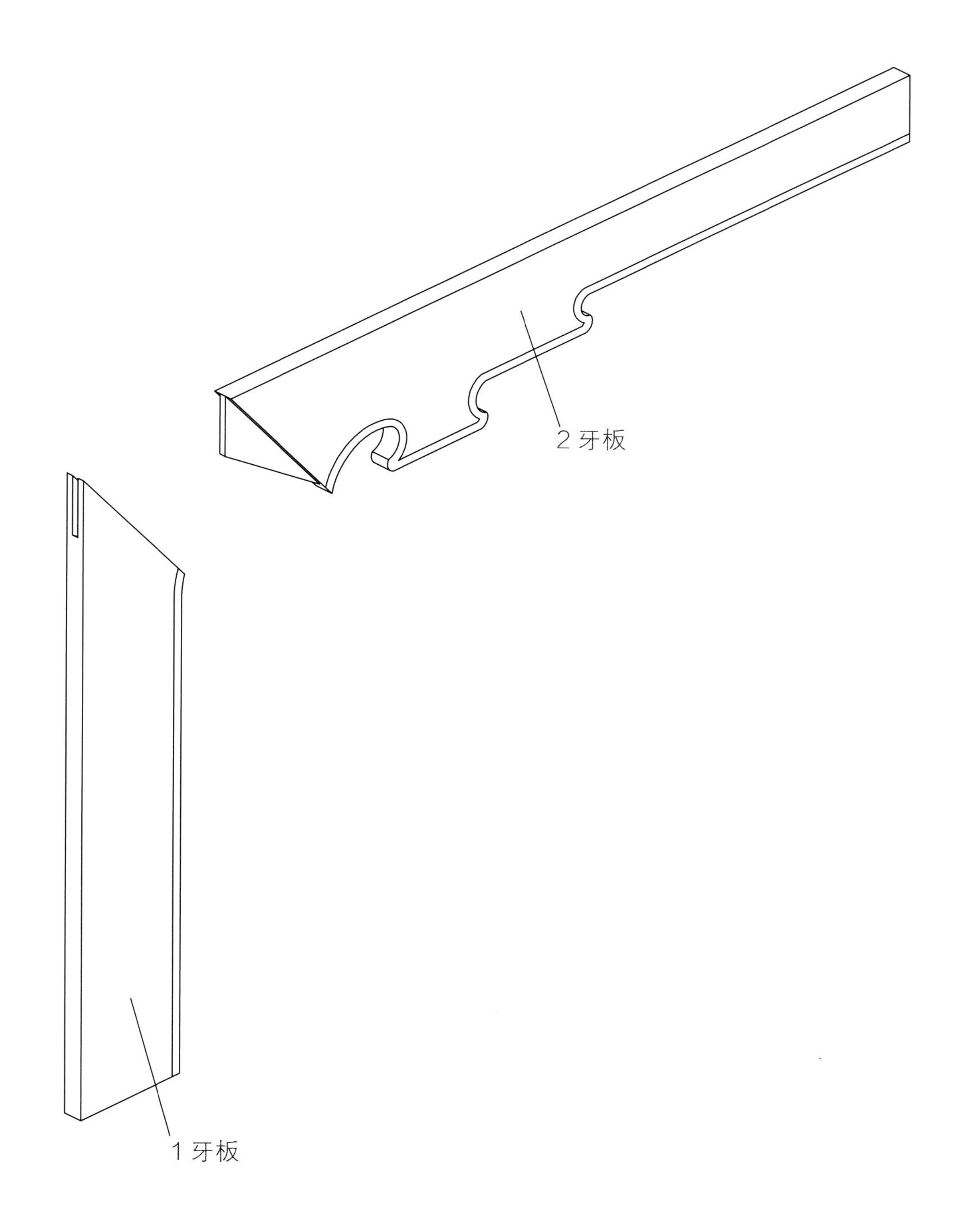

◆ **制作注意事项：** 设计开夹榫时，主要需考虑板的表面有没有装饰线或是雕刻图案，如果有，要把装饰线或雕刻图案所需要的厚度减去，再计算榫舌和榫夹的厚度，要保证两片榫夹的厚度一致。

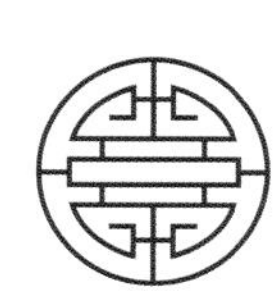

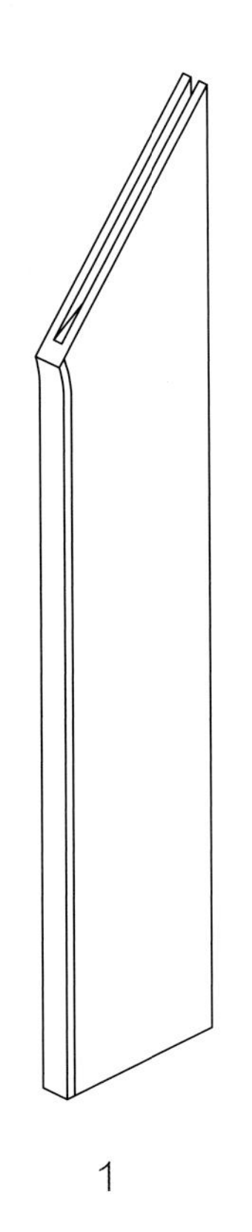

1

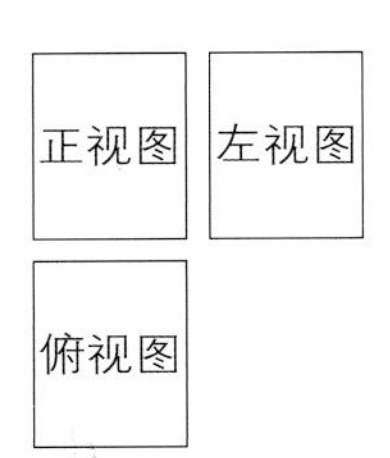

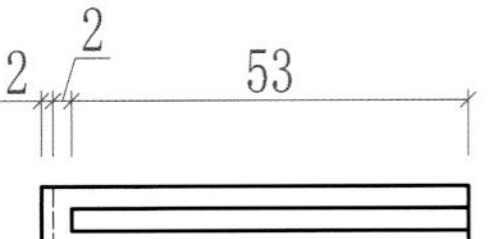

比例：1:2

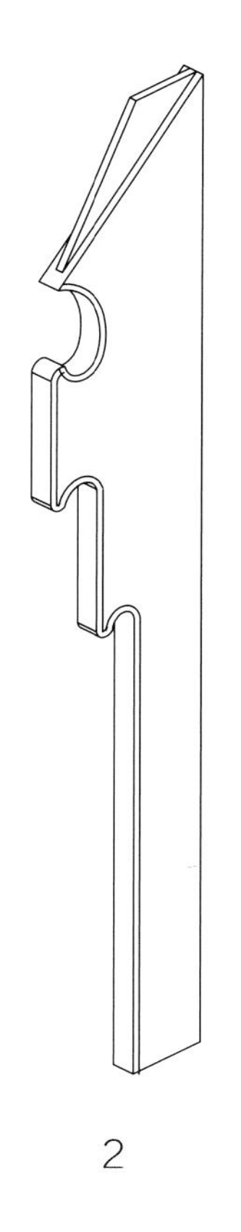

2

正视图 左视图

俯视图

比例：1:2

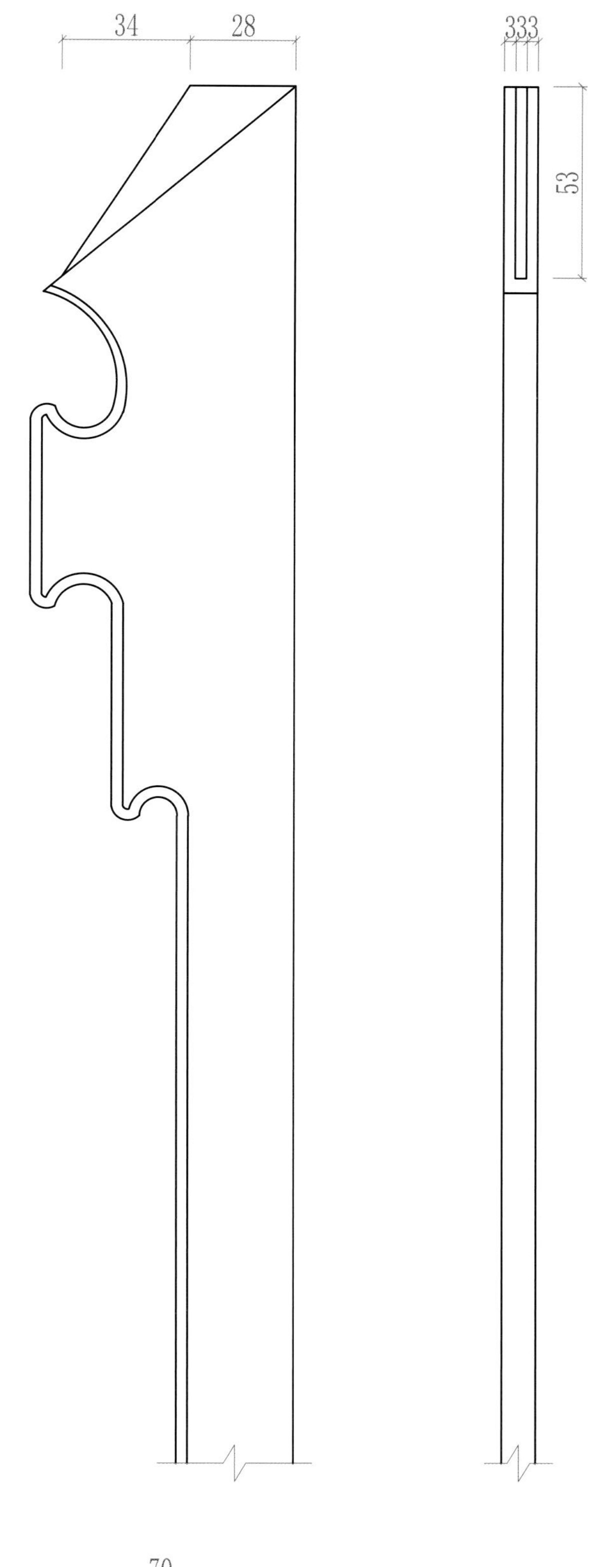

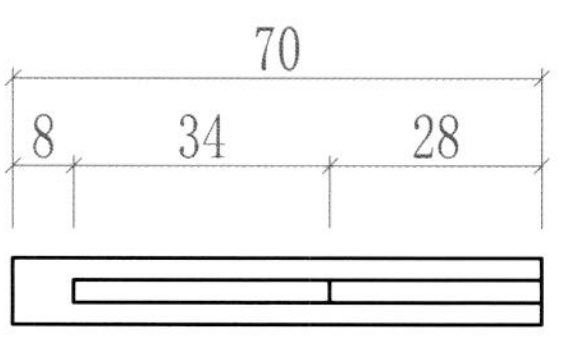

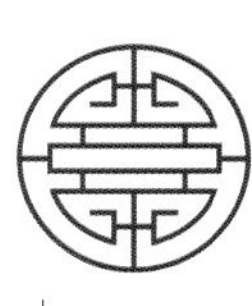

三十一、十字交叉小格肩榫

在家具制作中，常遇到两根料十字相交，制作这种榫卯要把两根料各挖去一半，使两根料能扣合在一起，这种结构多用于不需装板的家具部位。

应用部位：多用于制作几何图案结构。

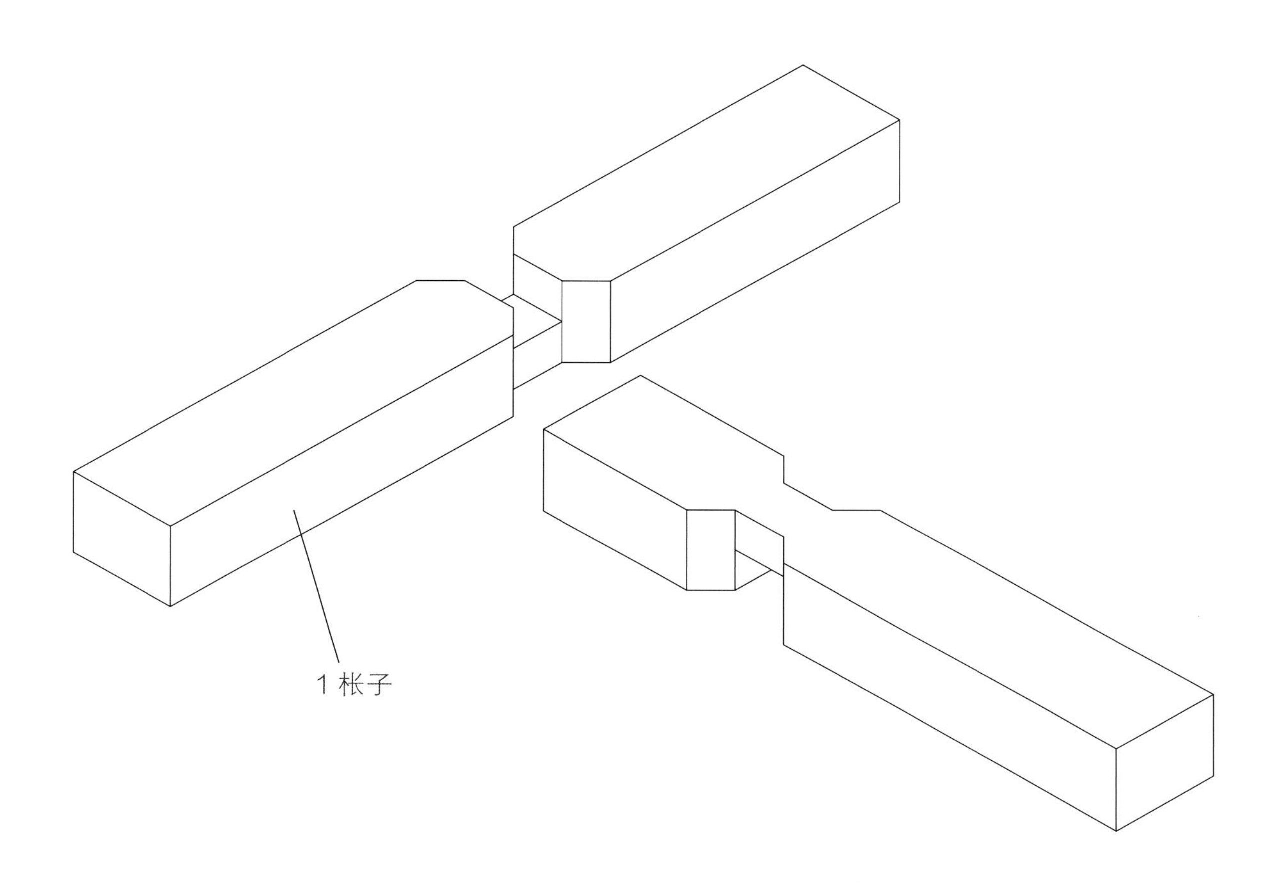

◆ **制作注意事项：** 此结构制作简单，有时是为了满足料边起比较宽的装饰线而设计，装饰线的宽度要和格肩宽度一致。

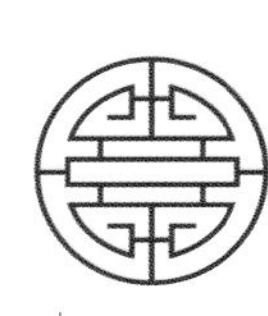

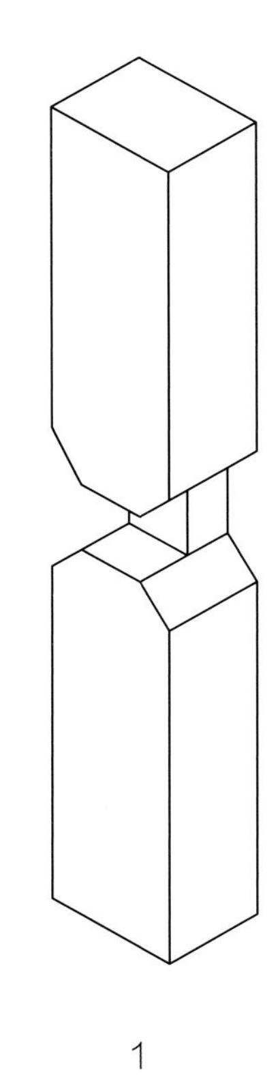

1

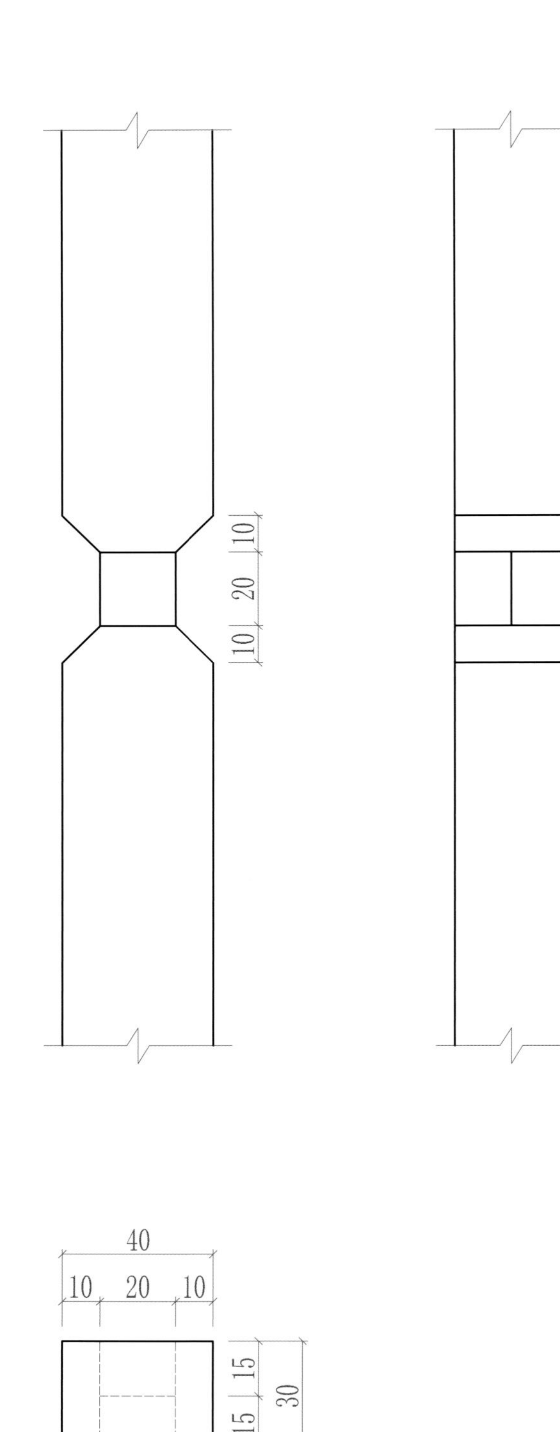

比例：1:2

三十二、三根料交叉榫

这种榫卯在家具制作中不常用到，在古典家具中只有六腿的架类才用得上，用它来固定腿足，有时也用于特殊的几何造型中。

应用部位：用于腿足的连接或是几何图案造型中。

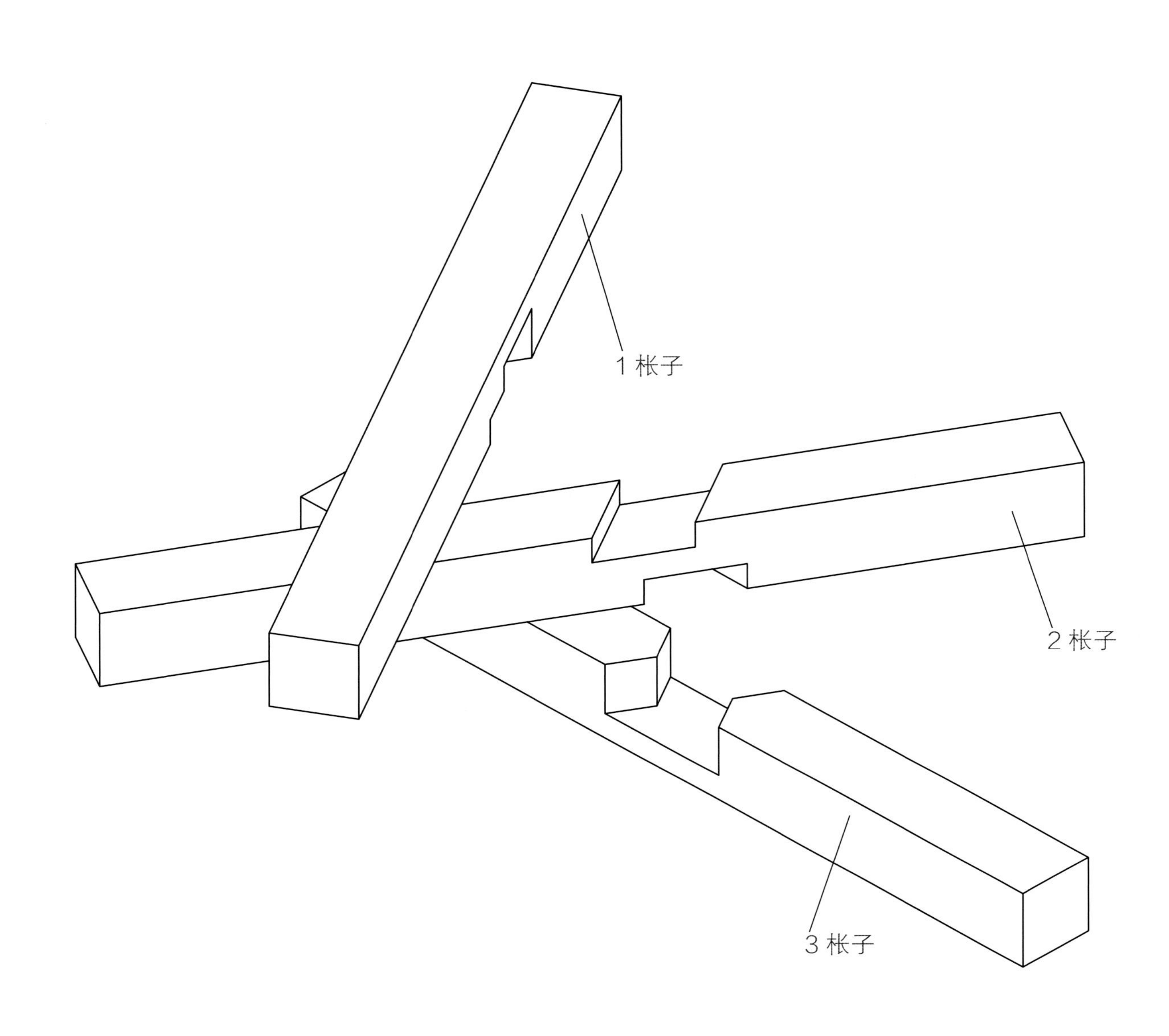

◆ **制作注意事项：** 这是个比较复杂的榫卯结构，以圆周的概念画好三根料的位置关系，获取60° 或 120° 的格肩角度，在交叉点上三根料以三分之一的厚度均分进行咬合。

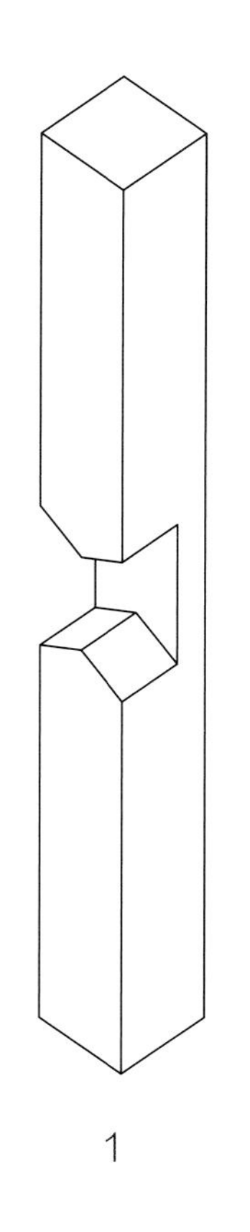

1

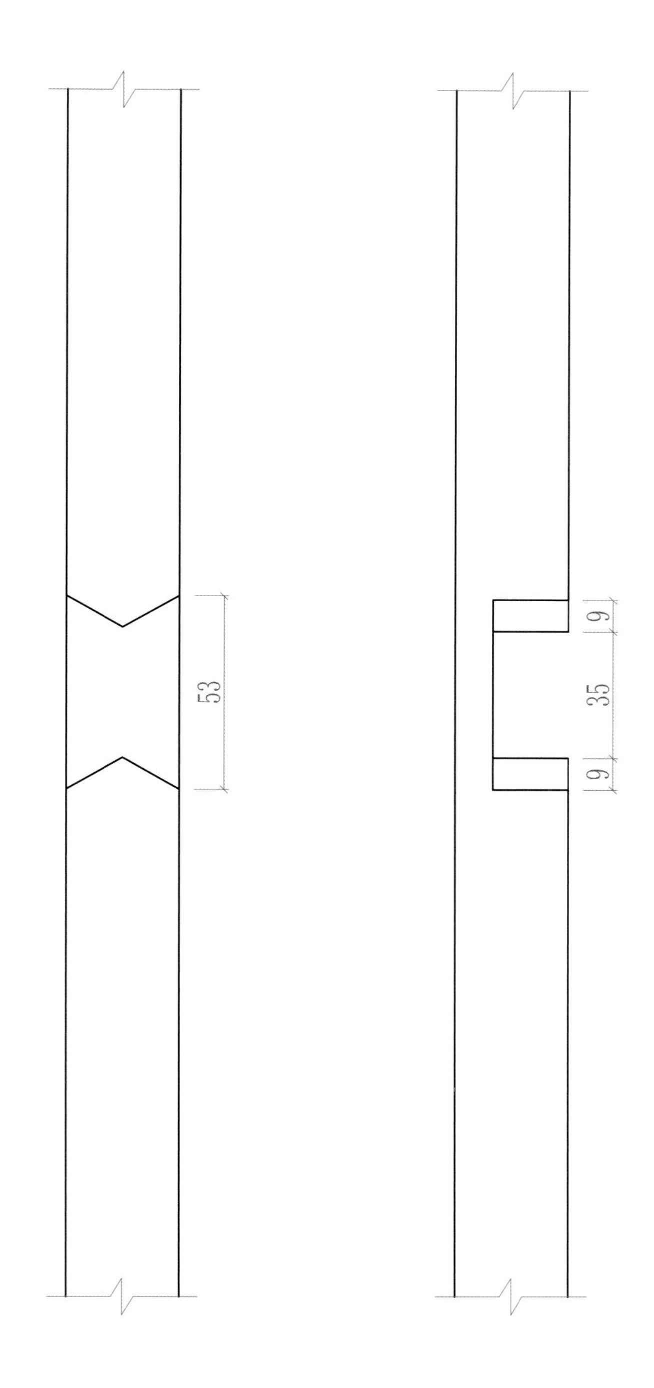

正视图 左视图

俯视图

比例：1:2

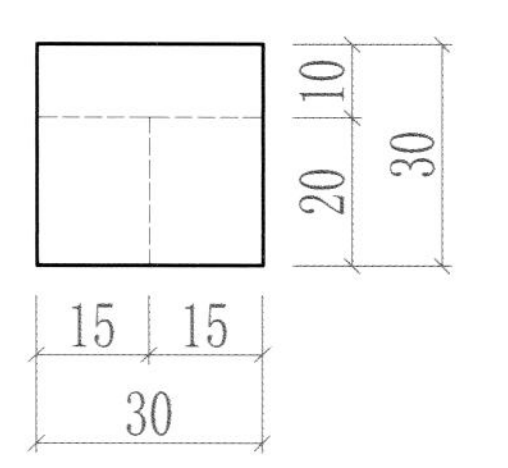

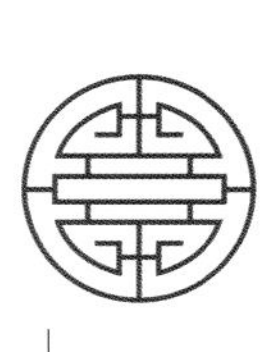

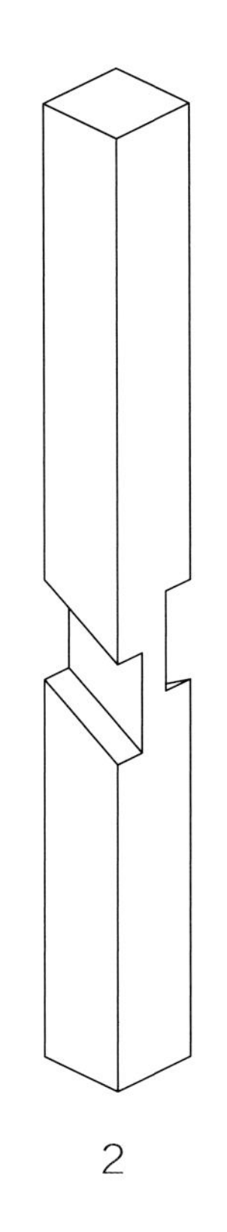

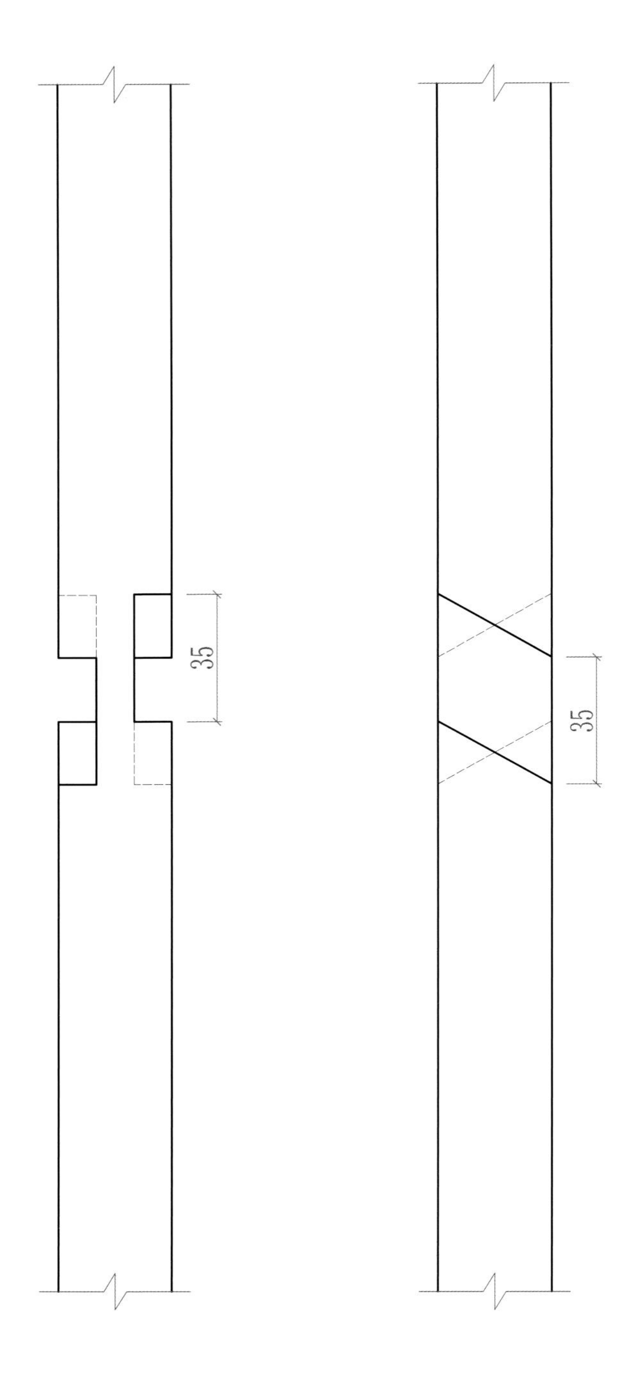

比例：1:2

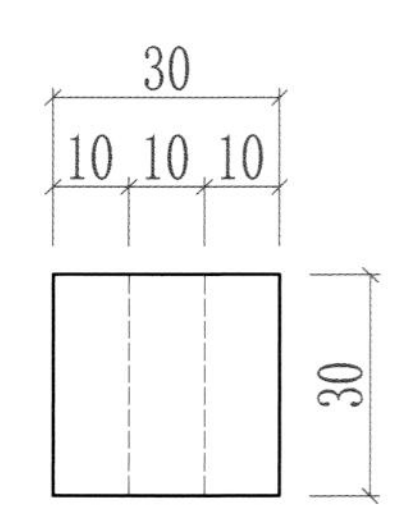

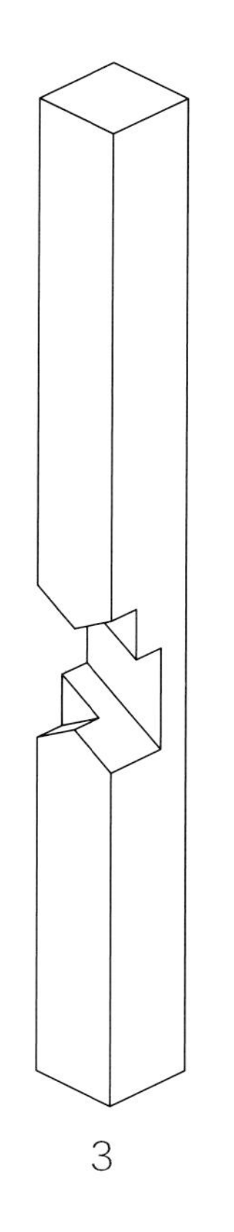

3

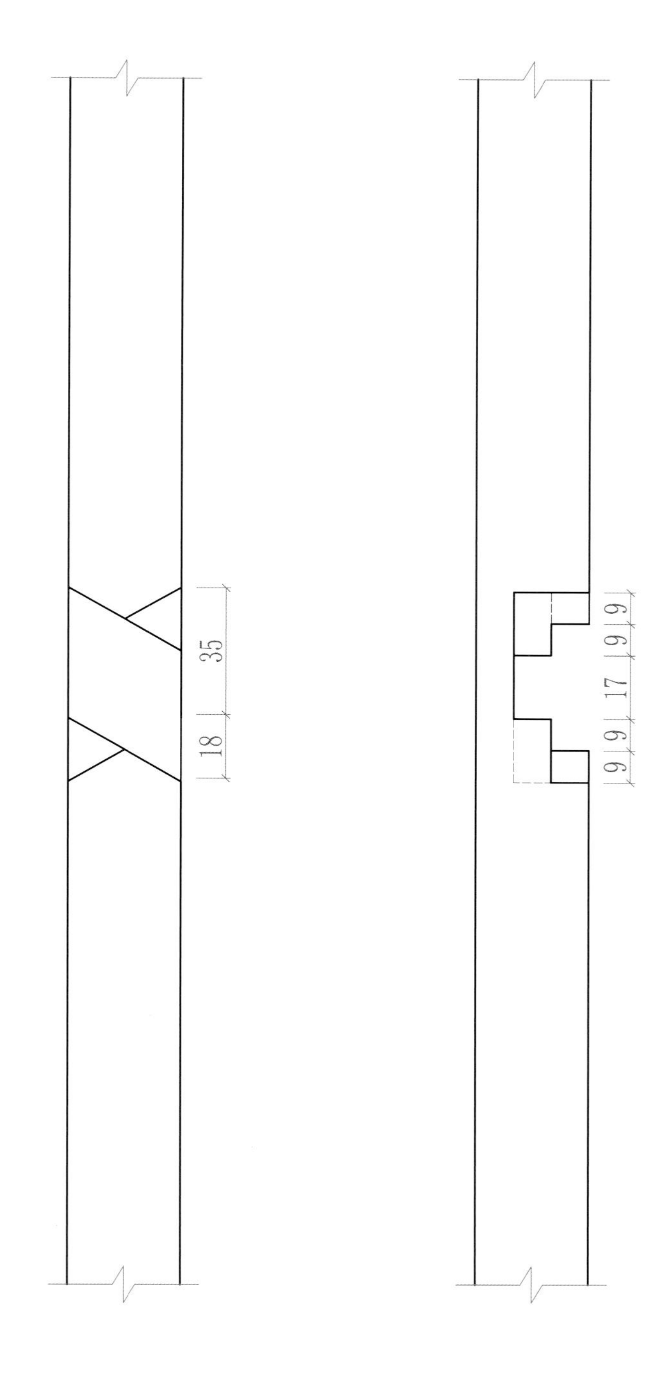

正视图 左视图

俯视图

比例：1:2

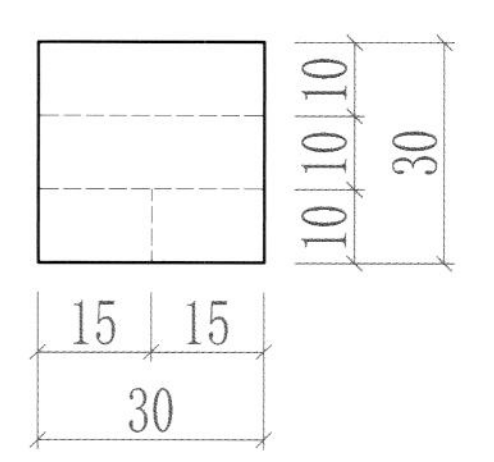

三十三、弧形大边框栽榫接合

因为弧形的边框木纹往往是斜的，如果在边上出榫头，那么榫头的木纹也肯定是斜纹，榫头容易断掉，而且料上出榫头还费料，因此弧形边框连接采用栽榫接合比较合适。

应用部位：用于超大的圆形家具的边框。

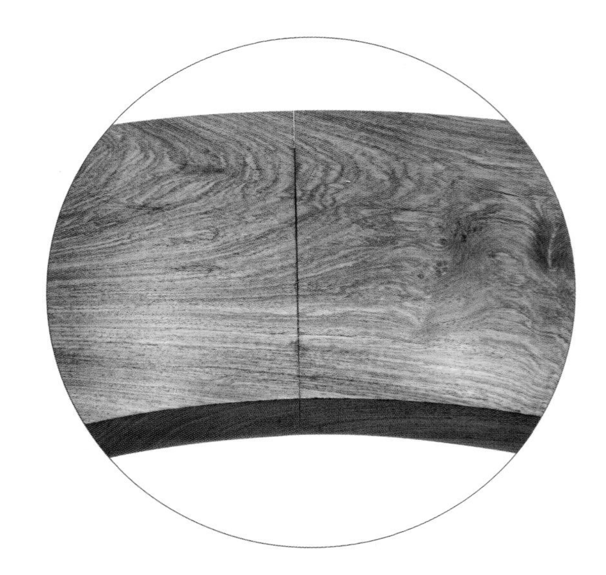

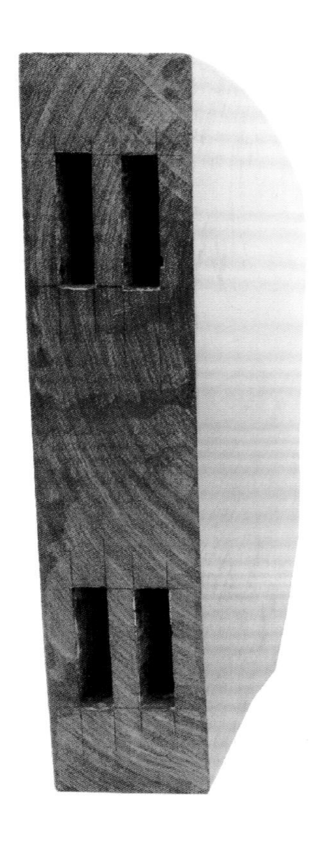

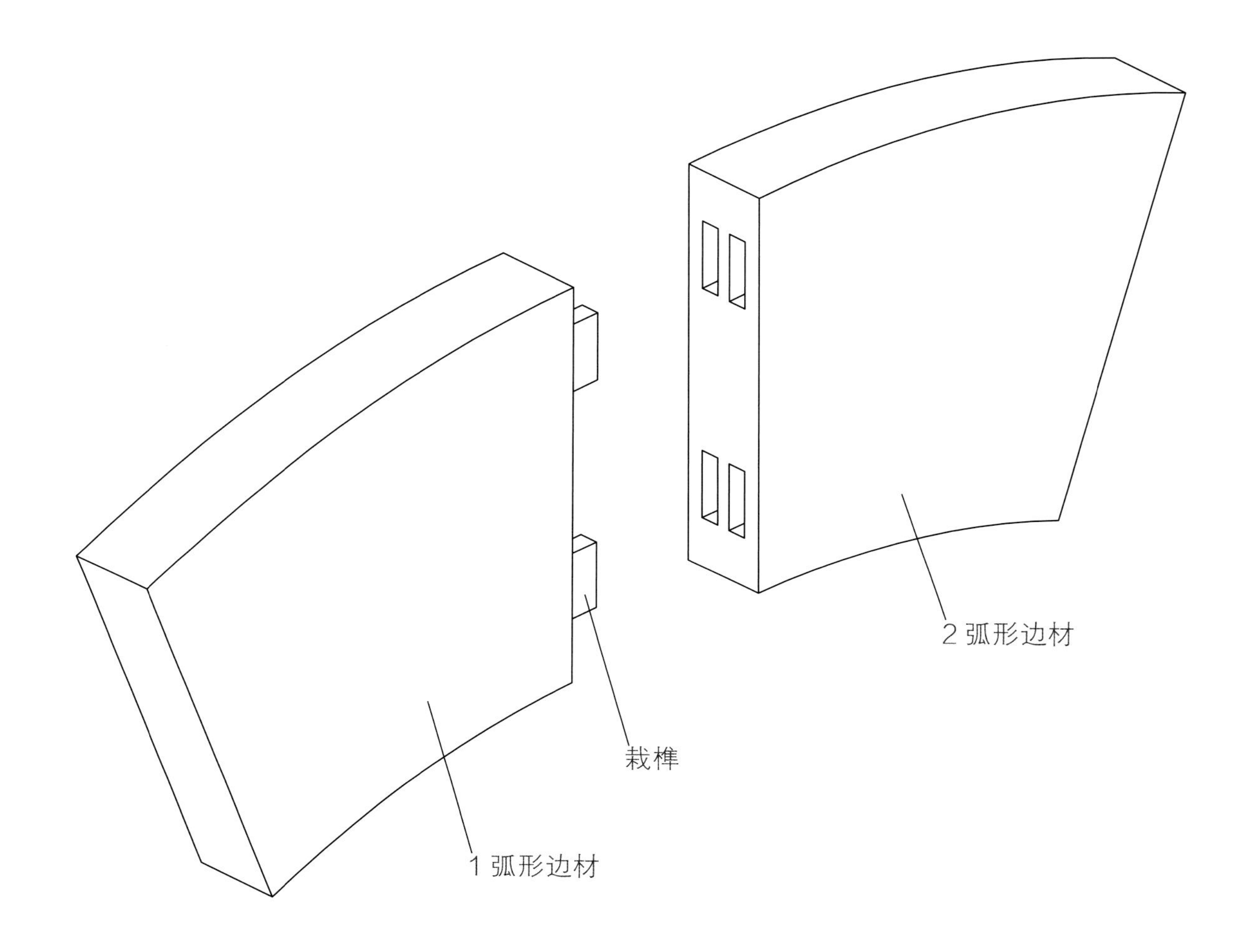

◆ **制作注意事项：** 根据边框的厚度和宽度设计榫头的多少和大小，边框的厚度和宽度越大越容易变形，榫头宜大不宜小。因为是栽榫，榫头的材质不一定和边框材质一致，但榫头材质质量必须足够好，要兼具韧性和强度。在古典家具制作中，弧形大边接合也有一边出榫头一边凿榫眼的做法，而不用栽榫之法。

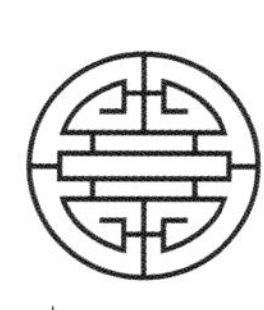

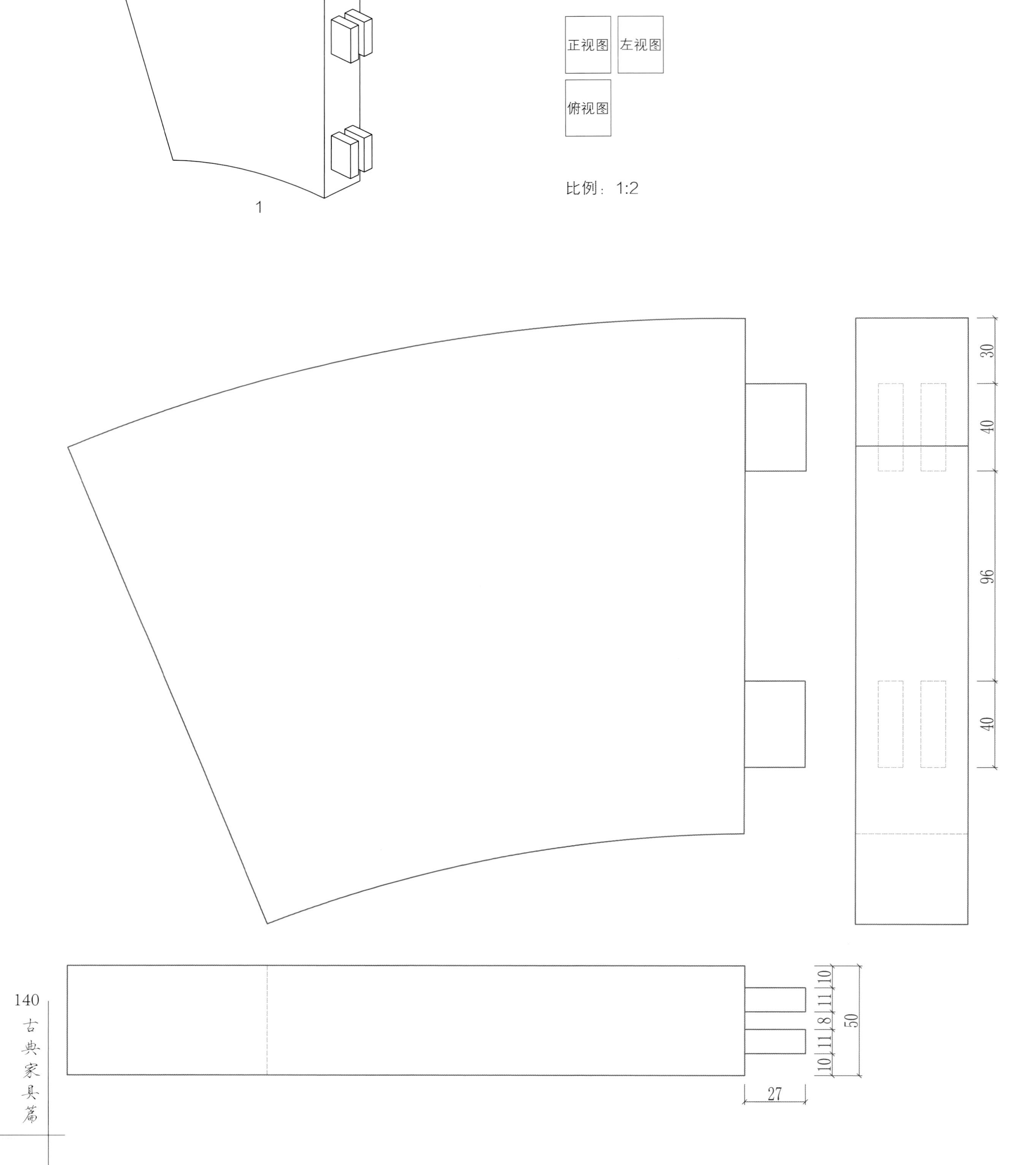
1
正视图
左视图
俯视图
比例：1:2
30
40
96
40
10
11
8
11
10
50
27

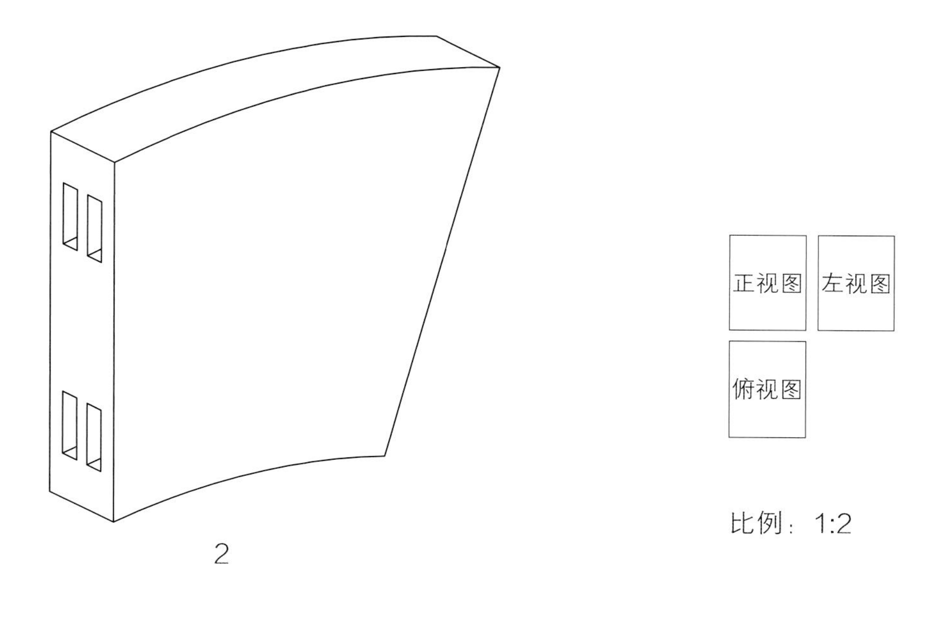
2
正视图
左视图
俯视图
比例：1:2

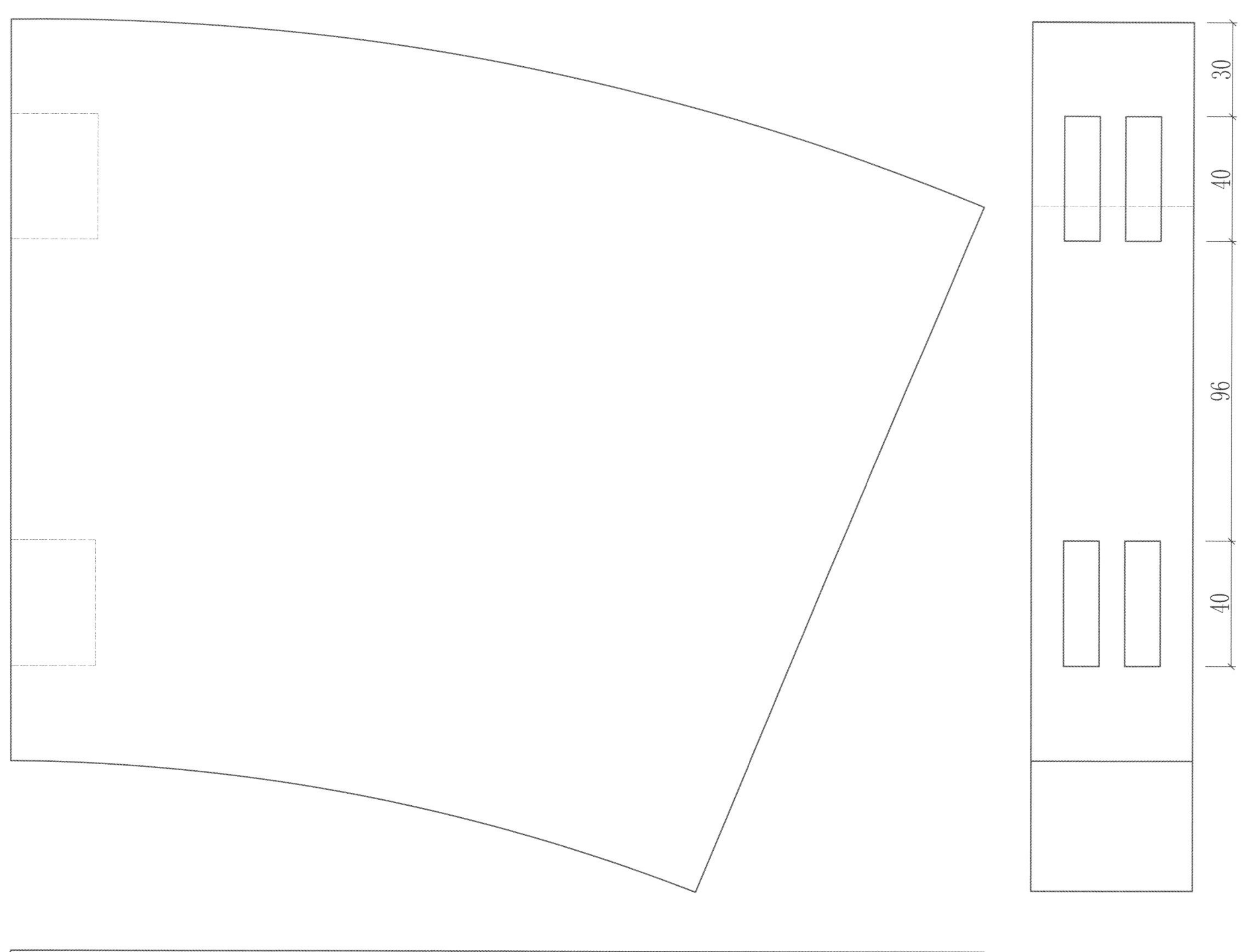
30
40
96
40

50
10
11
8
11
10
27

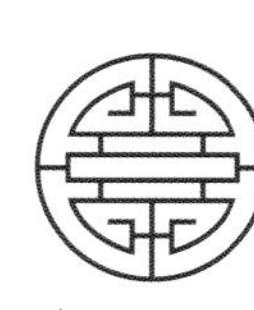

三十四、圆材弧形暗榫接合（楔钉榫结构）

这种结构是明式圈椅接头的经典榫卯结构，是弧形料截面比较小时常采用的做法，做法考究、牢固、美观，在中国榫卯结构中有特殊性。

应用部位：明式圈椅椅圈的接头处。

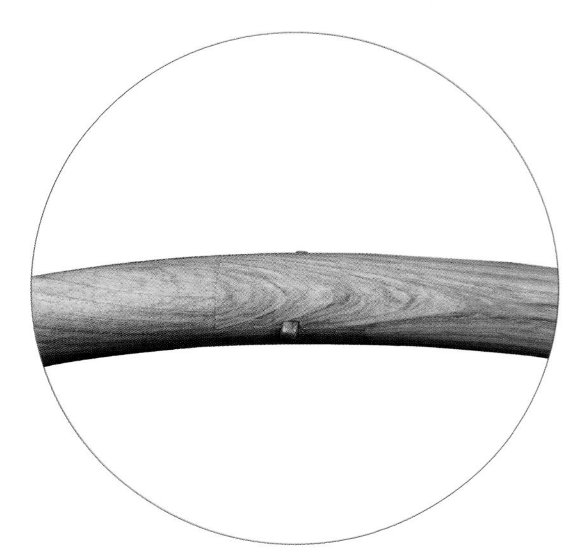

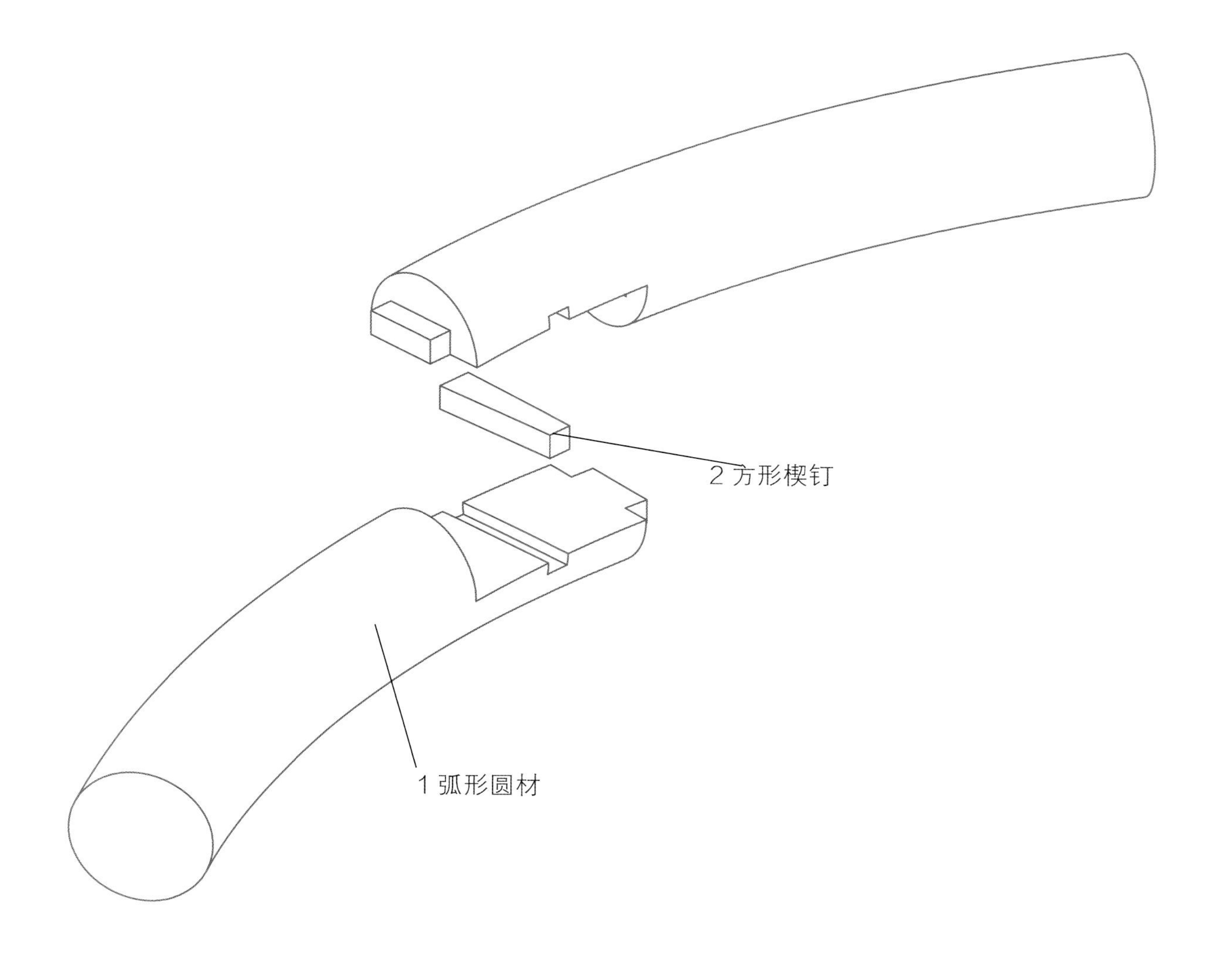

◆ 制作注意事项： 木工师傅在加工构件时，往往方正平直的结构容易做好，对带有弧度且不是直角的结构往往做不严实。楔钉榫结构中的接缝大部分暴露在看面，如果接缝不严实，影响美观。在制作楔钉榫结构时要把握好接口的角度，把“肩”锯准是关键。再有从舌头这一端的肩到楔钉眼的距离有意放长了2~3丝米，上下两片做法相同。制作楔钉榫的要求是：楔钉有大小头，圆弧构件外圈是大头，内圈是小头。如图所示，楔钉的截面形状呈等边梯形，楔钉槽和楔钉大小形状一致，当两片榫卯扣合在一起时，楔钉槽呈□的形状，当楔钉打入槽后，横断面的肩会更严密。

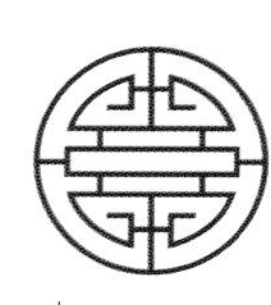

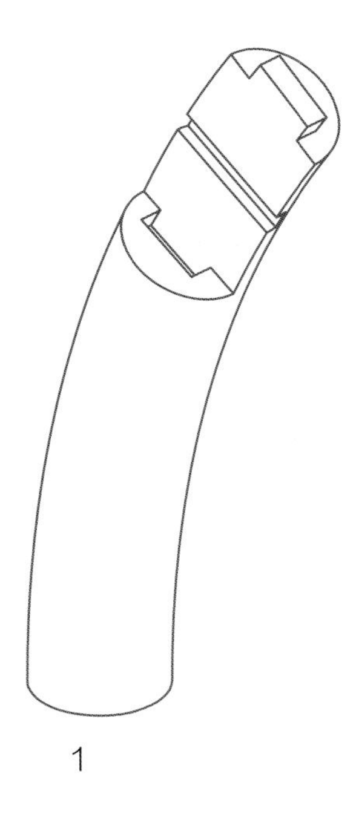

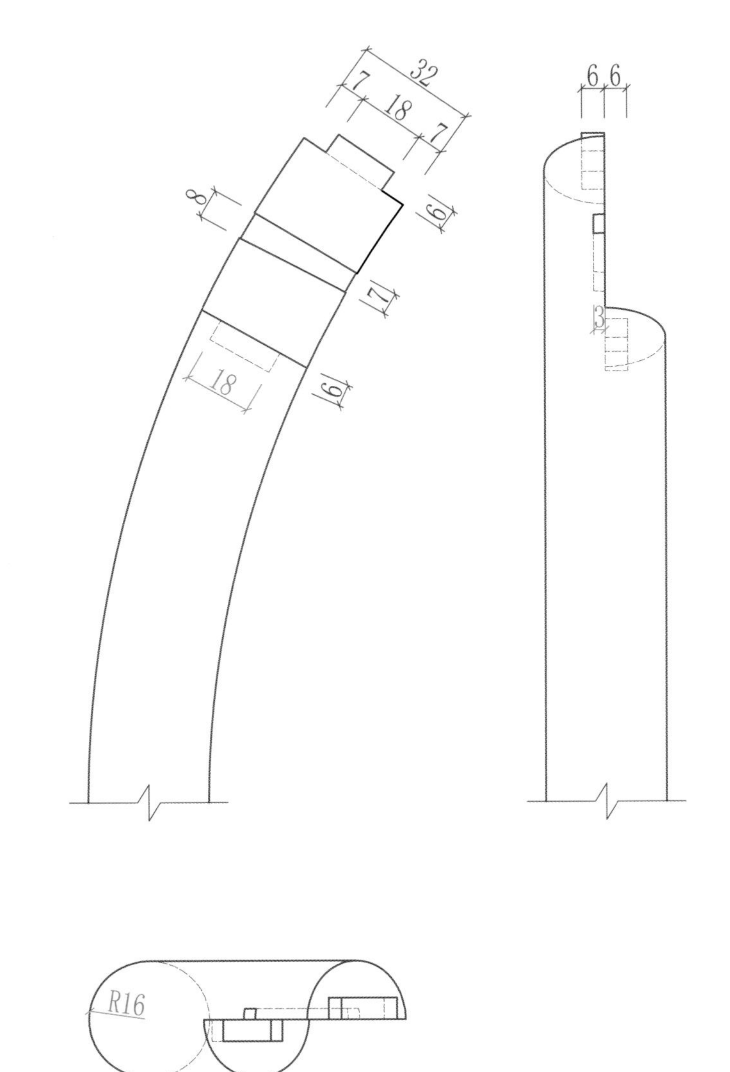

比例：1:2

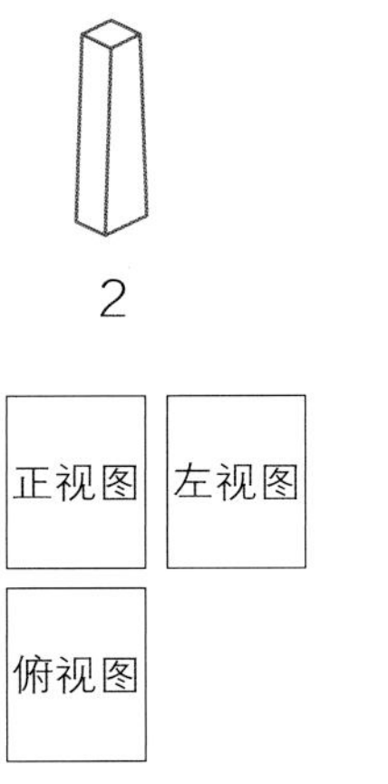

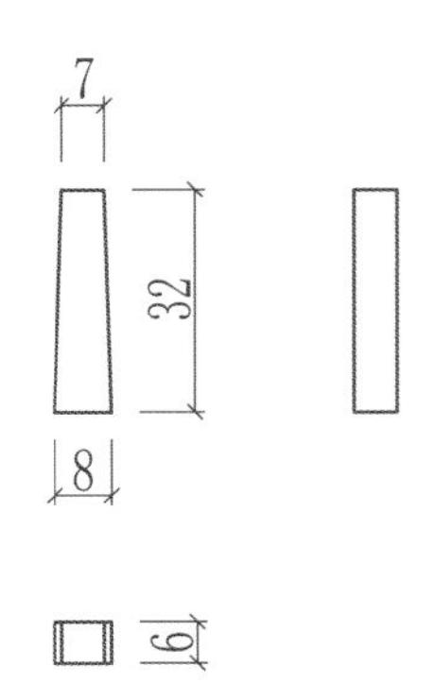

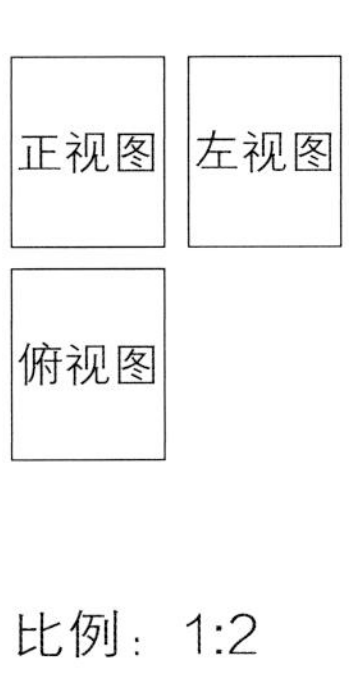

比例：1:2

三十五、圆材弧形明榫接合（楔钉榫结构）

这种结构比上一款圆材弧形暗榫接合更常见，同属于明式家具榫卯中的经典结构，体现了匠心，体现了古人的智慧。此结构相对于圆材暗榫接合而言，制作比较容易，两者大体相似。

应用部位：用于明式圈椅的扶手上，也应用于圆材弧形接合结构中。

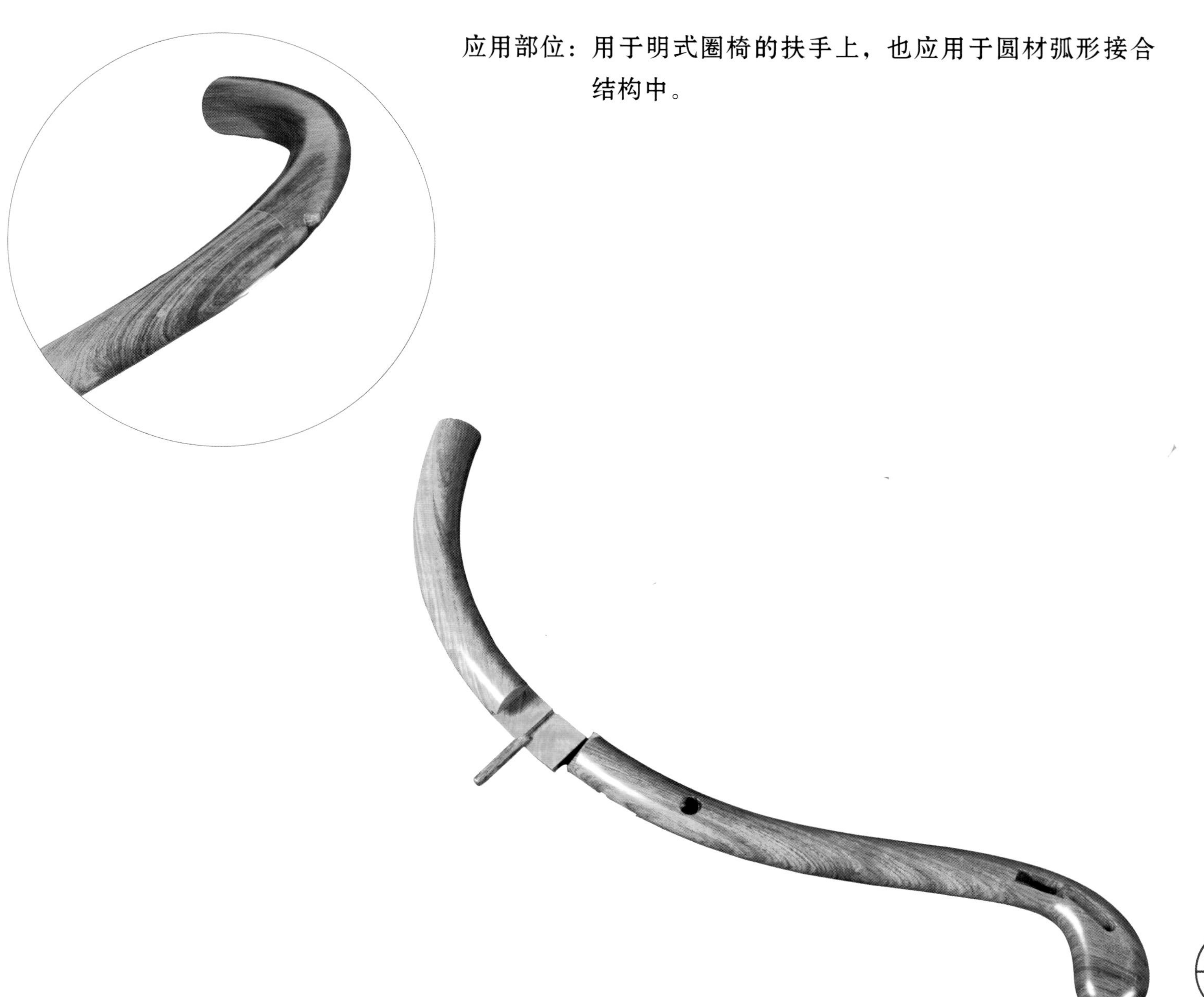

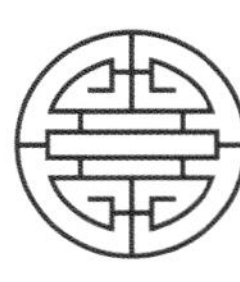

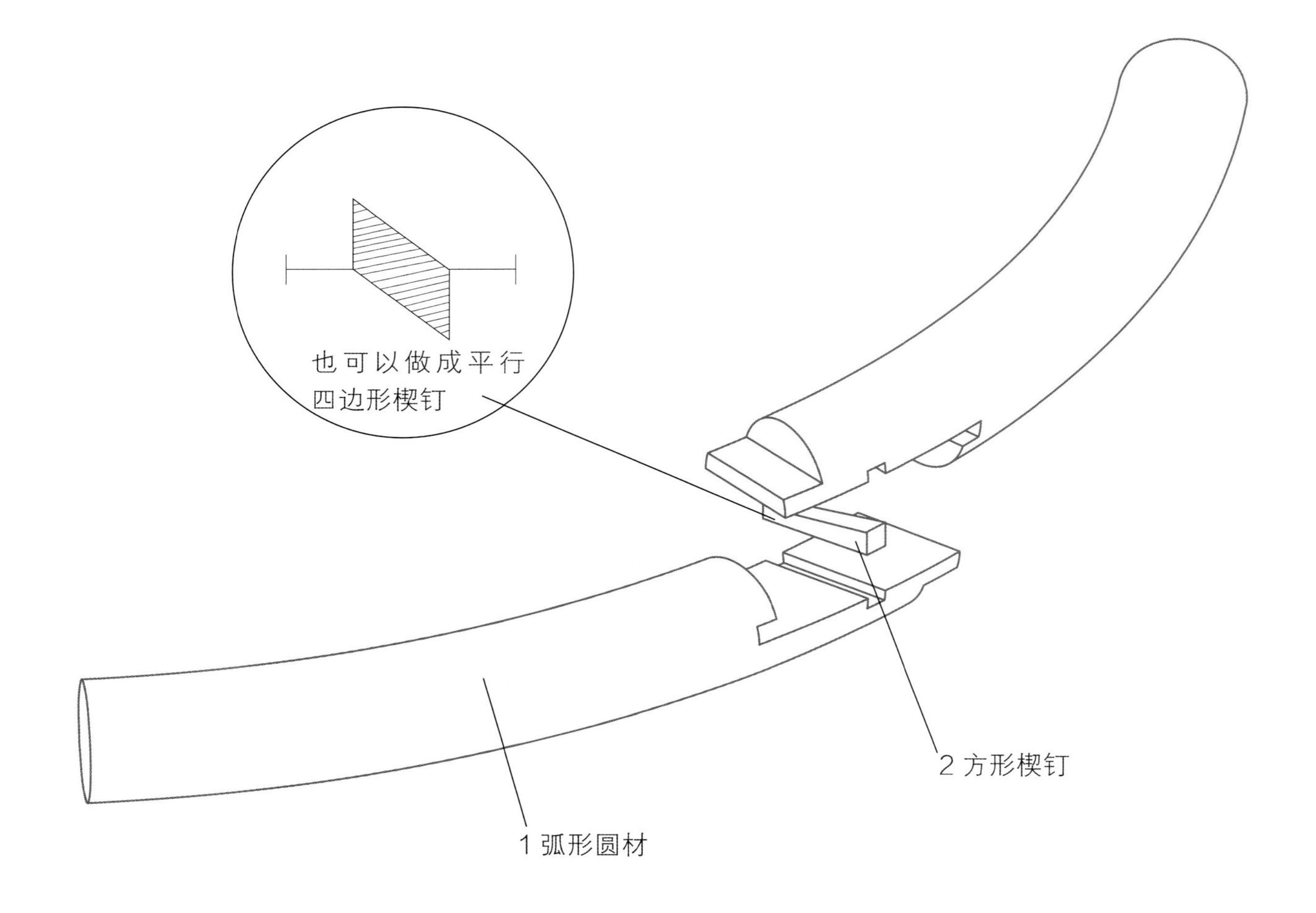

◆ **制作注意事项：** 这个结构和上一章结构基本一致，上一章榫舌是暗榫，这一章榫舌是明榫，做法和要求一致。楔钉还有一种截面形状是平行四边形，楔钉仍然是一头大一头小，如图所示，楔钉的两个钝角在接缝上。

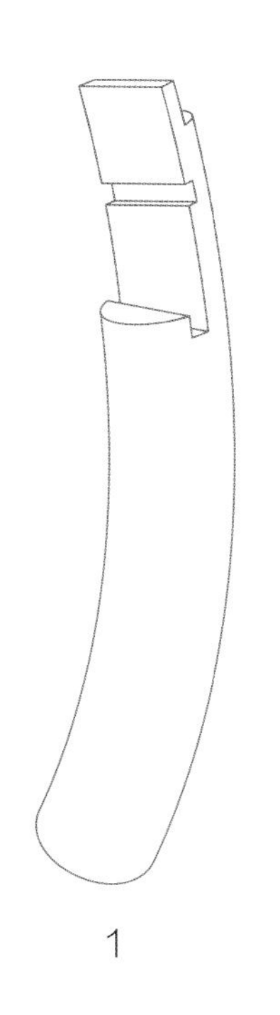

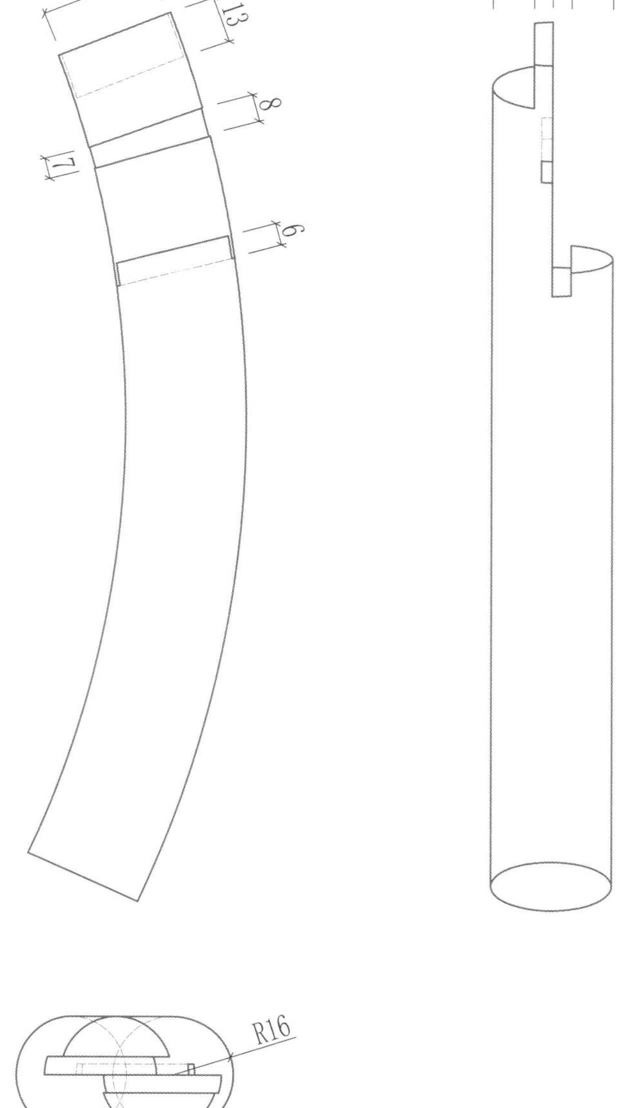

比例：1:2

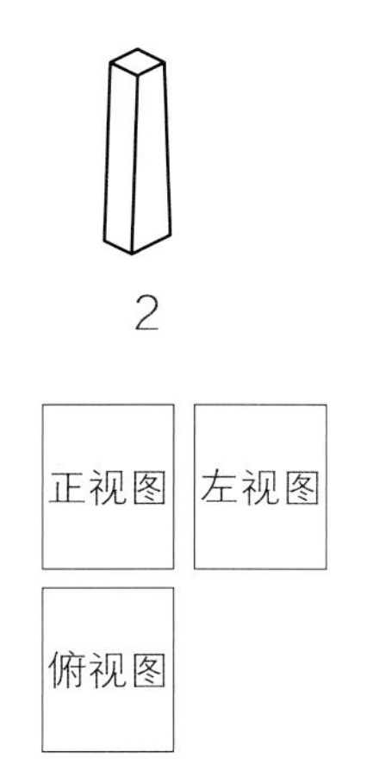

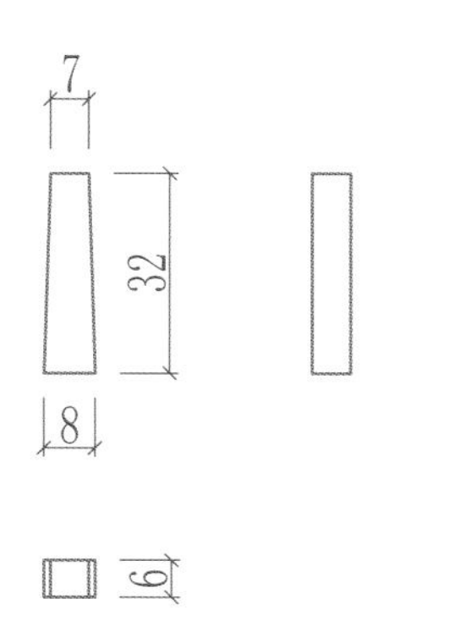

比例：1:2

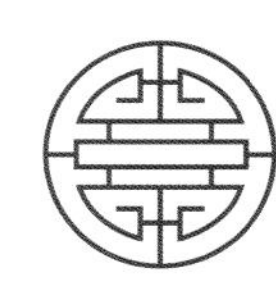

三十六、方材弧形暗榫接合（楔钉榫结构）

这种结构和圆材弧形暗榫结构相同，只是料的截面是方形的，这种结构适合做不上胶水的“活拆”家具，虽结构复杂，但接合牢固，是弧形边料的讲究做法。

应用部位：一般都用在圆形家具腿足的下边，起到连接枨的作用，俗称“托泥”。

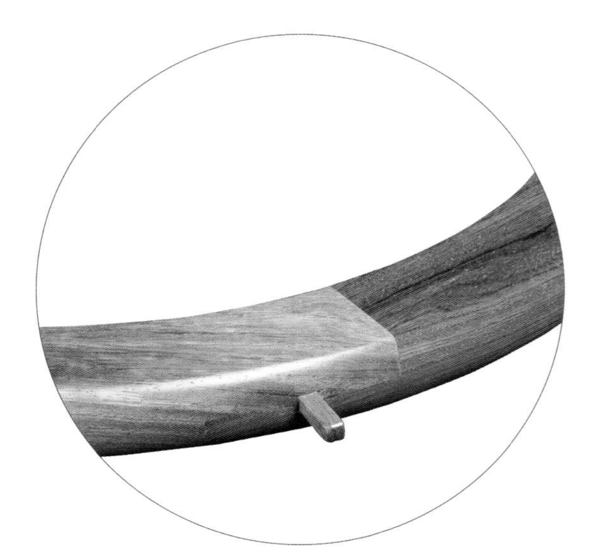

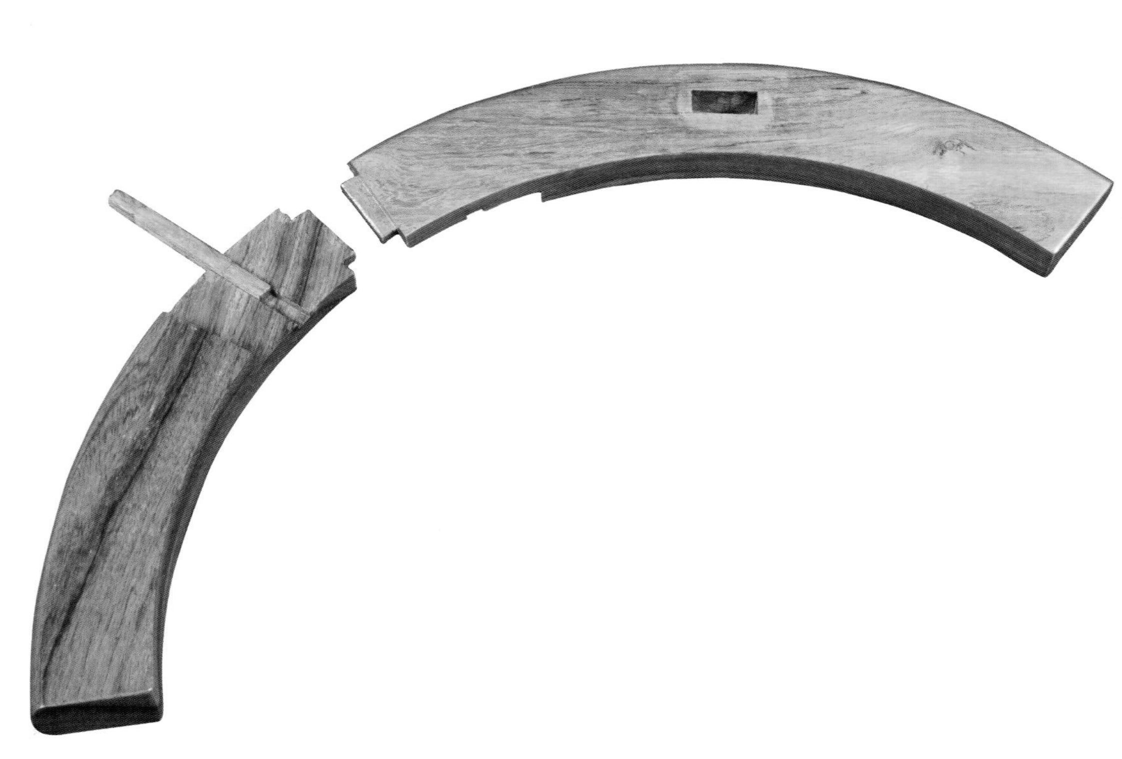

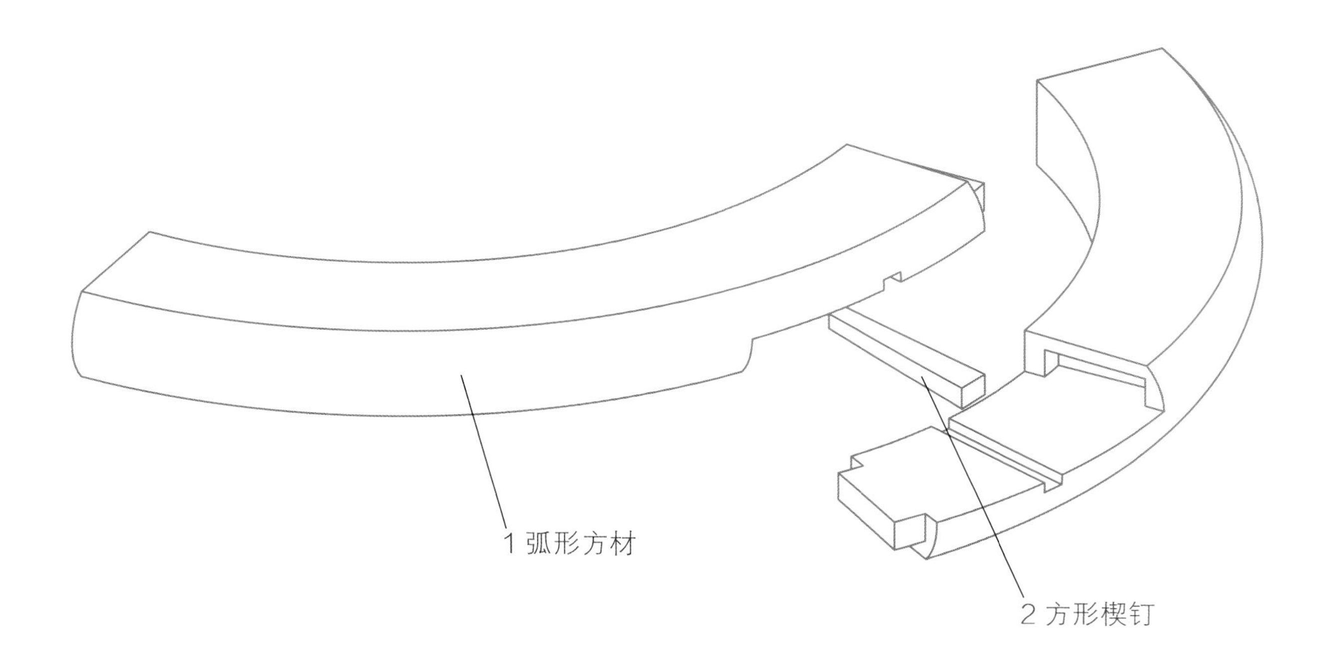

◆ **制作注意事项：** 这个结构和圆材弧形暗榫接合一样，做法和要求相同。

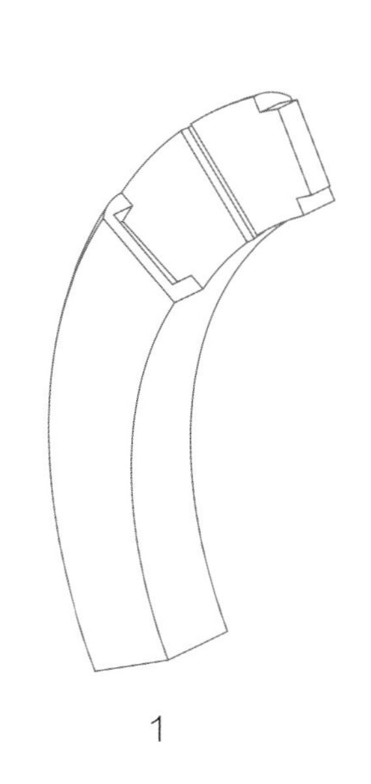

1

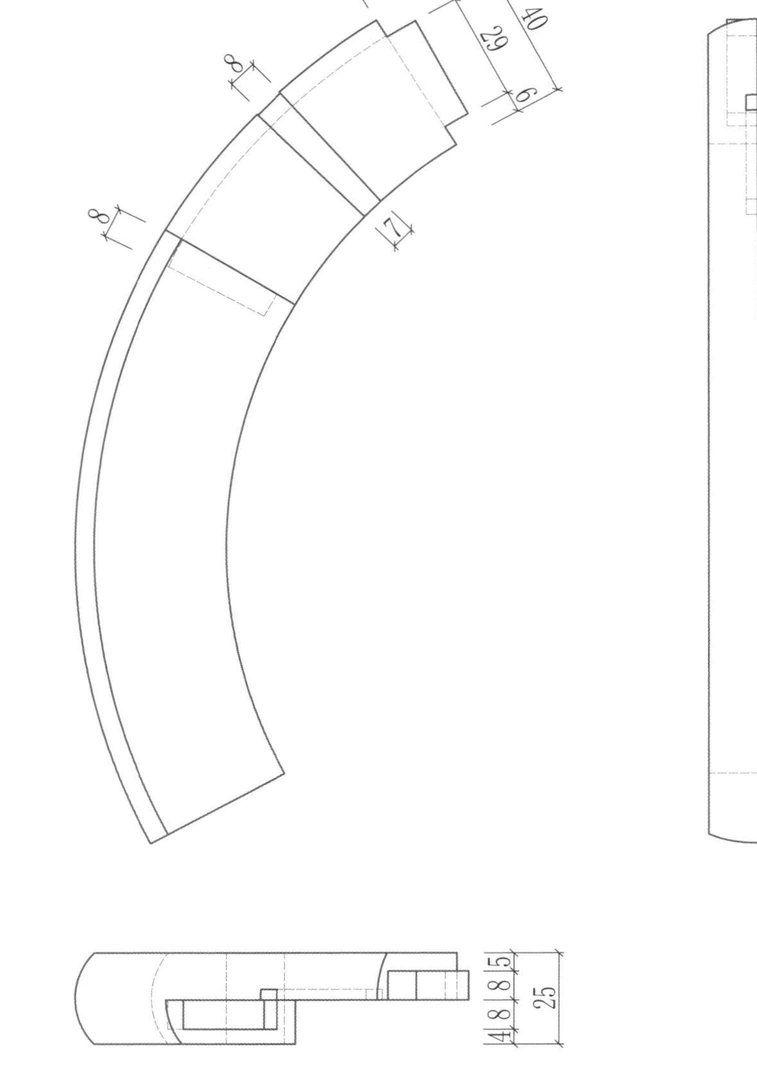

正视图 左视图

俯视图

比例：1:2

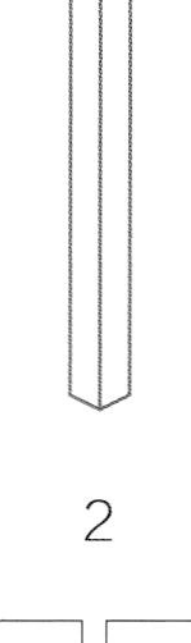

2

8 6

40

7

正视图 左视图

俯视图

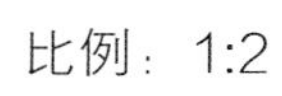
比例：1:2

三十七、格角攒边榫 1（榫头附带三角）

在家具制作中，格角攒边结构经常用到，采用什么样的榫头攒边，要根据家具结构而定。在大格角攒边结构中，榫头过大，出榫眼的边料容易开裂，榫头太小边框又不牢固，在使用中由于木材的变形，经常出现两根相交的边料不平的现象，榫头根部附带的三角的作用就是使两根相交边料产生的不平缩小。

应用部位：木料截面比较小的边框结构。

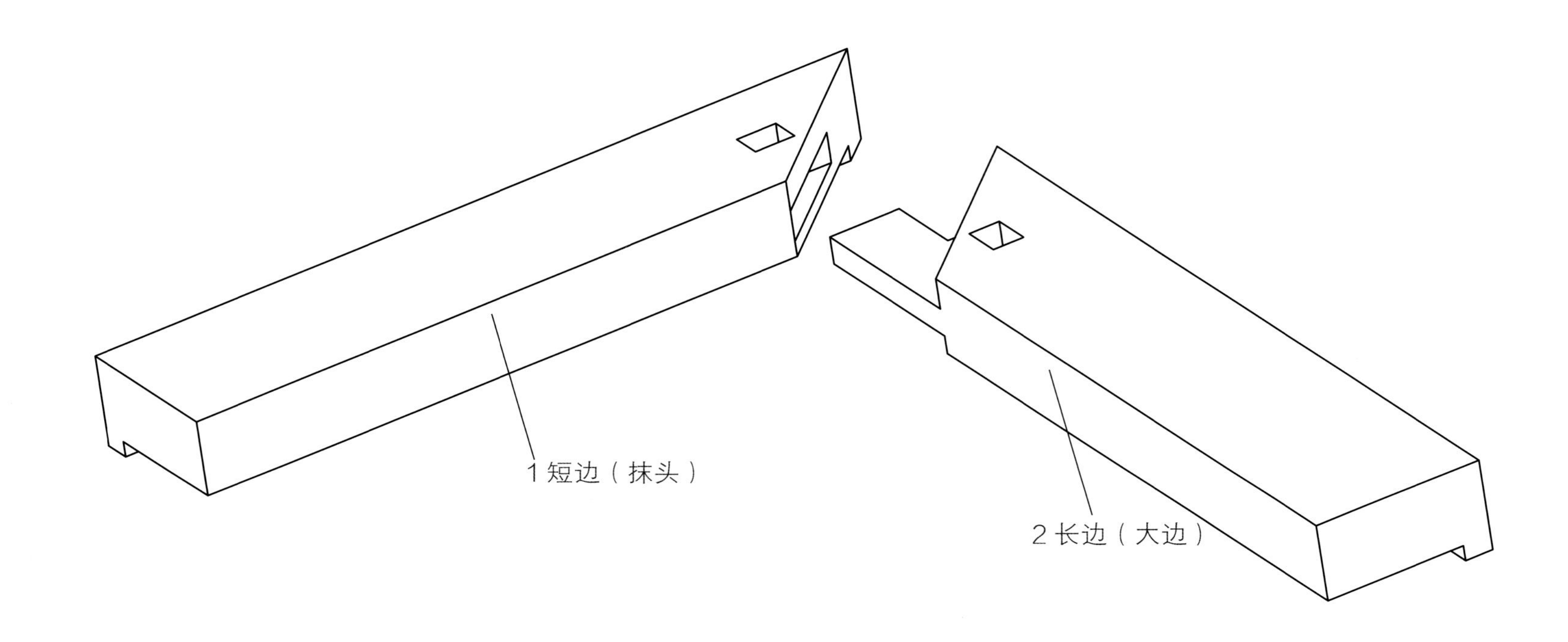

◆ **制作要点：** 榫头根部附带的三角大小，要随边料的大小而变化，边料宽则三角大，边料窄则三角小。

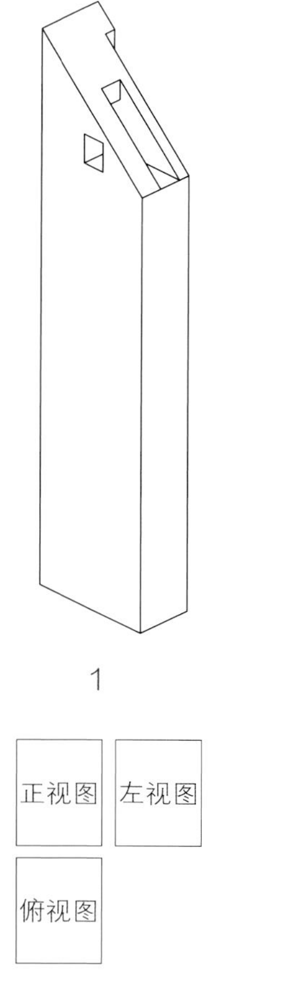

1

正视图 左视图

俯视图

比例：1:2

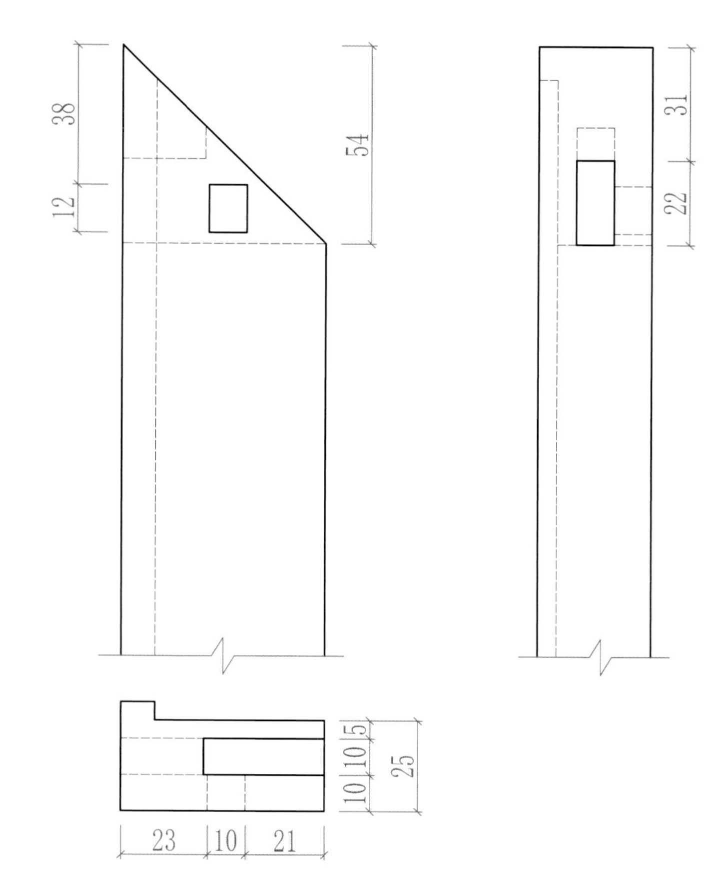

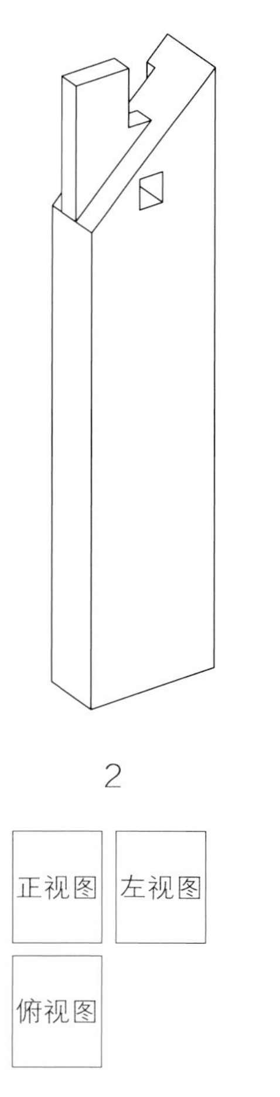

2

正视图 左视图

俯视图

比例：1:2

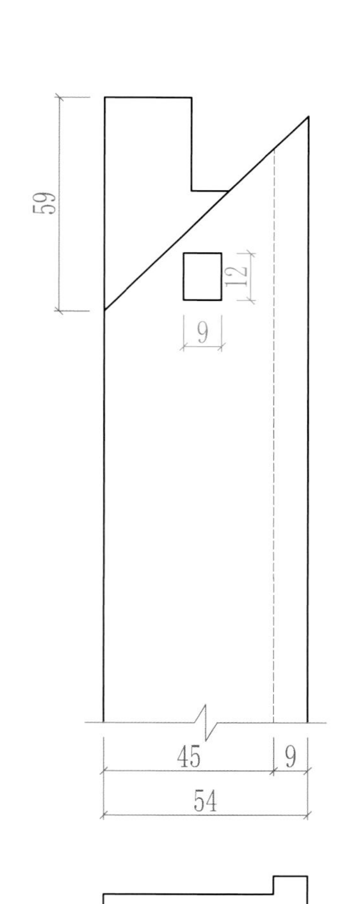

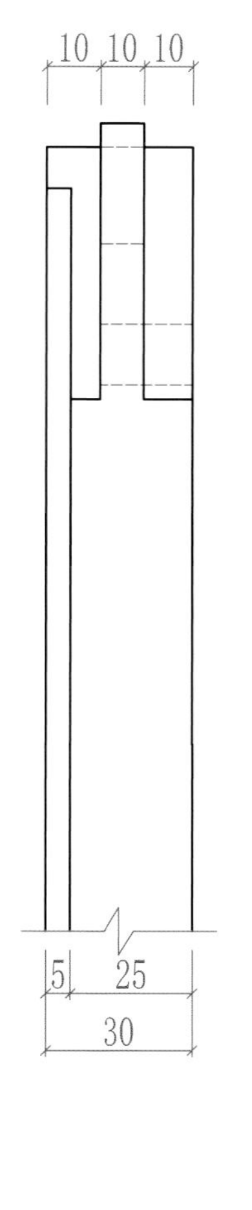

23 10 21

三十八、格角攒边榫 2（附带三角榫）

一般的格角攒边榫也有不附带三角榫的，但使用时间长了，构件的外角格肩处两块边料容易产生不平，三角榫就起到了一个暗销的作用，能减少两根料由于变形造成的表面不平，所以格角攒边附带三角榫的做法还是优于不带三角榫的做法。

应用部位：用于打槽装板的面边结构居多。

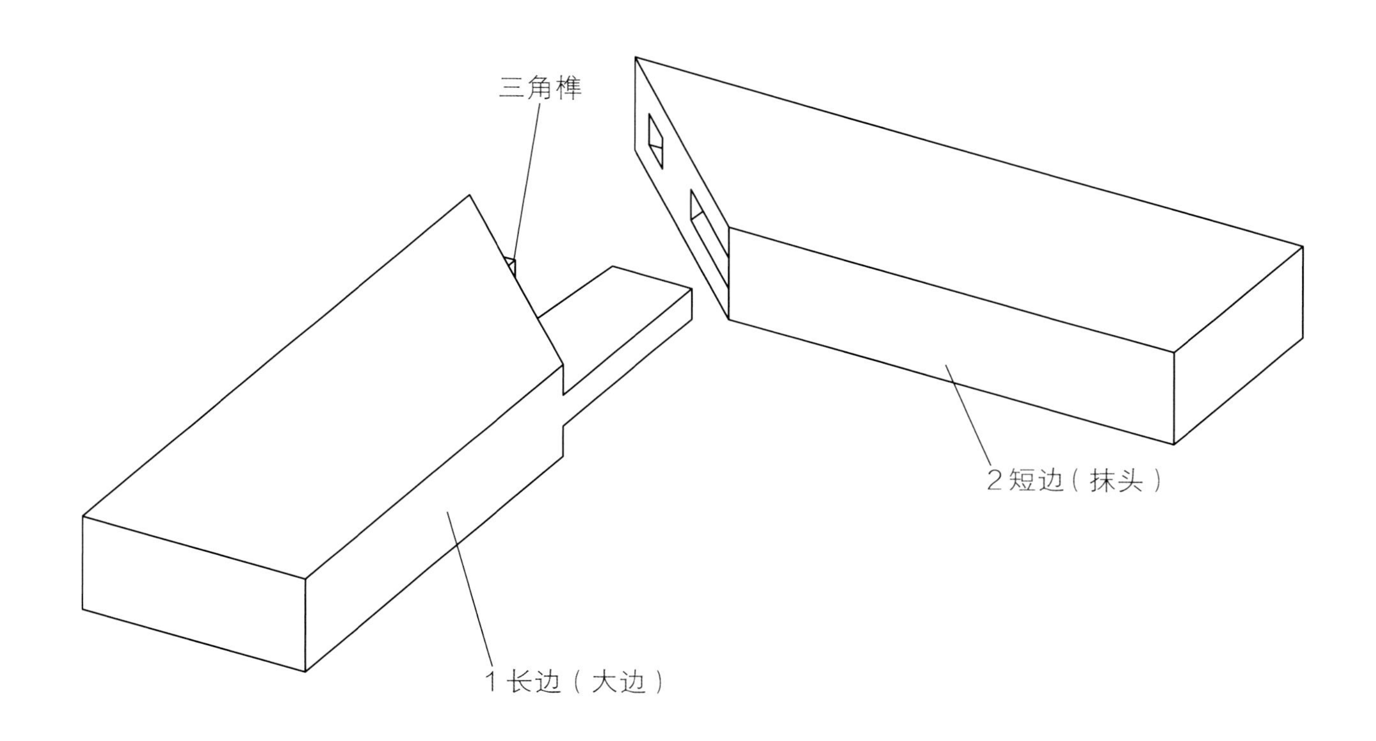

◆ **制作注意事项：** 在家具制作中，当面边料比较宽时才适合设计上三角榫（一般面边宽度超过5厘米才做），而且边料厚度超过5厘米时，主榫和三角榫都要做双榫。三角榫的位置越靠外边越好，也就是尽量离主榫远一些，三角榫不用做太大。

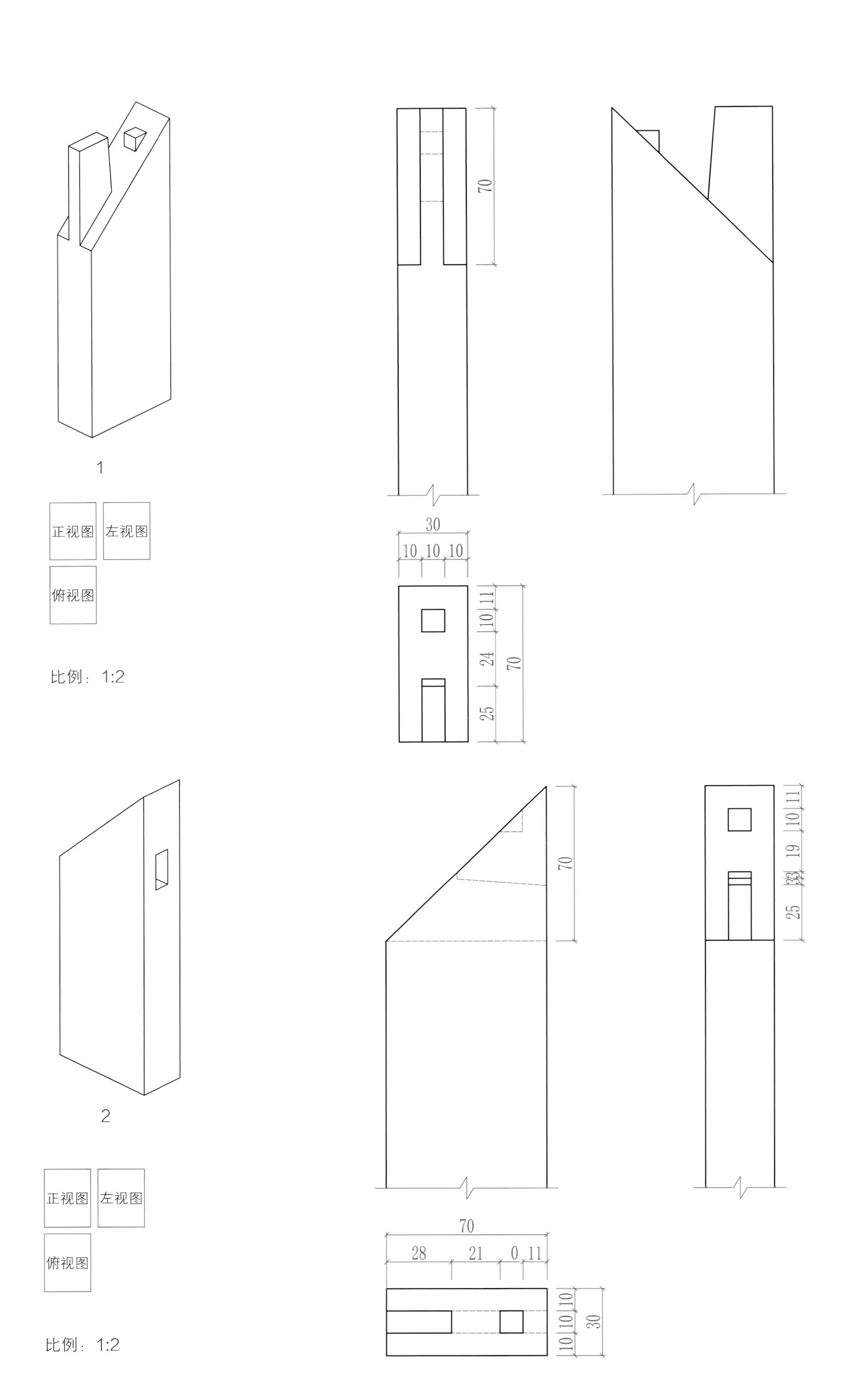
1
正视图
左视图
俯视图
比例：1:2
70
30
10 10 10
11
10
24
70
25
2
正视图
左视图
俯视图
比例：1:2
70
11
10
19
25
70
28 21 0 11
10
10
10
30

三十九、格角攒边榫 3（闷榫）

这种格角攒边榫结构是最讲究的、最牢固的榫卯，是家具制作中最精致的做法，适合做“活拆”家具上的榫卯，制作费时费工，效益低，但采用此结构做红木家具是最讲究的。

应用部位：适合做柜类的门框结构。

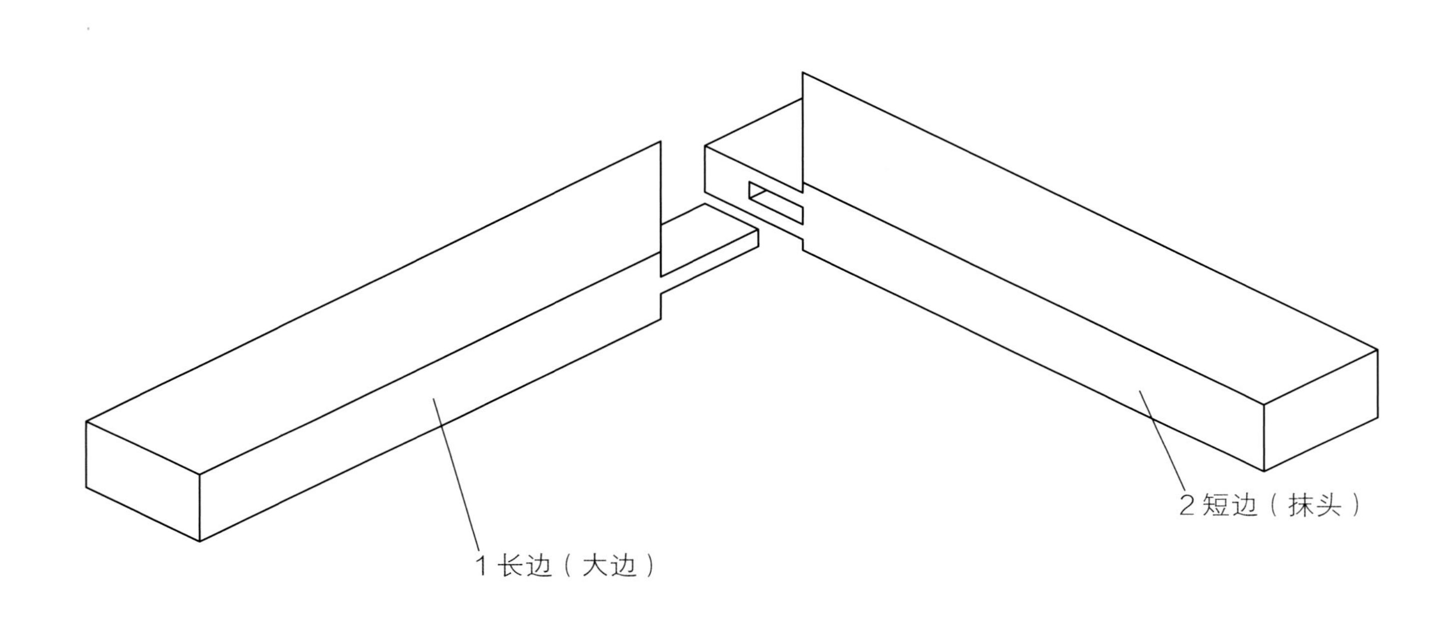

◆ **制作注意事项：** 此结构的榫卯接触面多，制作时工序多、难度大，属于榫中有榫的复杂结构，如果榫头做不严实，采用此结构就没有意义，白白浪费工时。

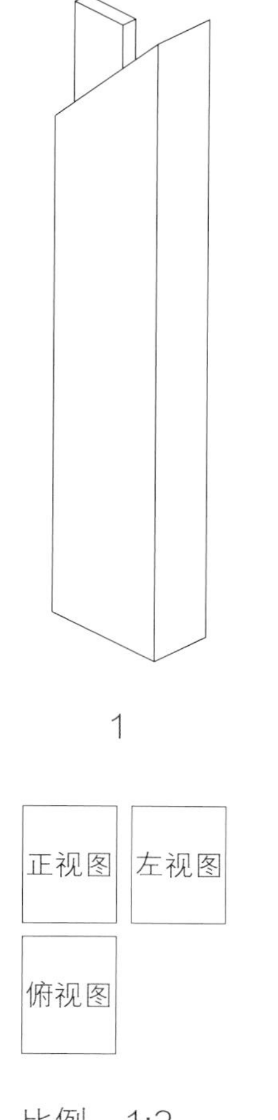

1

正视图 左视图

俯视图

比例：1:2

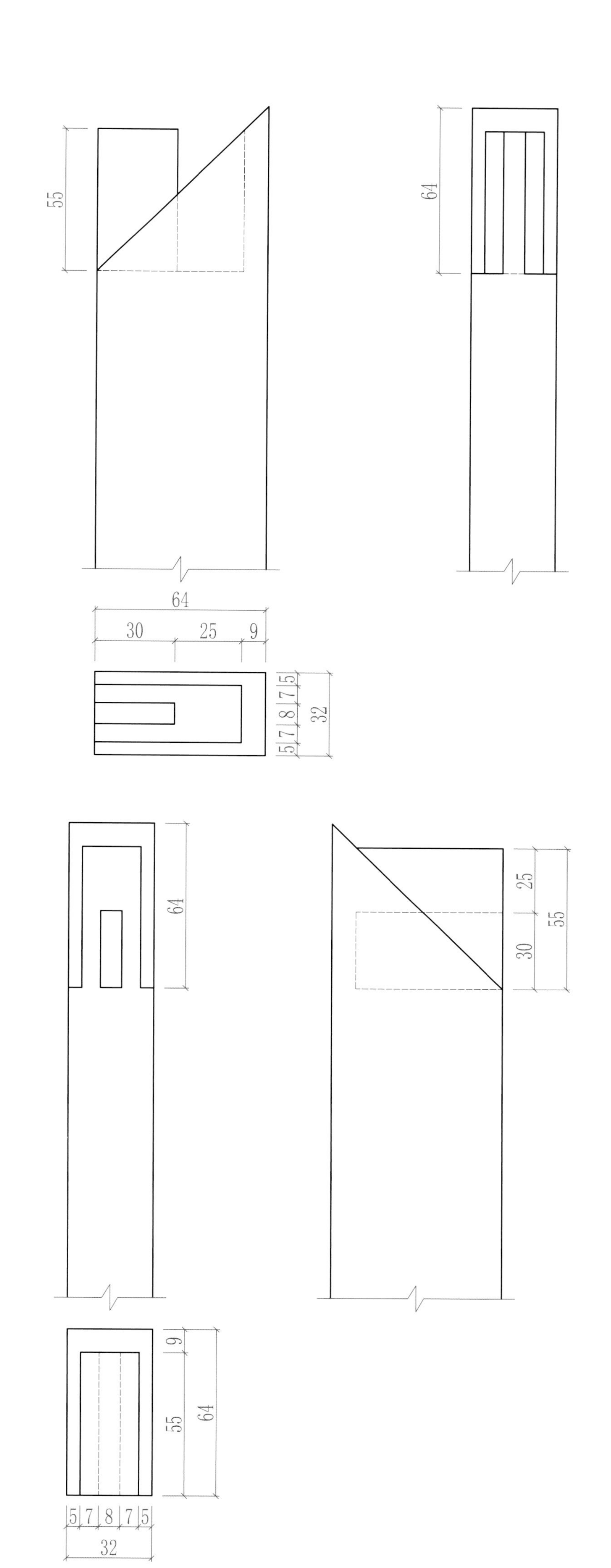

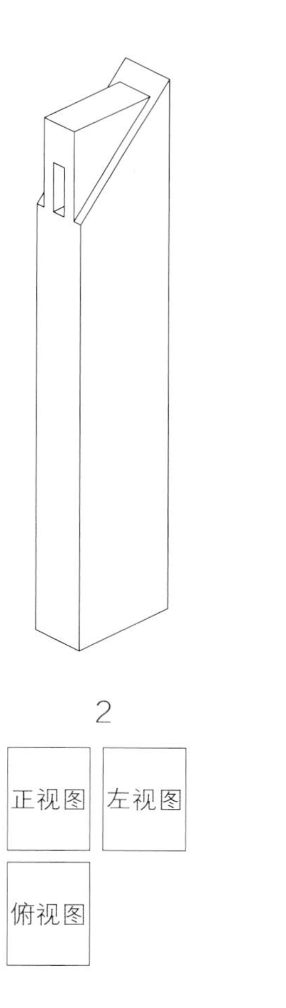

2

正视图 左视图

俯视图

比例：1:2

四十、格角攒边榫 4（双面格肩）

这种双面格肩榫主要用在柜类的门框结构中，出榫眼的料是柜类的竖料，出榫头的料是柜门的横料，做成柜门后竖料上下端有横茬露出，待柜门装到柜子上时横茬就不明显了，此种结构是红木家具制作中的常用做法。

应用部位：柜类的门框。

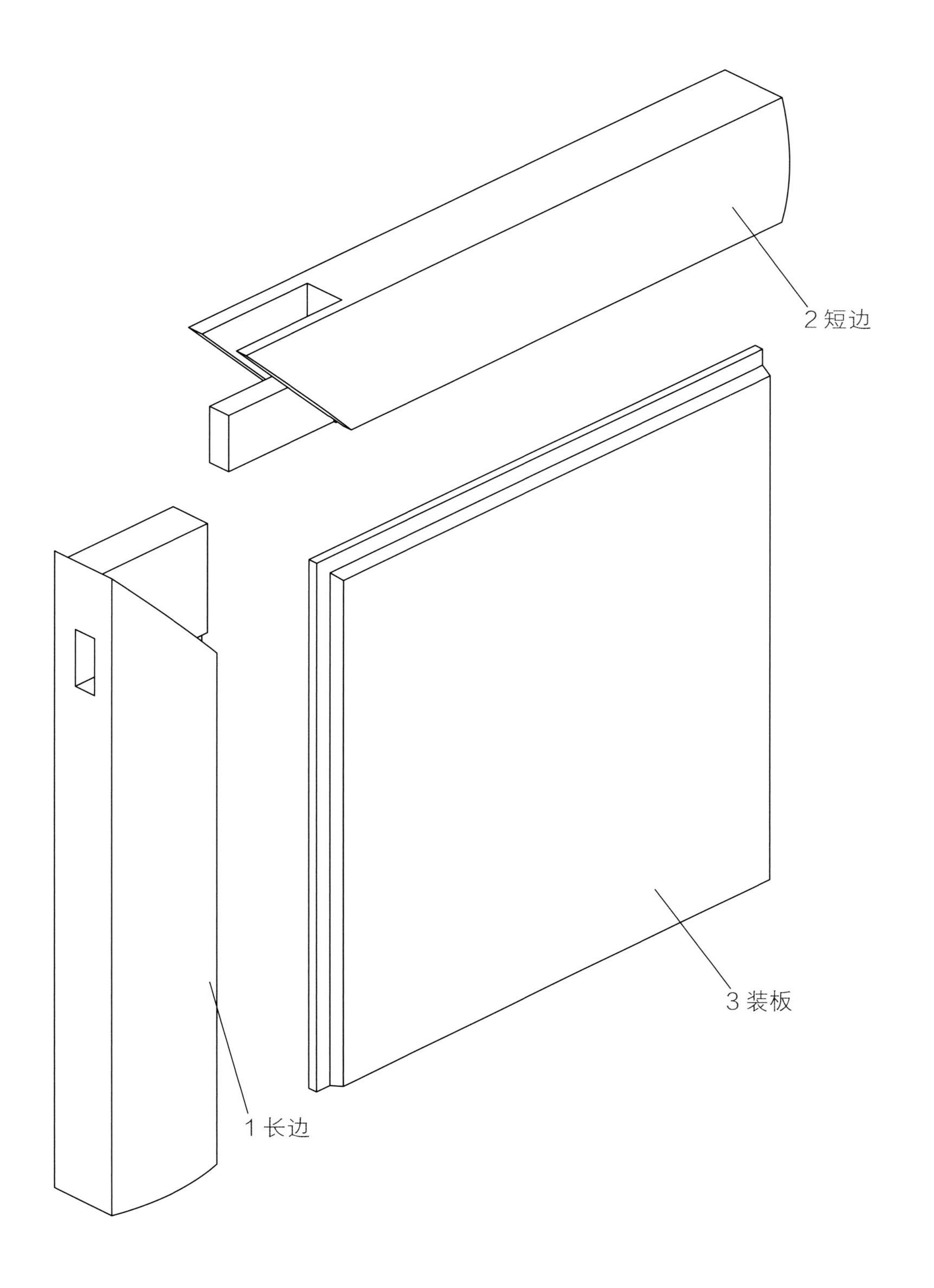

◆ **制作注意事项：** 在制作榫卯时，优先要考虑装板的板舌厚度，再设计格肩榫夹和榫头的厚度，三者要兼顾，槽口不能伤到榫头，格肩榫夹不宜太薄，榫夹太薄，日后容易曲翘。在这里长边和短边的叫法和面框的长边和短边的叫法有所区别。

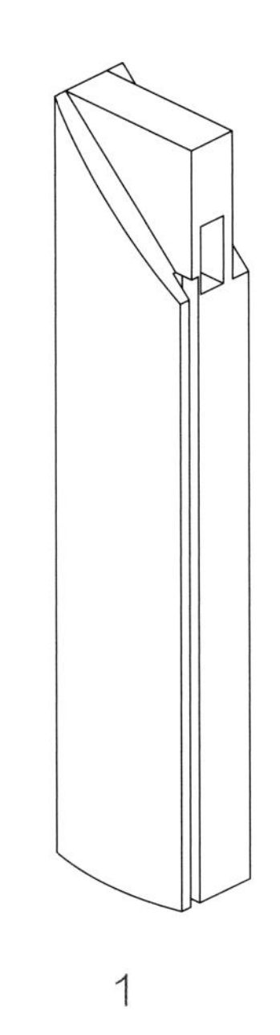

1

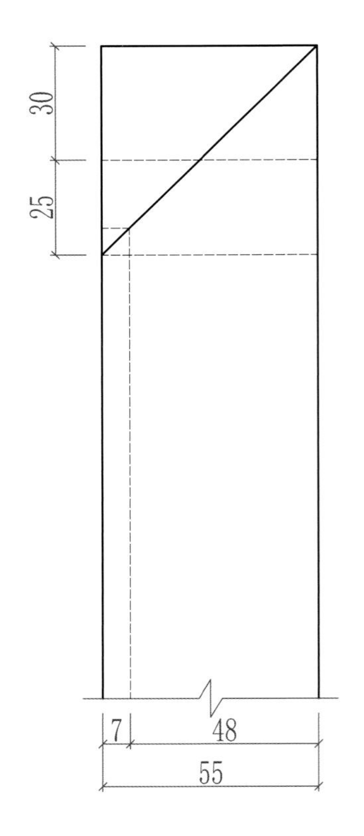

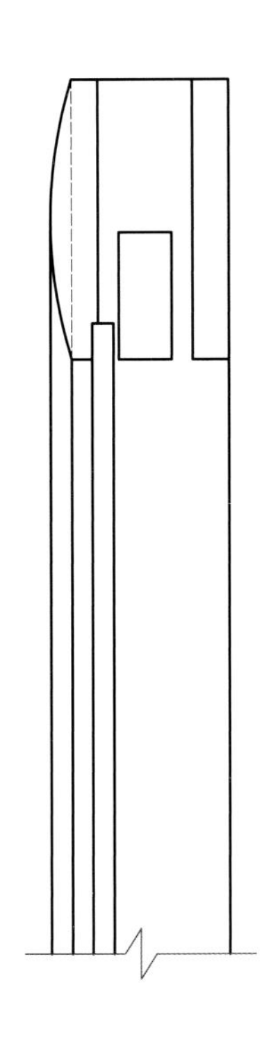

正视图 左视图
俯视图

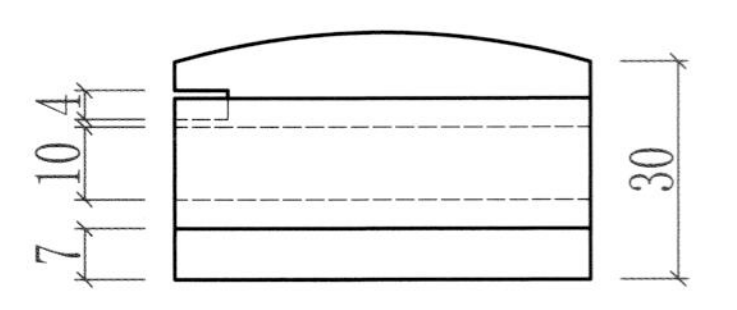

比例：1:2

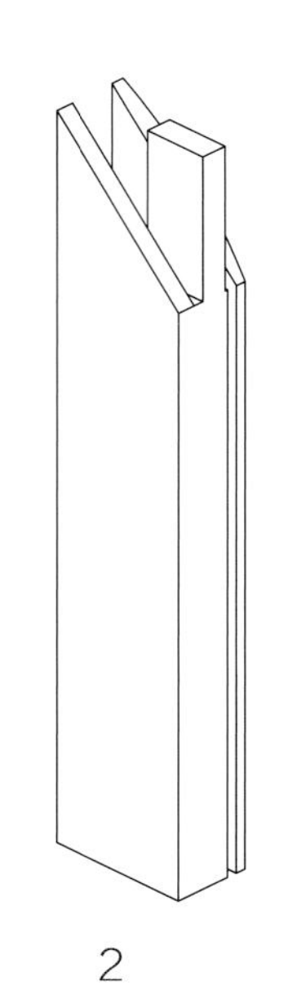

2

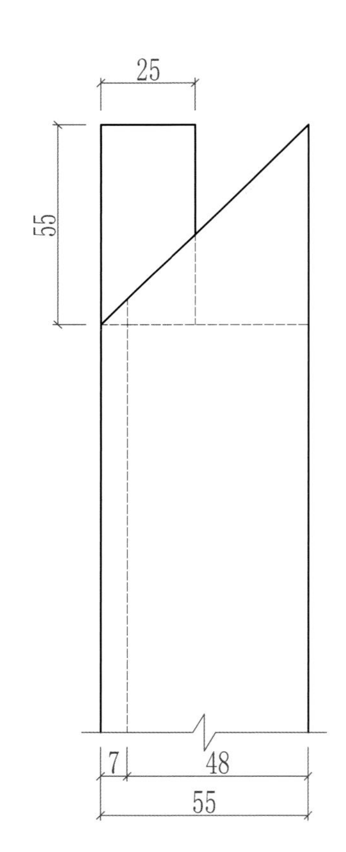

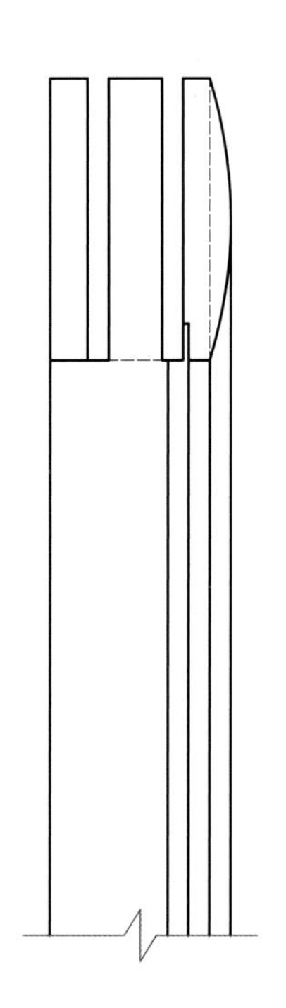

正视图 左视图
俯视图

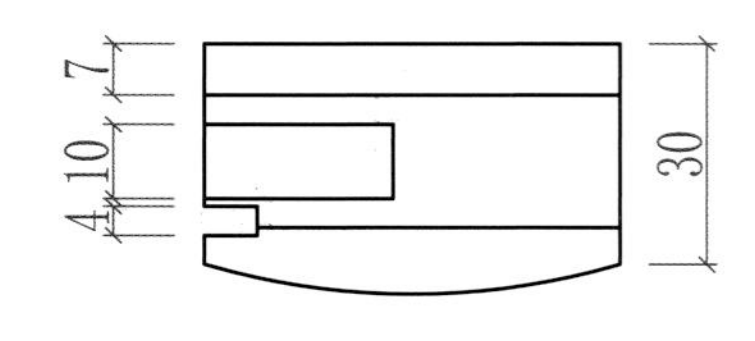

比例：1:2

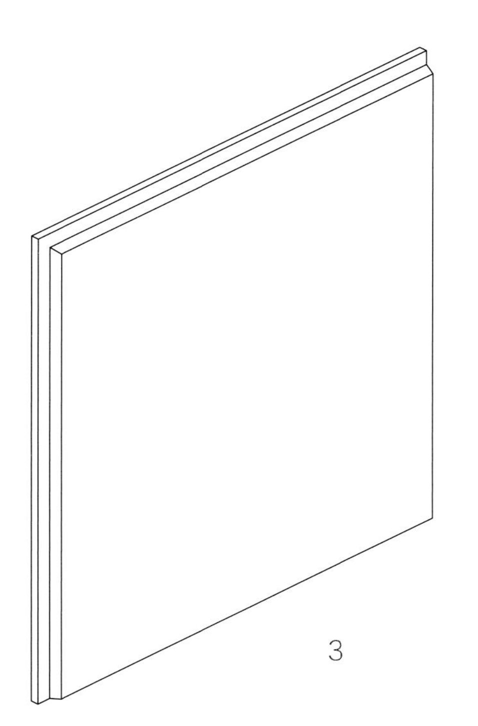

比例：1:2

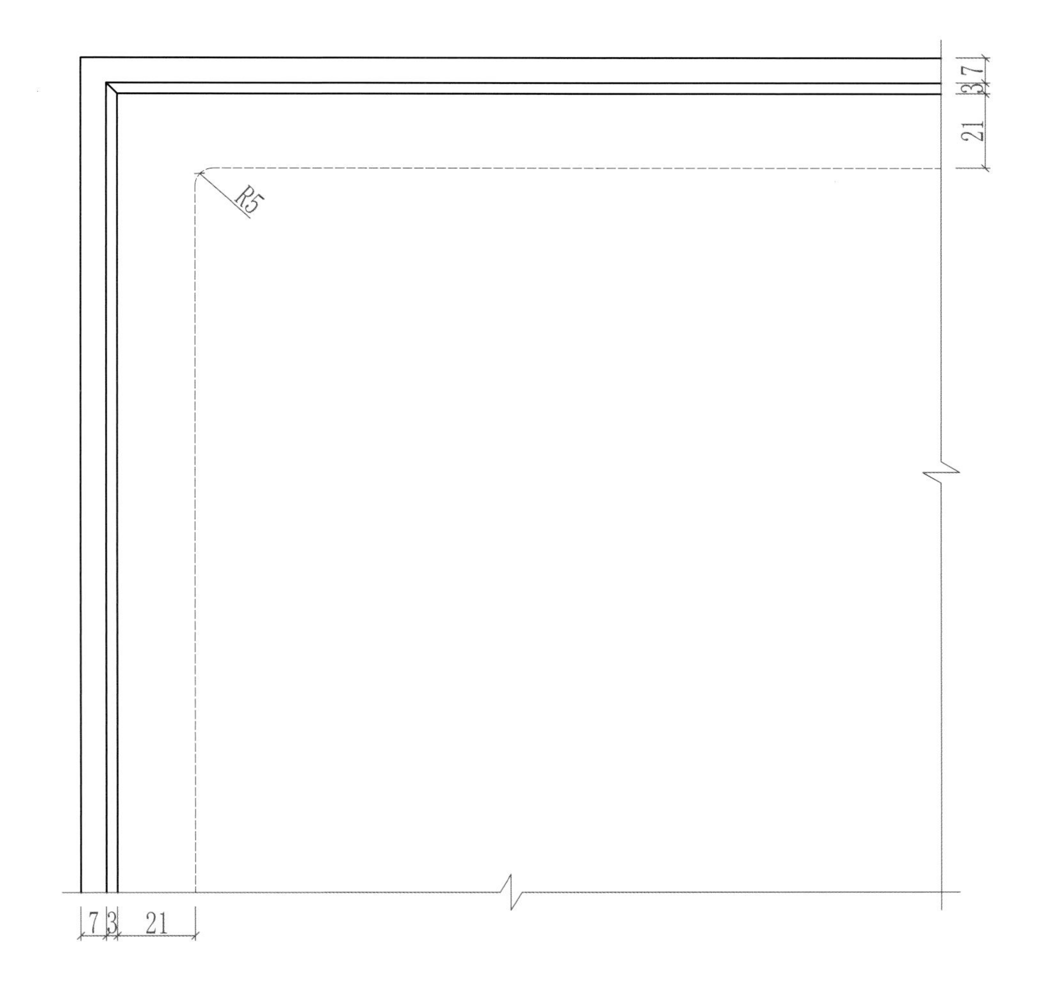

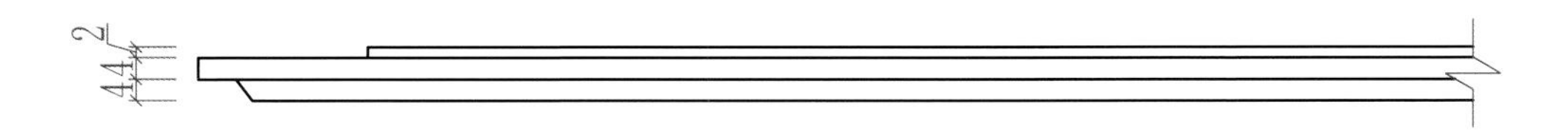

四十一、装板和穿带 1（现代做法）

这个结构是现代做法，使用的工具是成型刀机械加工，穿带两端的燕尾槽宽度相同，打槽装板在家具制作中处处能够用到，是榫卯结构中重要的组成部分。打槽装板涉及装板和边框的关系，装板和穿带的关系，装板和榫头榫眼的关系。要求是：装板在边框内既要平整、严紧，还要保证装板在槽口和穿带的控制下能滑动，这样才能保证家具不坏。这一点非常重要，如果板舌不能在槽口中自由滑动，家具在日常使用中装板容易开裂。

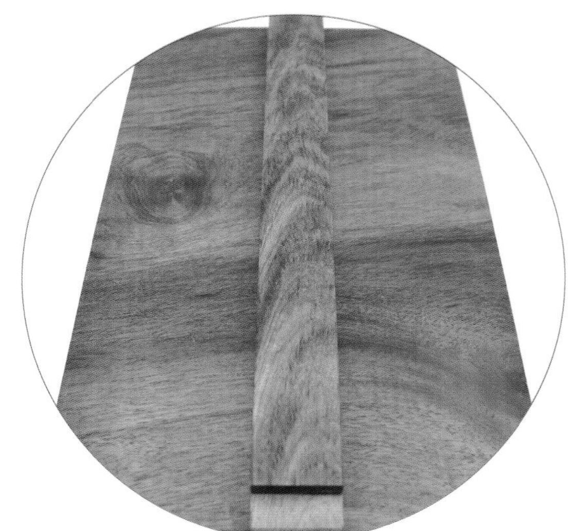

应用部位：家具的各个部位。

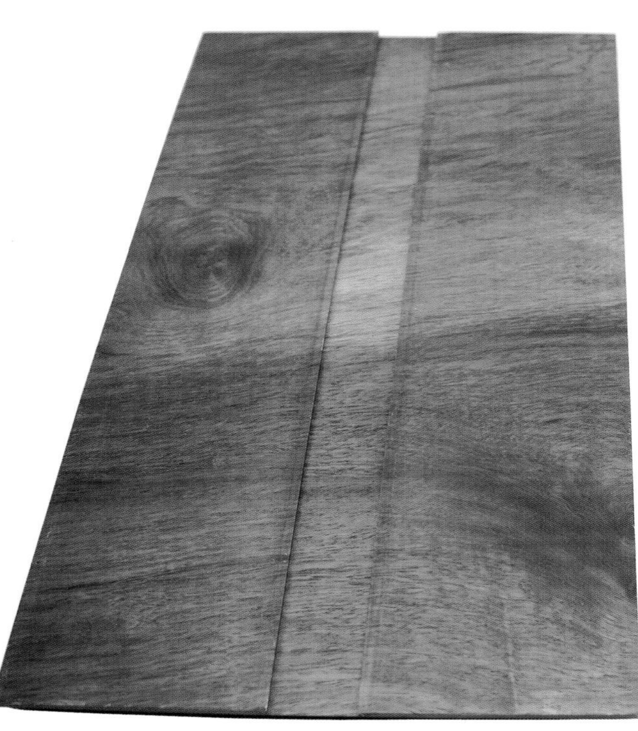

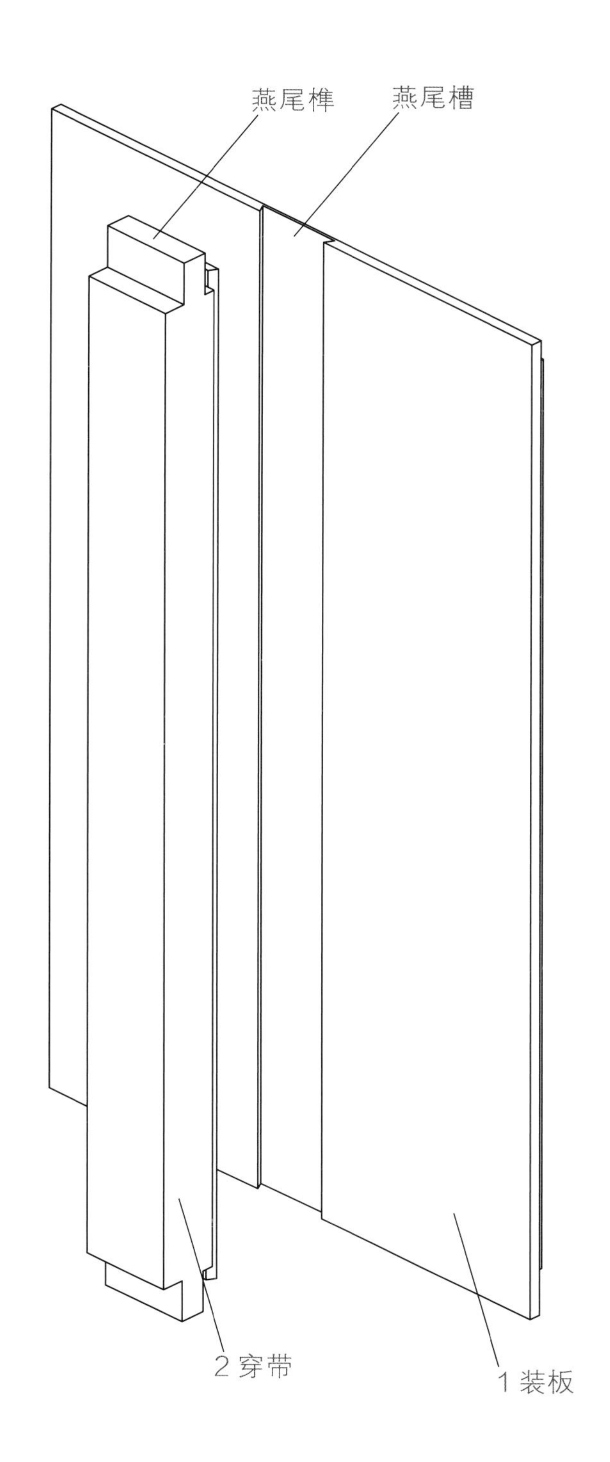

◆ **制作注意事项：** 在做穿带时要根据装板的宽度和厚度确定燕尾槽的宽度和深度，一般情况下，穿带上的燕尾榫要比板上的燕尾槽略浅 2~3 丝米，穿带上的燕尾榫和板上的燕尾槽的合理间隙很重要，以手能把穿带推进燕尾槽内为好，穿带的松紧度很重要，太松穿带起不到作用，太紧装板在日常缩胀中会开裂。

* 在这里讲一下装板和边框的关系：以板的木纹为方向，装板四周裁口板舌的宽窄是不同的，顺木纹方向的裁口板舌要宽，木纹的横断面方向裁口的板舌要窄一点，这样做是为了边框槽口处翘曲的可能性小。

另外再讲一下穿带的间距：一般一块装板只有一个穿带的情况不多。大都有两根以上。拿三根穿带作说明：装板两端的穿带到横边的距离以 15cm 为宜，中间各穿带的间距以 25~30cm 为宜。实际穿带的间距要视装板宽度而定，装板越宽间距越应小。

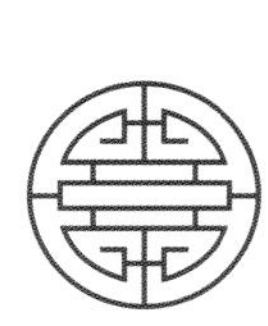

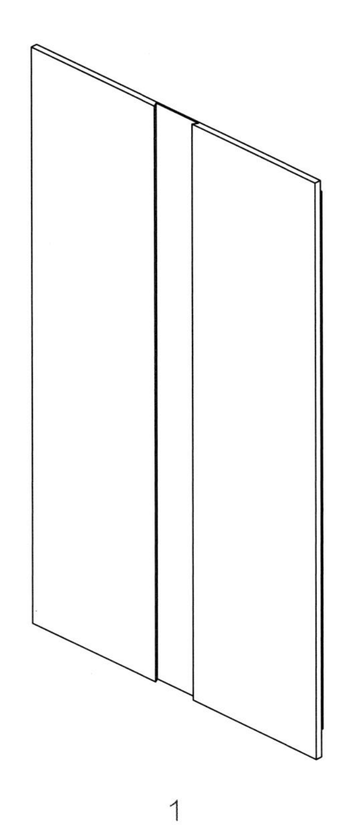

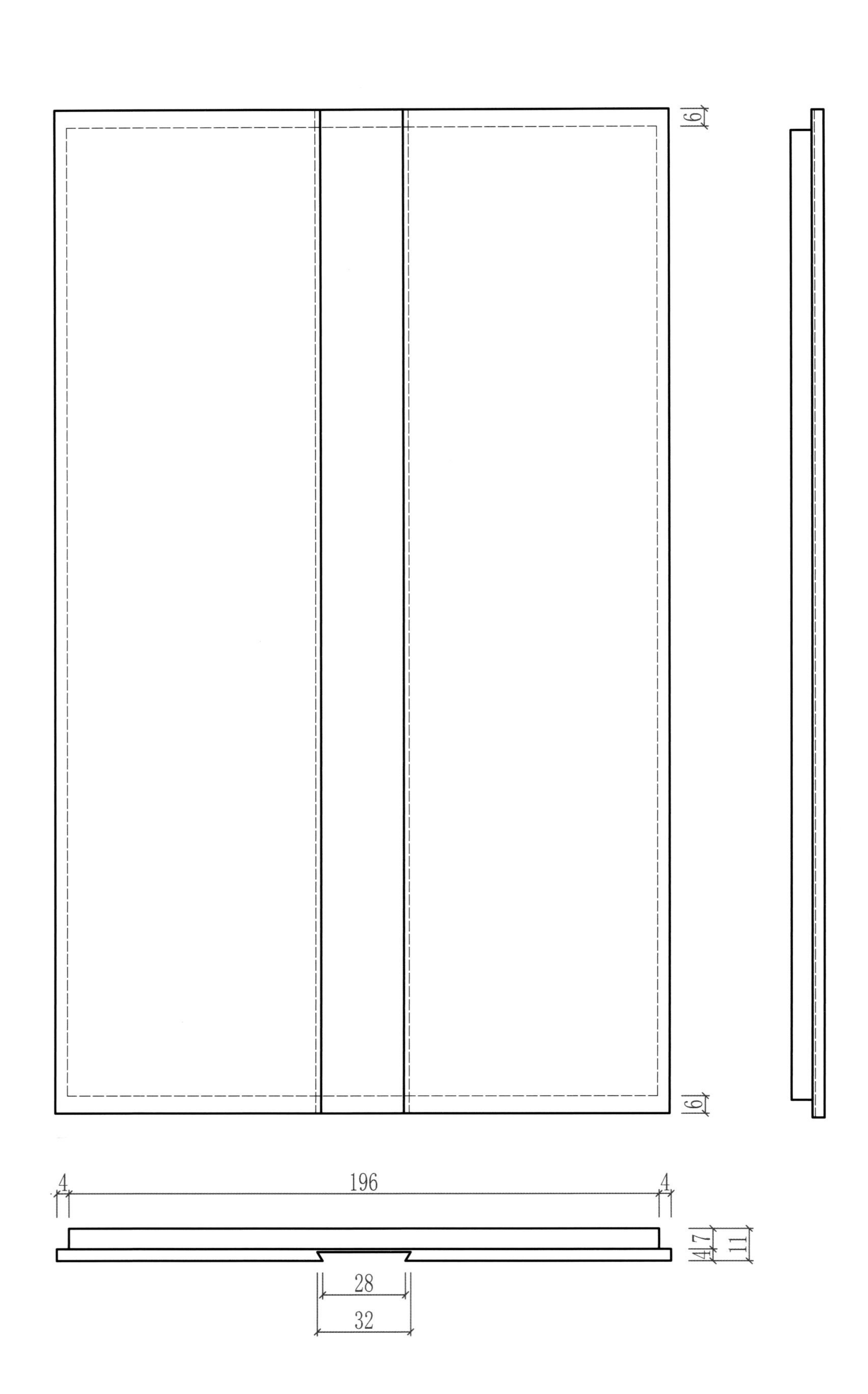

正视图 左视图

俯视图

比例：1:2

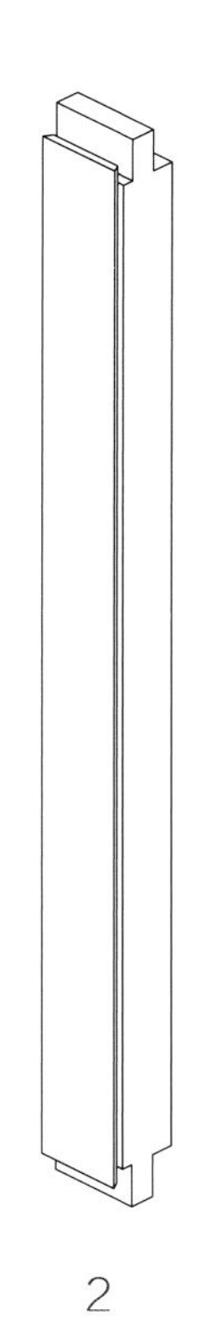

2

正视图	左视图
俯视图	

比例：1:2

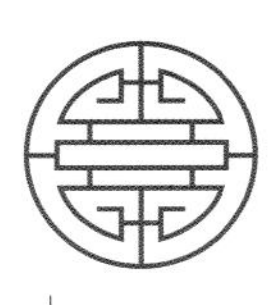

四十二、装板和穿带 2（旧时做法穿带出梢）

这种做法是旧时的传统手工做法，穿带有大小头，也就是板的燕尾槽一头宽、一头窄，宽窄相差的值没有规律。旧时穿带的做法是“木划”方法，先把穿带做成一头大一头小的方料，然后把穿带的燕尾槽做好，再把每根穿带和装板的位置确定好并且编好位置记号，然后在装板上逐个顺着穿带的燕尾边缘画线，这条线便是装板的燕尾槽线。板上的燕尾槽做好后，再把穿带逐个对号入座穿好，这样穿带就做成了。

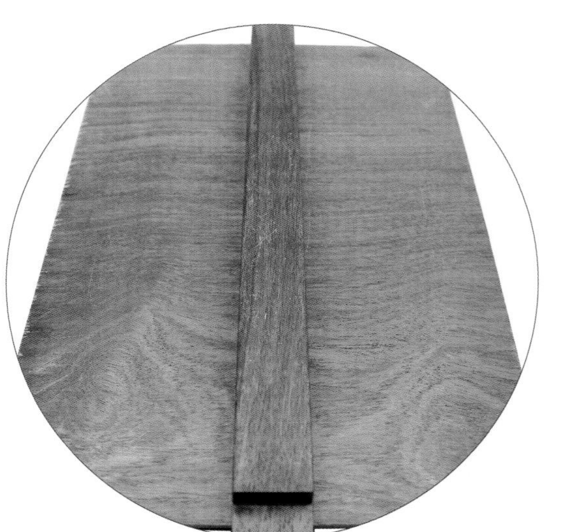

应用部位：家具的各个部位。

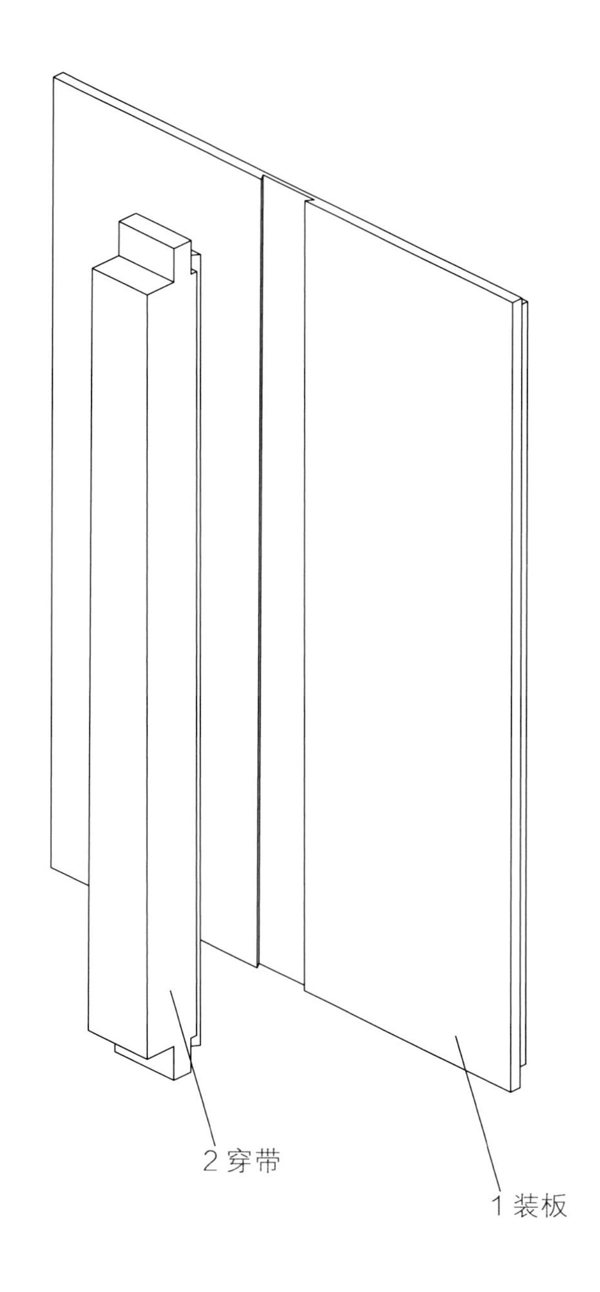

◆ **制作注意事项：** 旧时做穿带都纯手工活，听老木工师傅讲：先把穿带刨成一头大一头小的方料，再根据穿带的多少编好号码，并且确定穿带在装板上的位置，用每根穿带画每根穿带燕尾槽的线，板上燕尾槽的斜度全凭经验做，做好做不好全凭手艺，板上燕尾槽要比穿带有意识地做小一点，等板上燕尾槽做好后，让穿带去找板上燕尾槽的大小，经过多次试装穿带才能做好。因此，旧时木工手艺好坏做出的家具相差很多，现代木工用的是成型刀具、专用机械、数控机床。现代木工要比旧时木工好干很多。

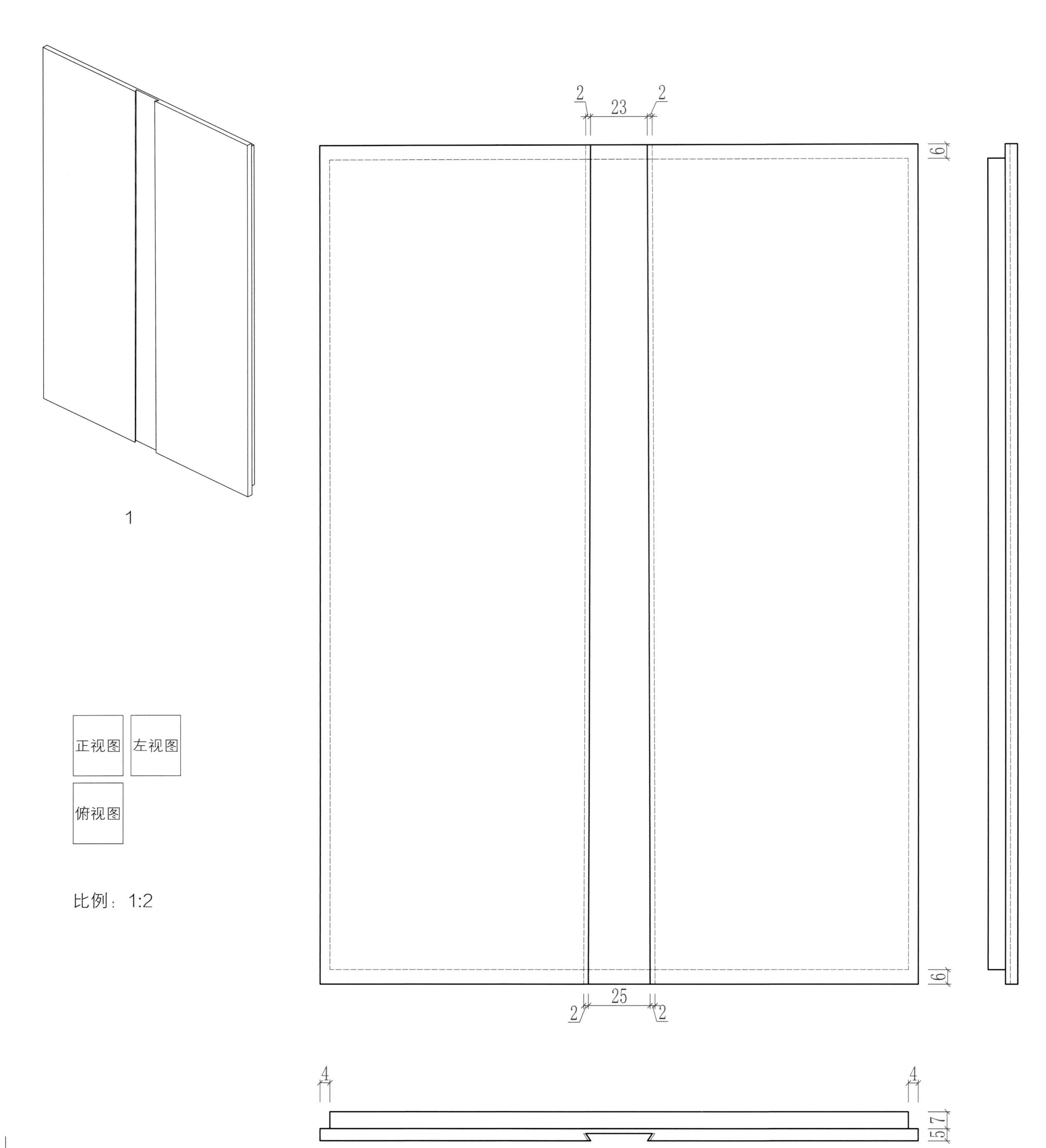
1
正视图
左视图
俯视图
比例：1:2
2
23
2
6
6
25
2
2
4
4
7
5

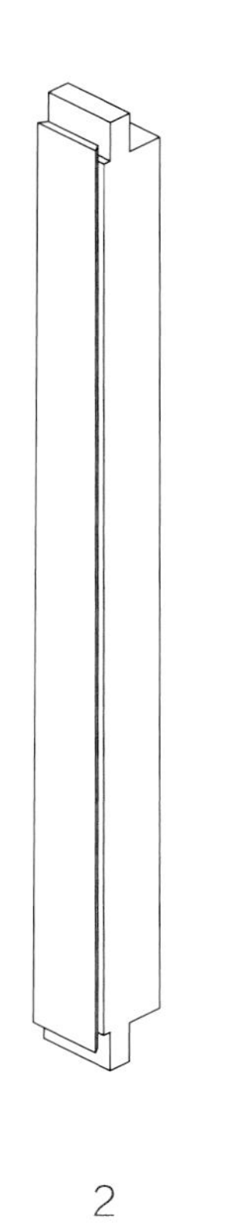

2

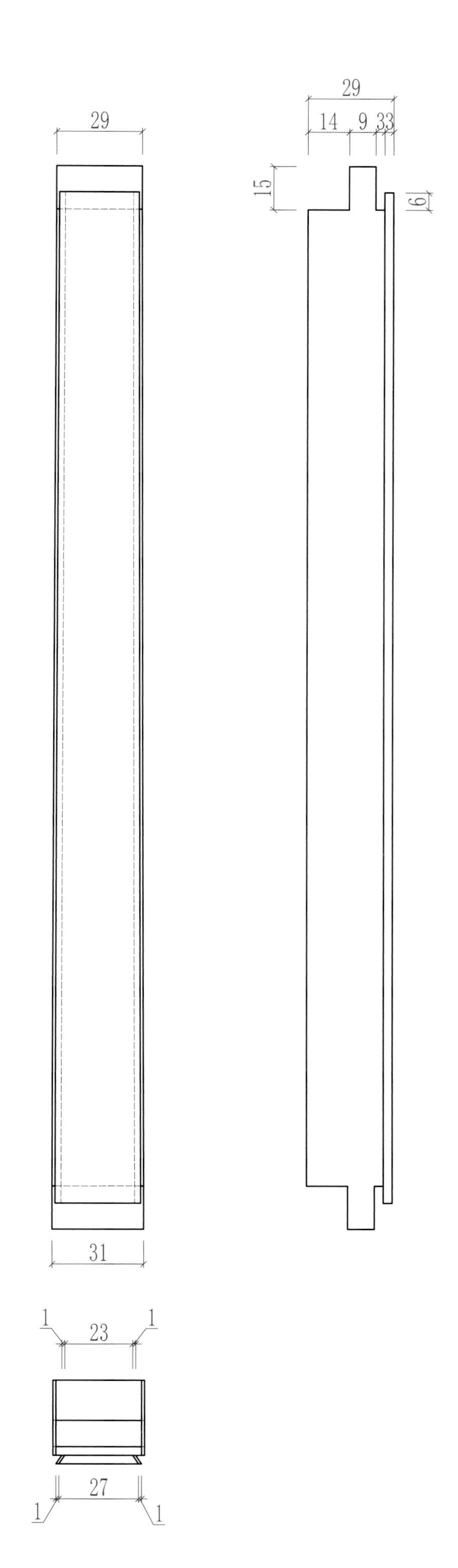

正视图	左视图
俯视图	

比例：1:2

四十三、齐牙板和腿足接合

所谓抱肩榫就是牙板格角和腿足的接合，两条格角斜线在顶部相交，形状上有牙板拥抱腿足的感觉，匠师们称之为抱肩榫。抱肩榫在家具制作中形成了固定的审美习惯，齐肩牙板和腿的接合就显得有些简单，围板两面格齐肩是榫卯的最基本做法，齐肩牙板和腿的接合有时是为了满足腿部雕刻兽头而设计的，这里没有施雕刻，只展示结构。

应用部位：腿足雕刻兽头用此结构比较合适。

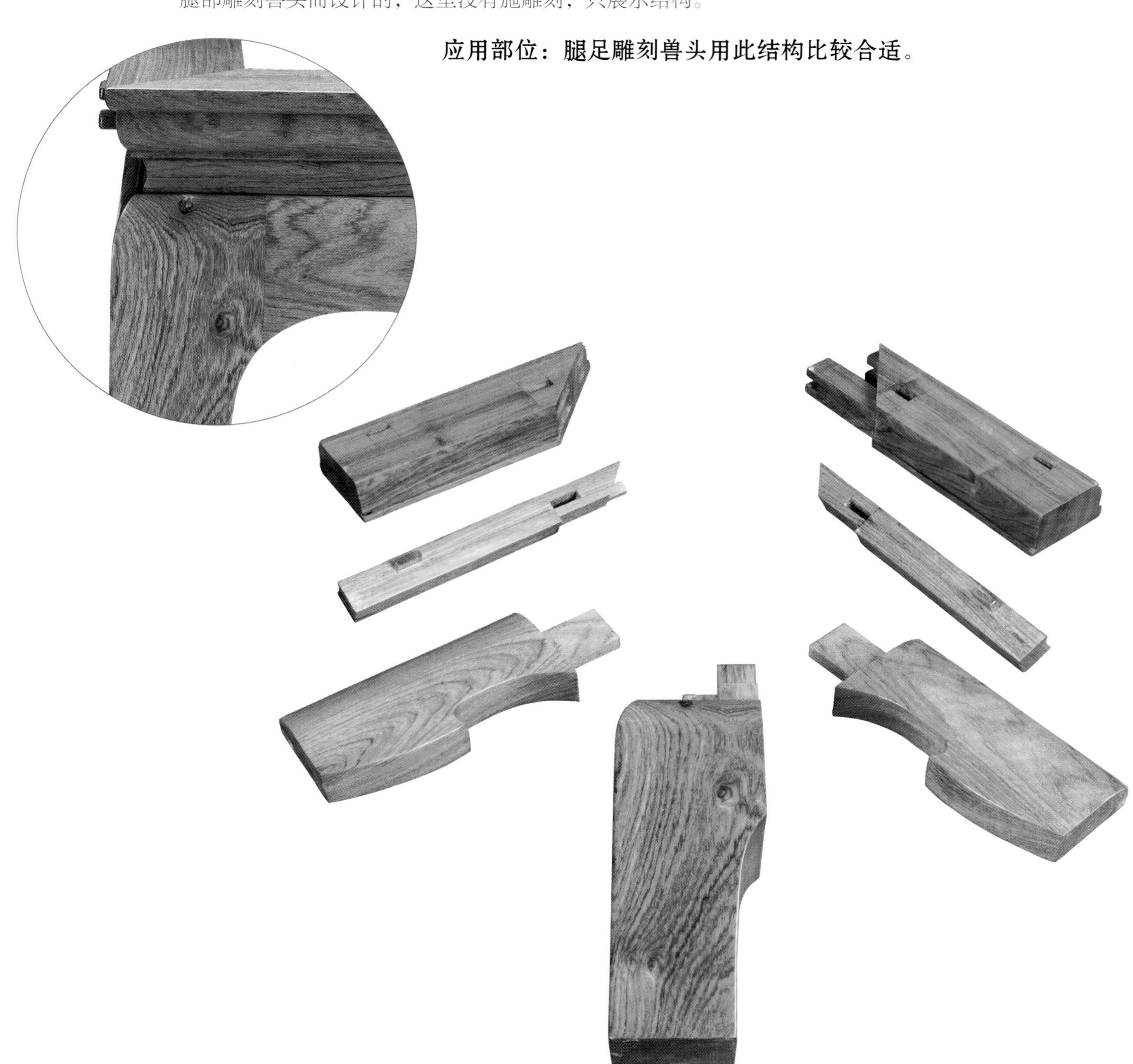

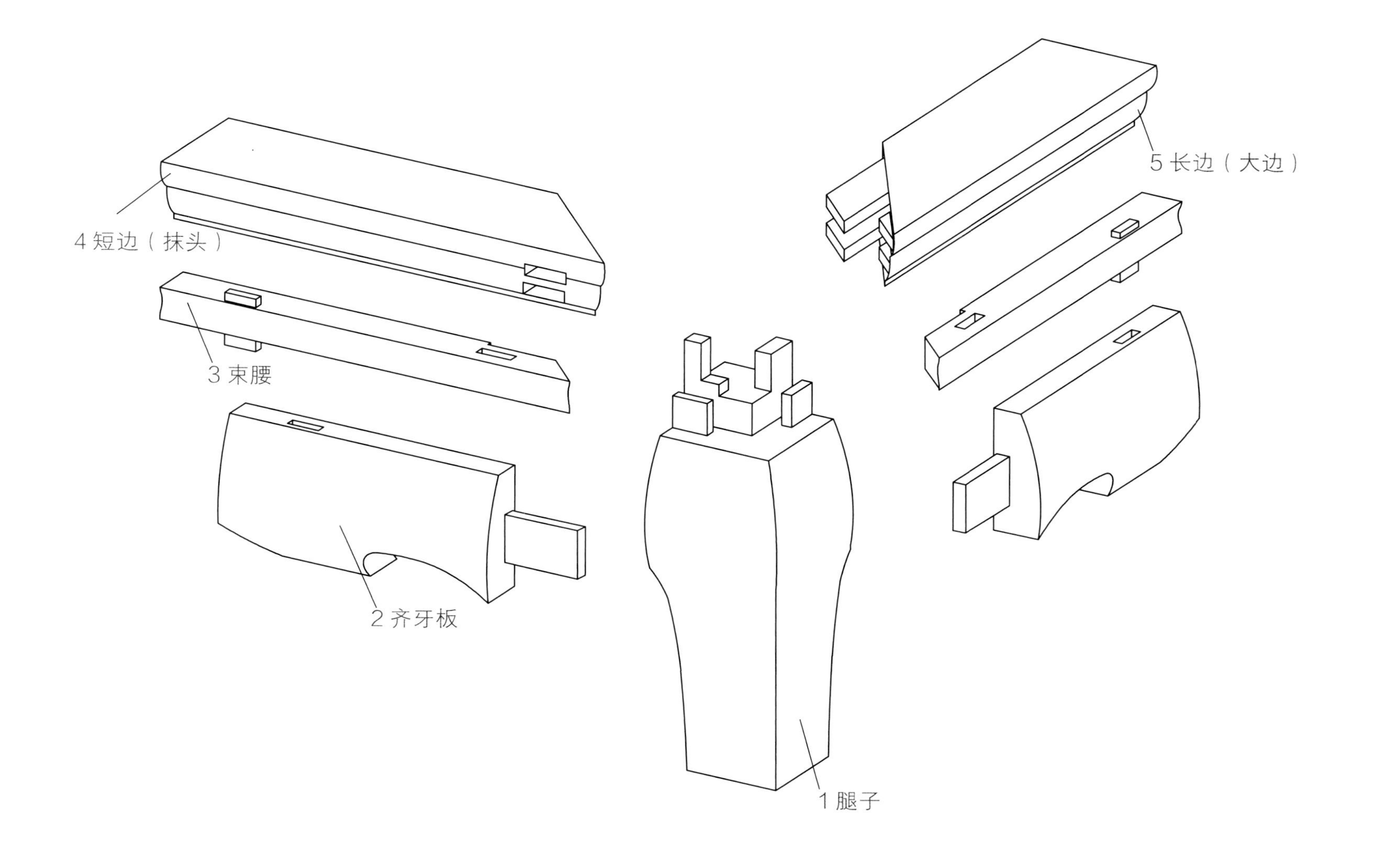

◆ **制作注意事项：** 这是一个简单的结构，因束腰是用榫头连接，所以束腰要宽一些。

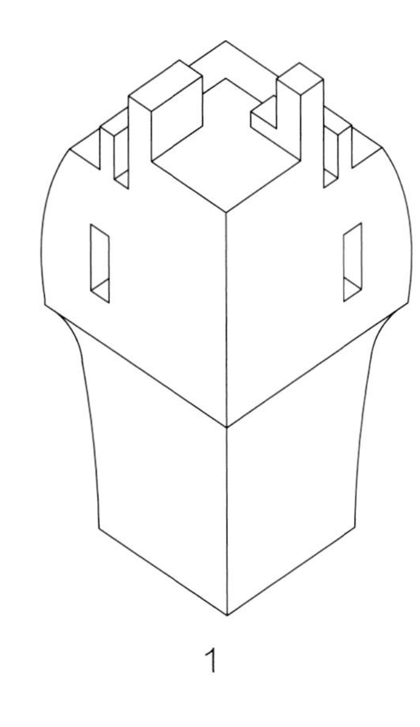

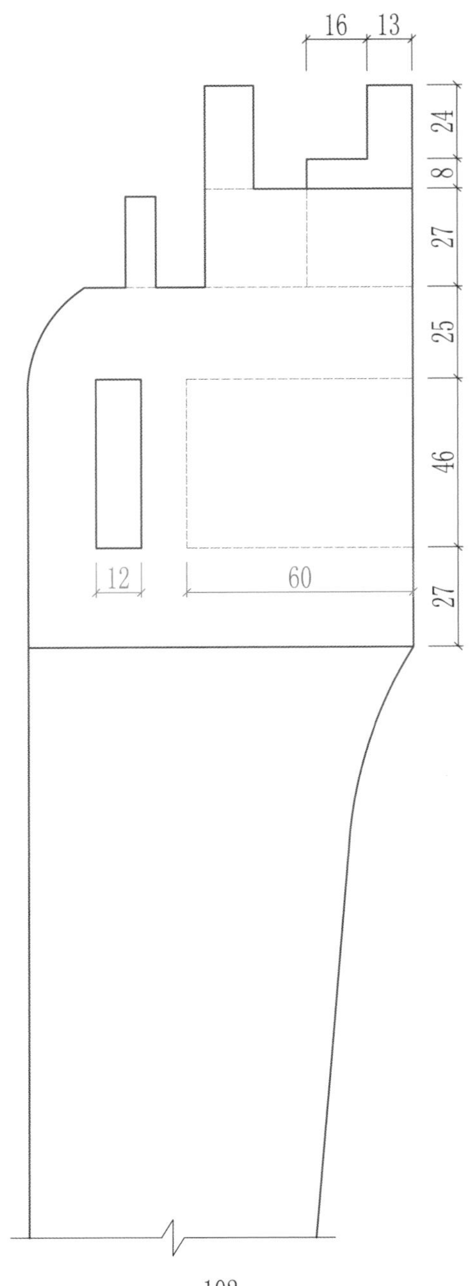

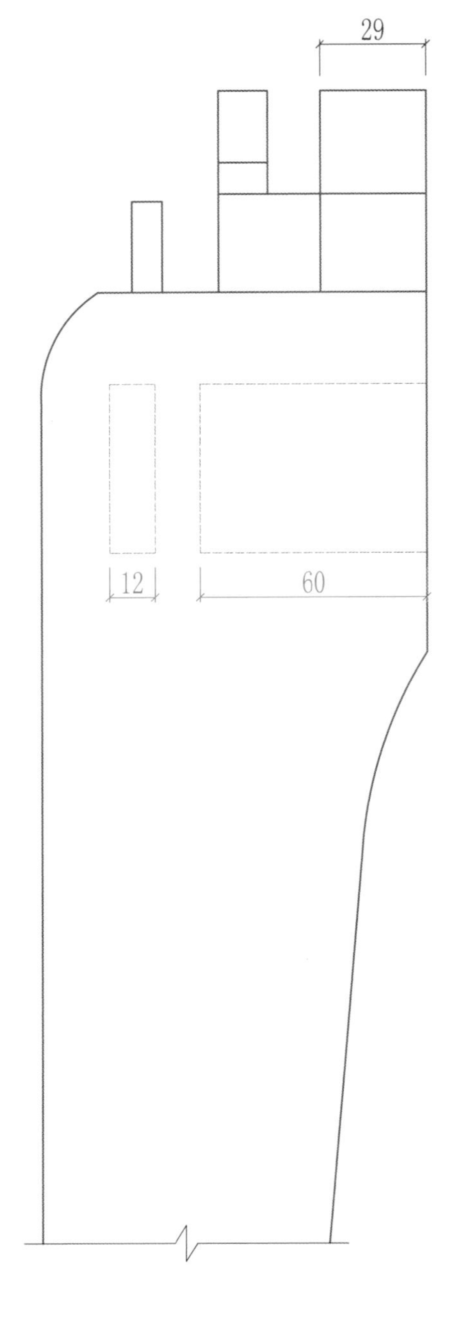

正视图	左视图
俯视图	

比例：1:2

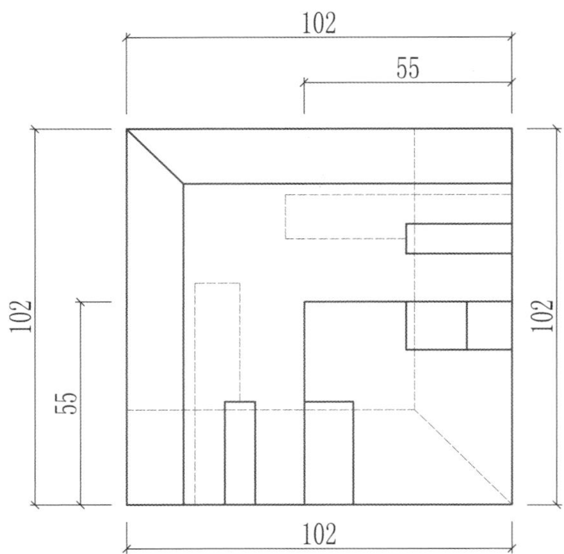

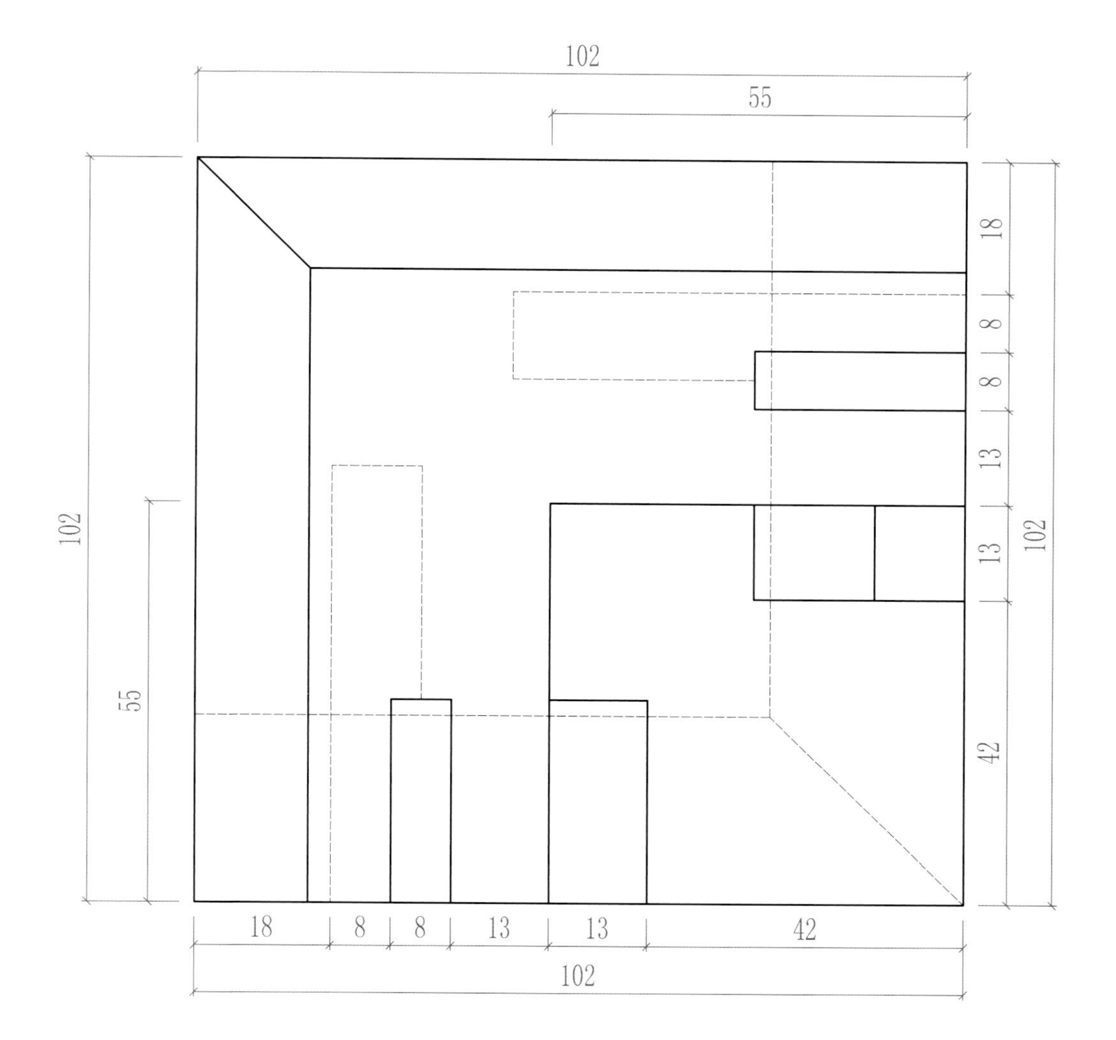

1

俯视图

大样图比例：1:1

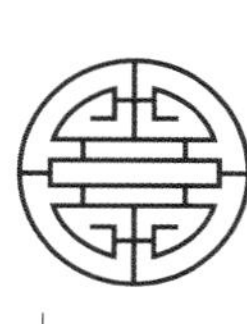

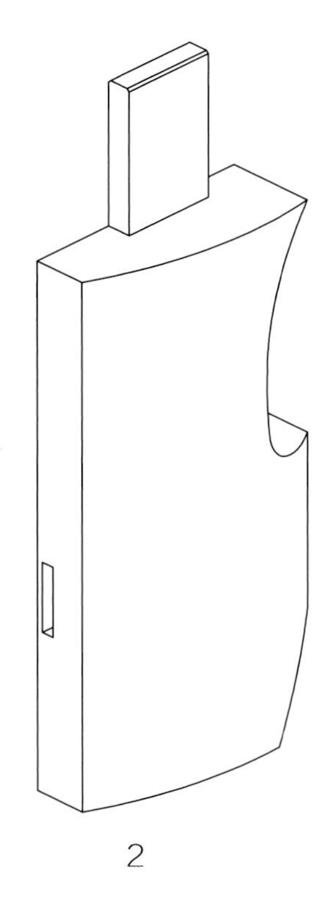
2

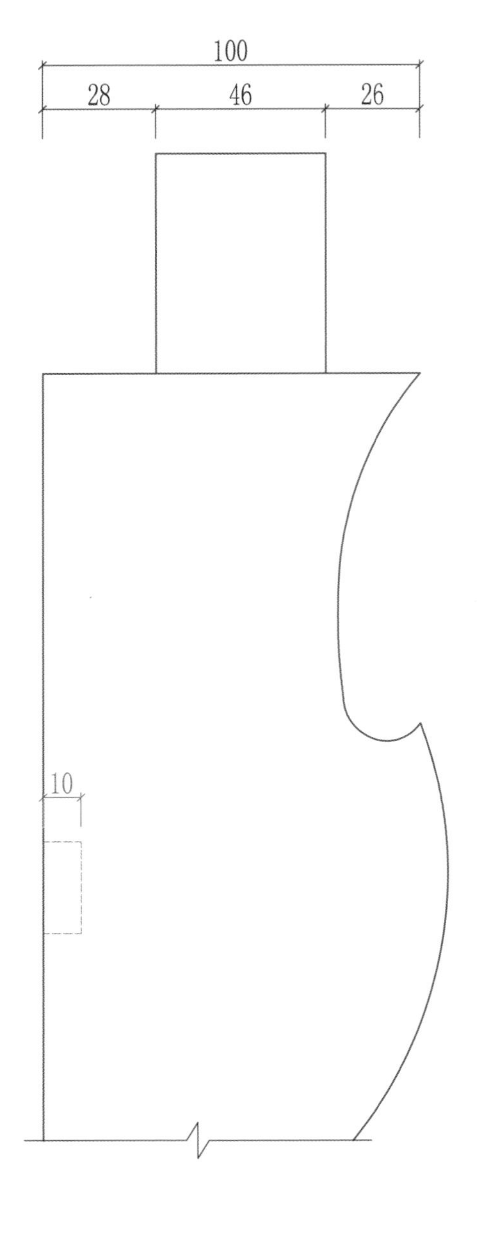
100
28
46
26
10

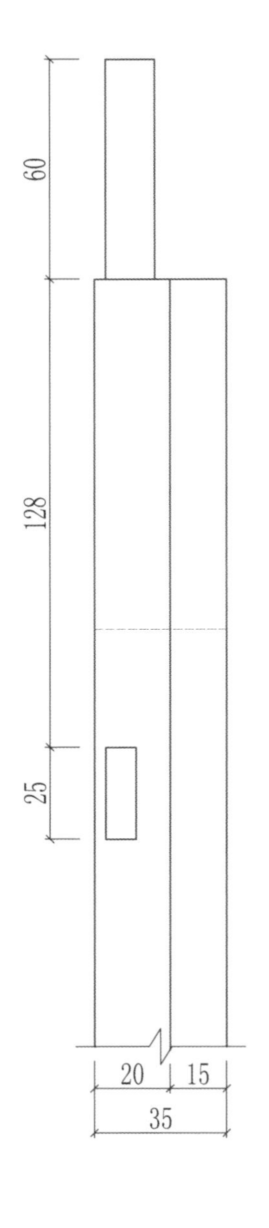
60
128
25
20
15
35

正视图
左视图
俯视图

比例：1:2

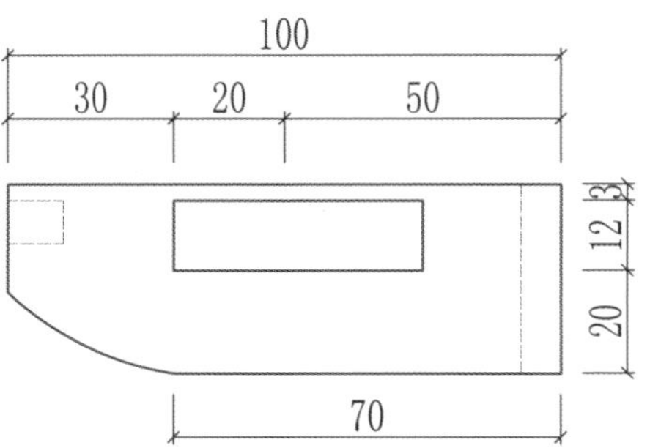
100
30
20
50
3
12
20
70

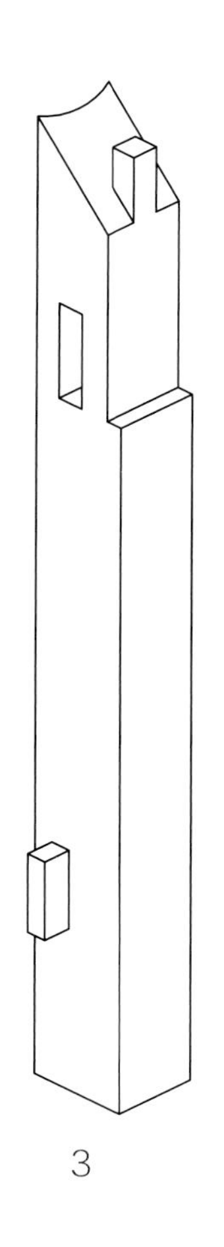

3

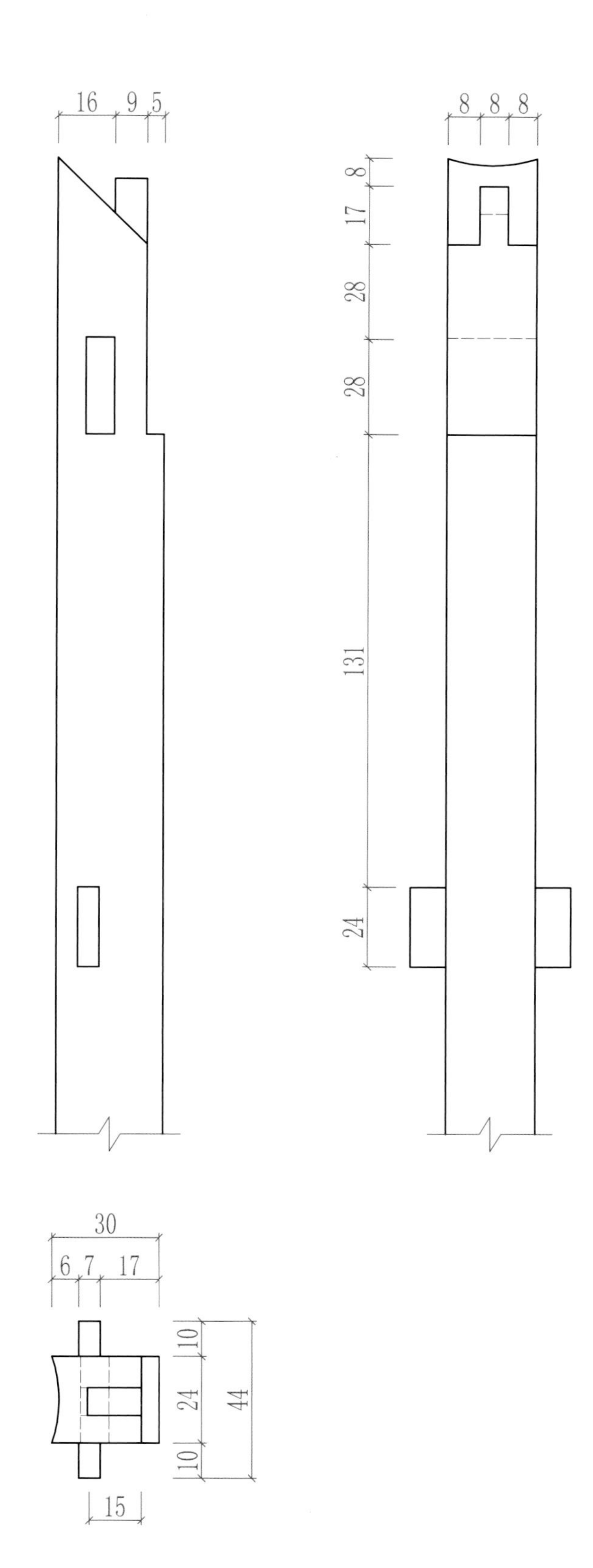

比例：1:2

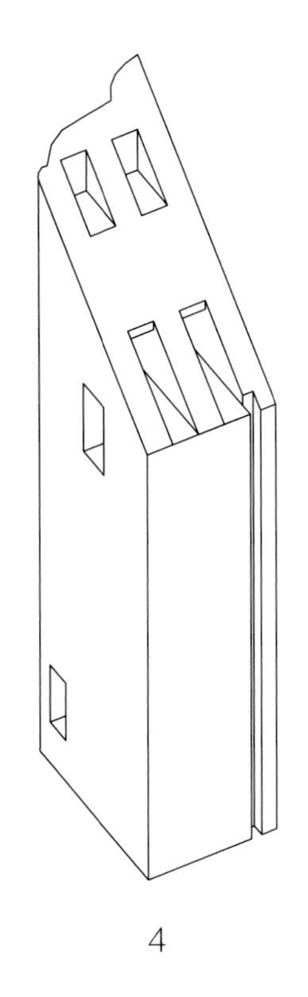
4

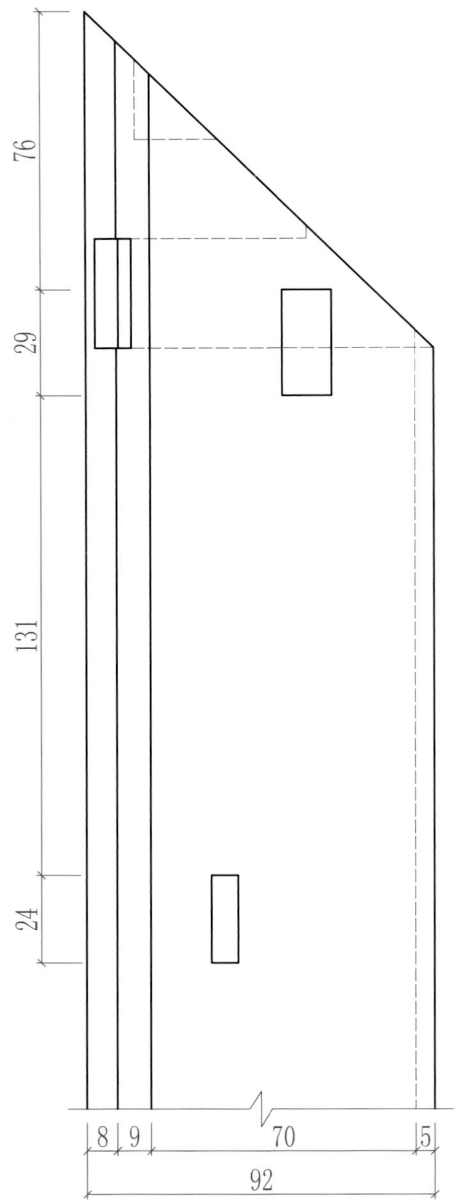
76
29
131
24
8
9
70
5
92

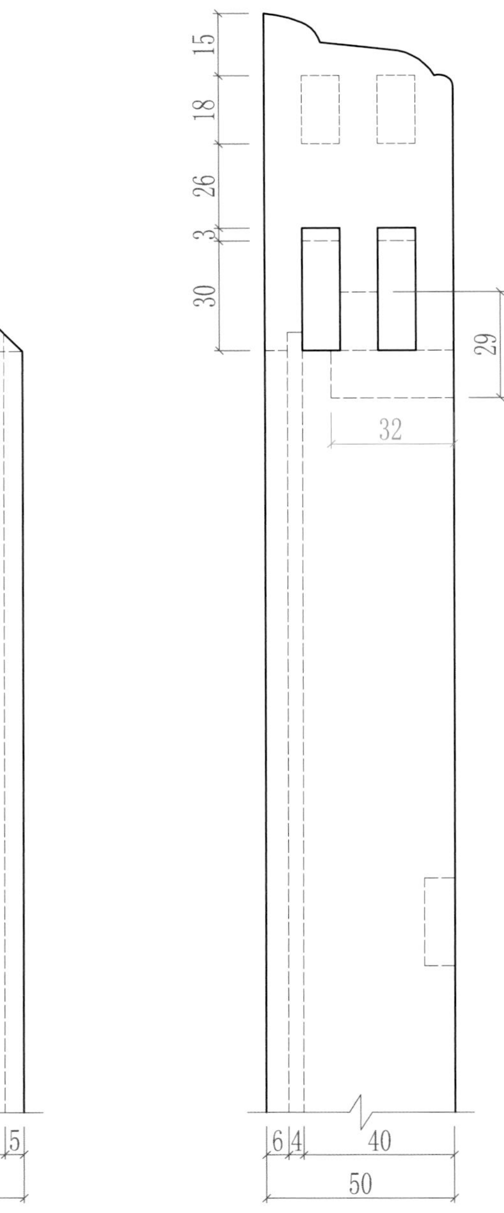
15
18
26
3
30
29
32
6
4
40
50

正视图
左视图
俯视图

比例：1:2

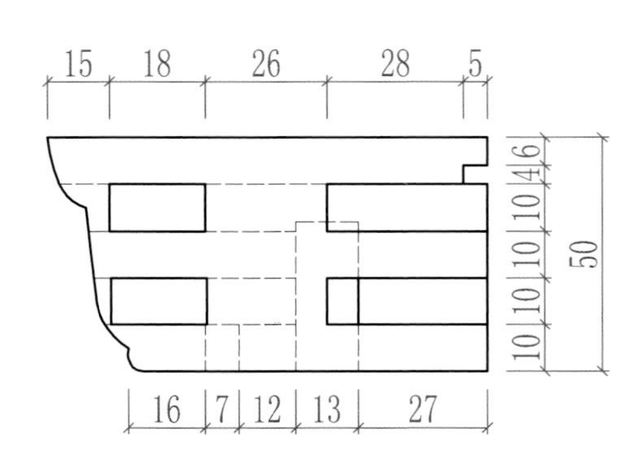
15
18
26
28
5
6
4
10
10
10
10
10
50
16
7
12
13
27

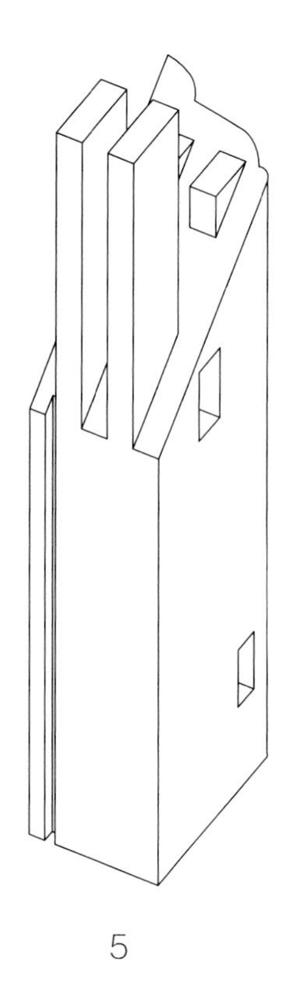

5

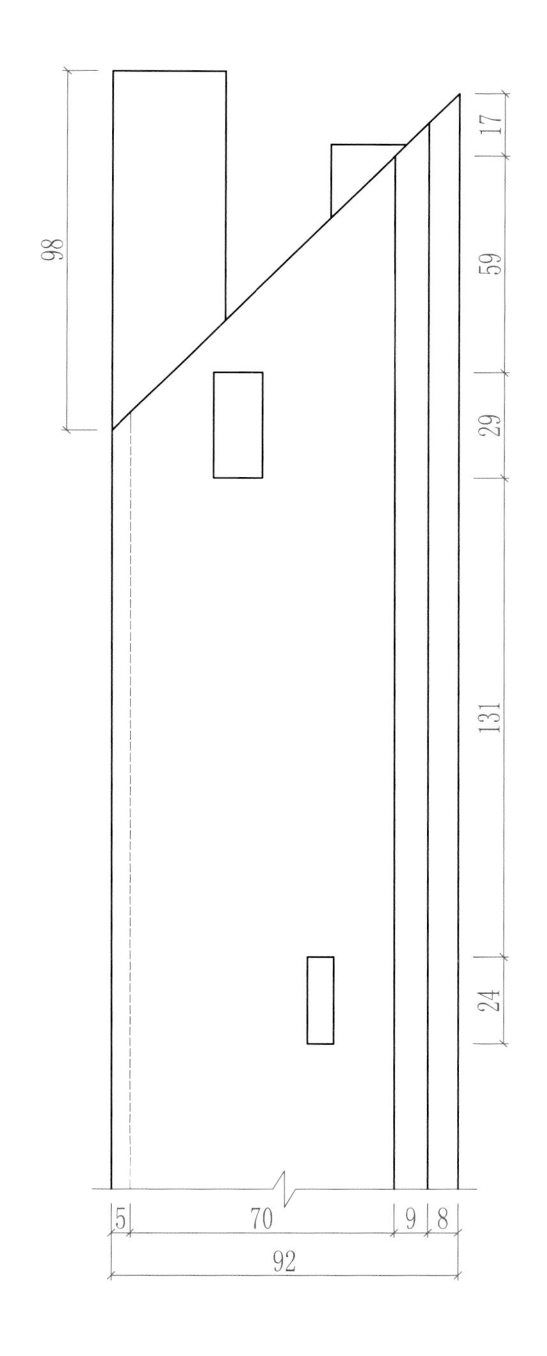
98
17
59
29
131
24
5
70
9
8
92

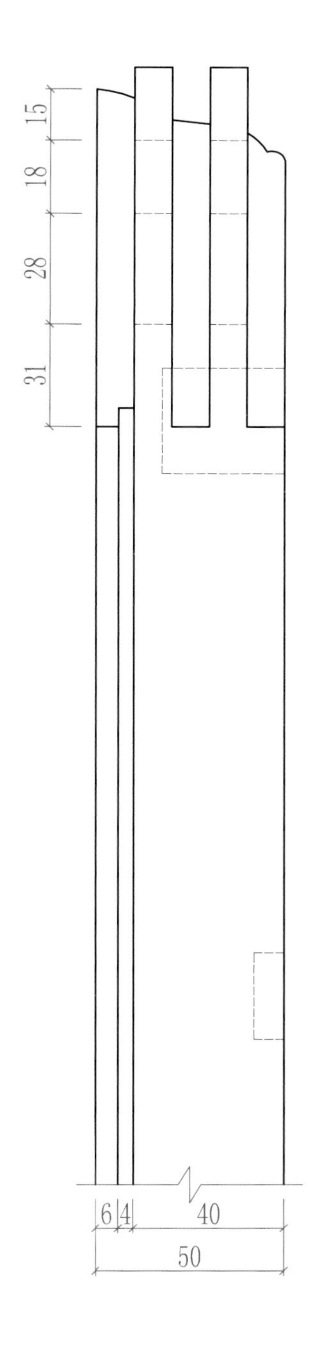
15
18
28
31
6
4
40
50

正视图
左视图
俯视图

比例：1:2

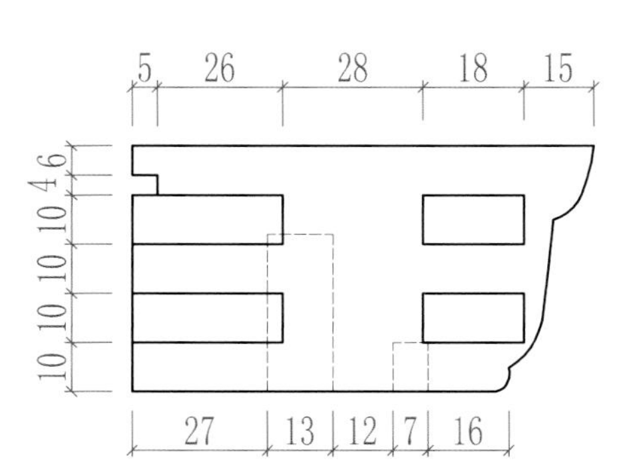
5
26
28
18
15
4
6
10
10
10
10
27
13
12
7
16

四十四、抱肩榫1（一木连做）

抱肩榫的制作自古以来就没有标准可寻，不同年代不同地区制作的抱肩榫有差异，但它的基本形状是一样的。抱肩榫是传统家具的脊梁，凝聚了榫卯的两大要素：一是直榫，二是燕尾榫，无论什么形式的榫卯都是由这两大要素演变而来的。所谓一木连做就是束腰和围板用一块木料做出来，在明代，讲究的家具都是这么做的。

应用部位：在有束腰的床类、桌类和凳类等家具中应用广泛。

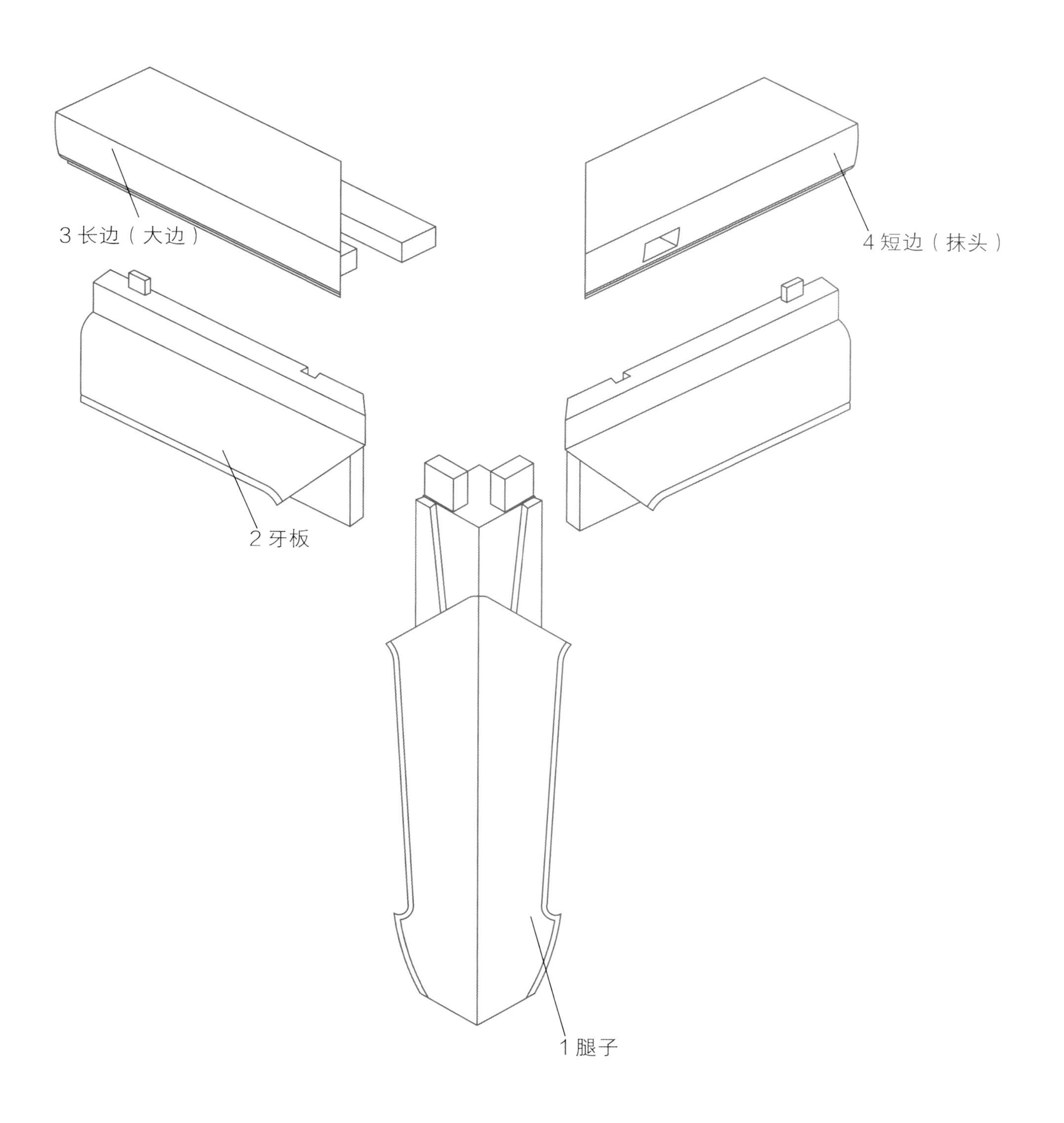

◆ **制作注意事项：** 制作此种结构需要注意的是：围板的三角榫榫舌尽量做厚，三角榫舌的长度以两块围板组装后两个三角榫舌相差几毫米不相交为宜。如图所示：围板下边和腿相交倒圆处，槽口和三角榫舌下端都要有微小格肩处理，这样可大大减轻组装时的"掉肉"现象，这一点很重要。

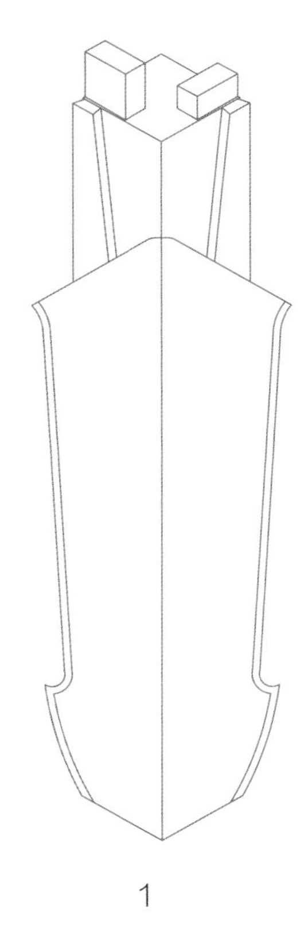

1

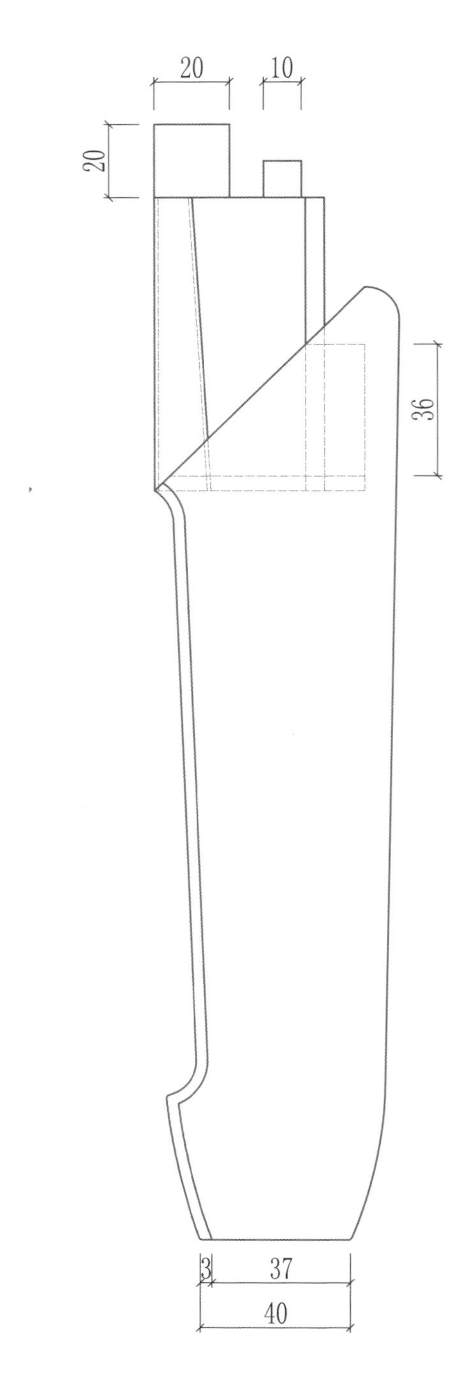

20
10
20
36
3
37
40

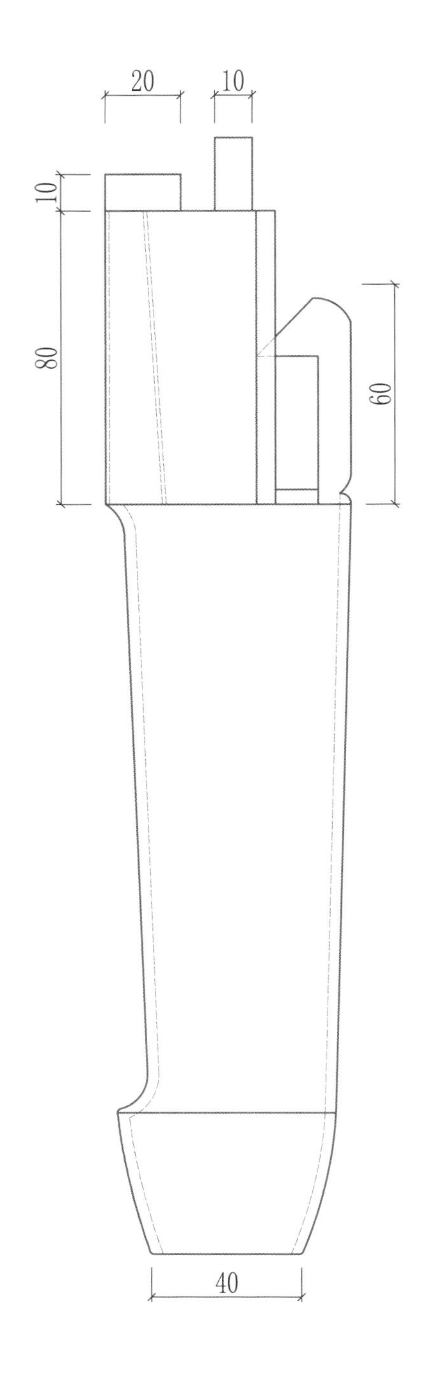

20
10
10
80
60
40

正视图
左视图
俯视图

比例：1:2

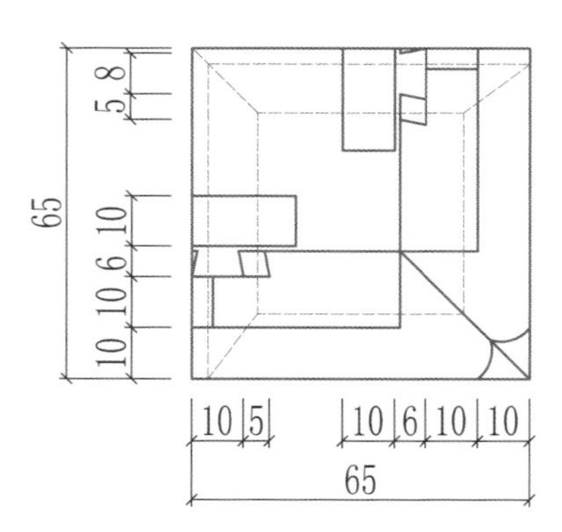

65
5
8
10
6
10
10
10
5
10
6
10
10
65

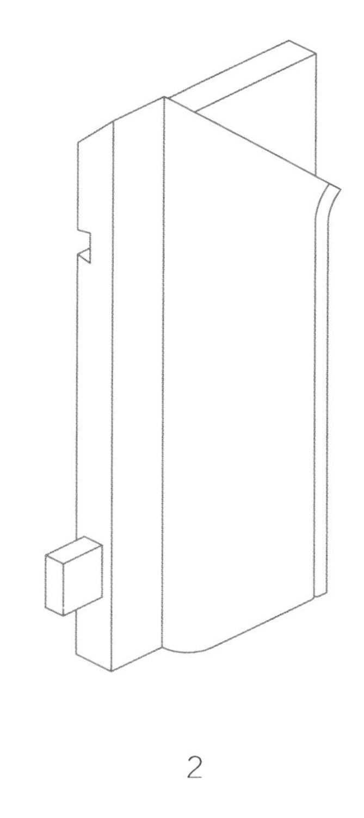

2

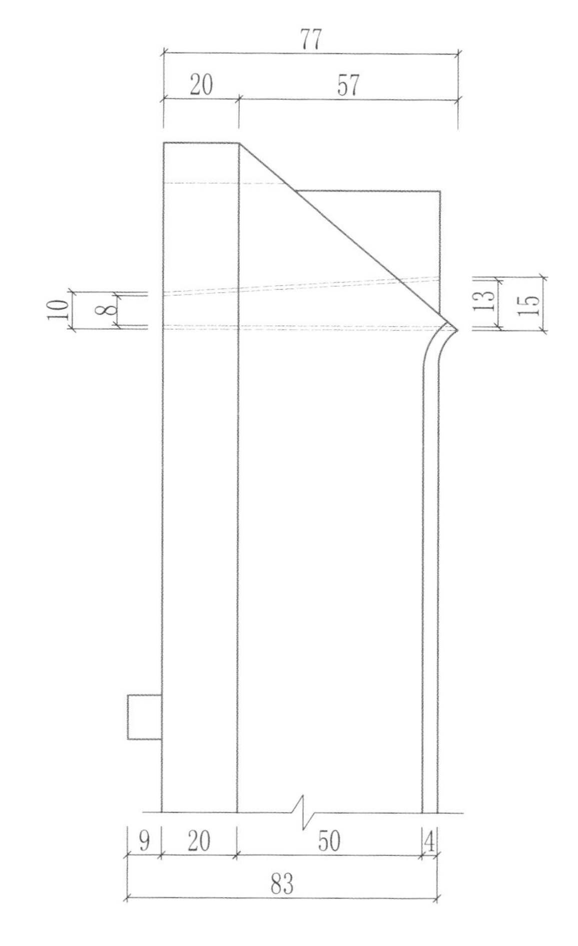

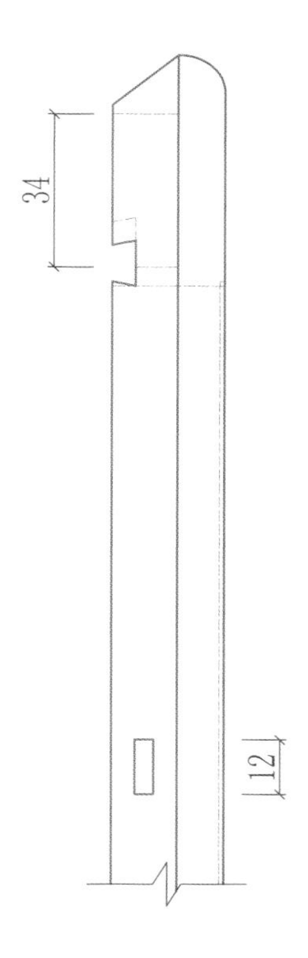

比例：1:2

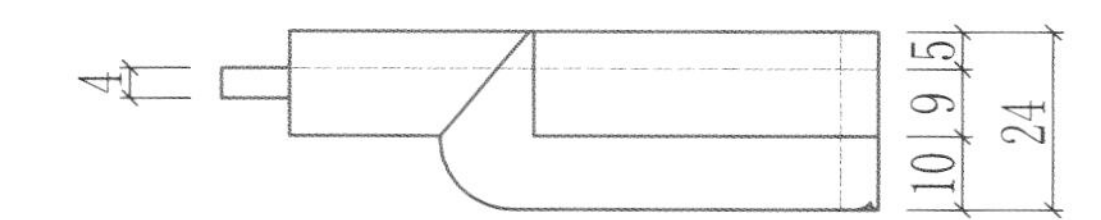

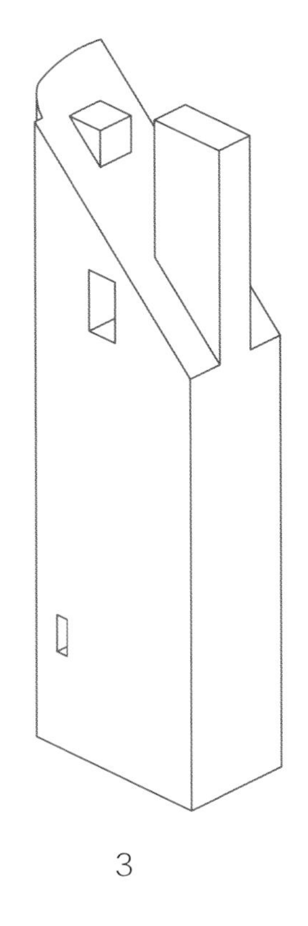

3

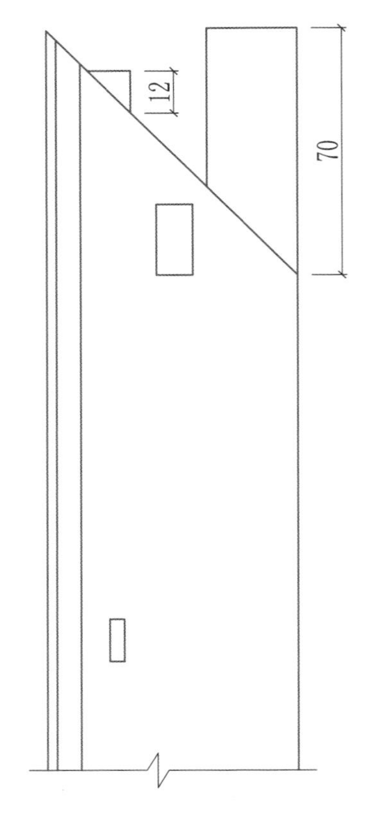
12
70

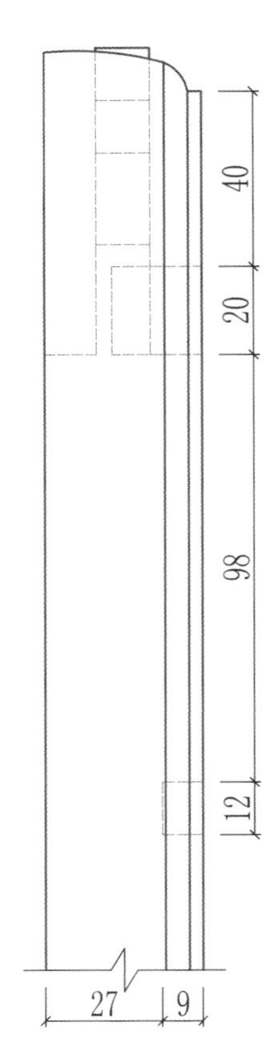
40
20
98
12
27
9

正视图
左视图
俯视图

比例：1:2

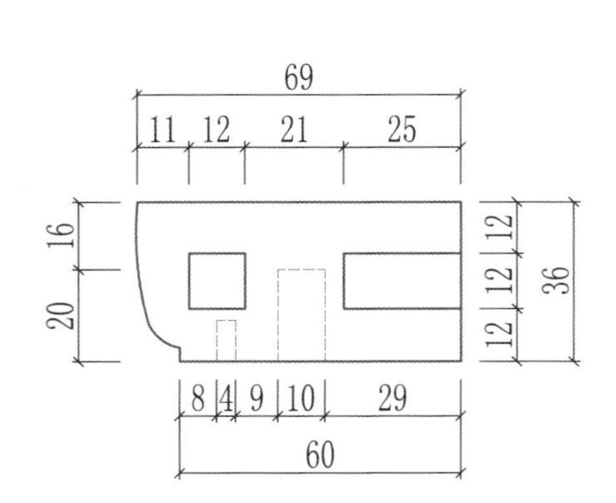
69
11
12
21
25
16
20
12
12
12
36
8
4
9
10
29
60

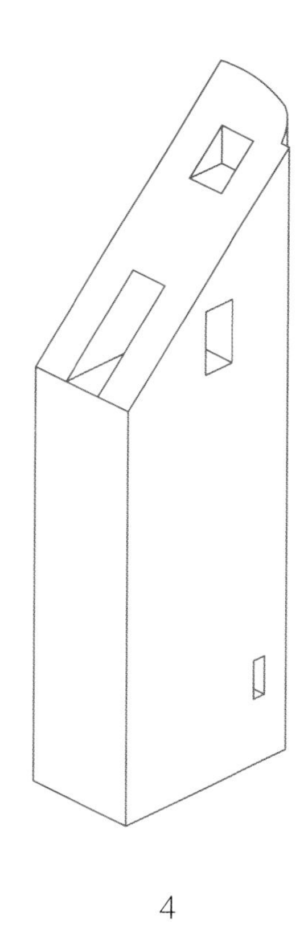

4

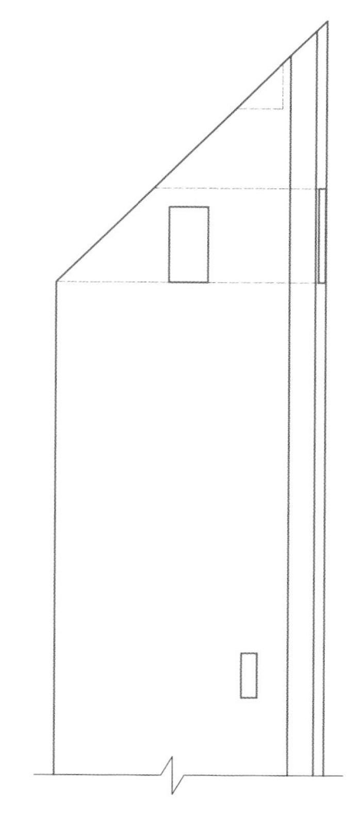

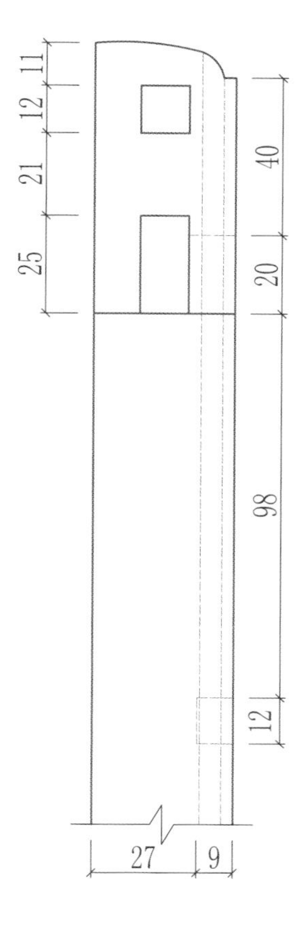

比例：1:2

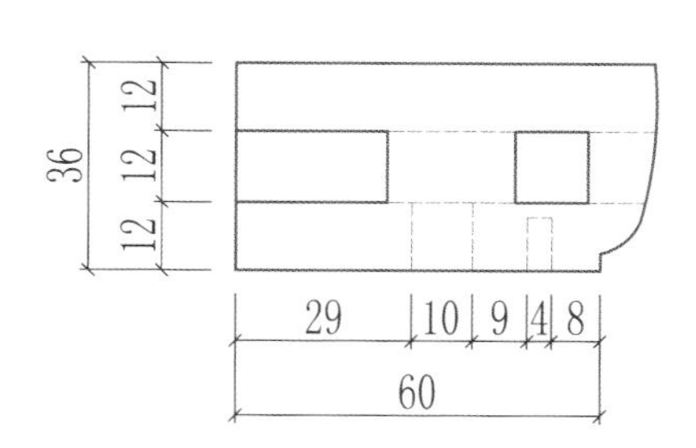

四十五、抱肩榫 2(高束腰)

这种高束腰的结构形式和一般抱肩榫束腰的结构形式不同，束腰和腿的接合不是用燕尾销或是榫头，而是在腿上、面边上和围板上打槽装板，这种接合方法要比燕尾销接合更严密。

应用部位：适合床类和桌案类。

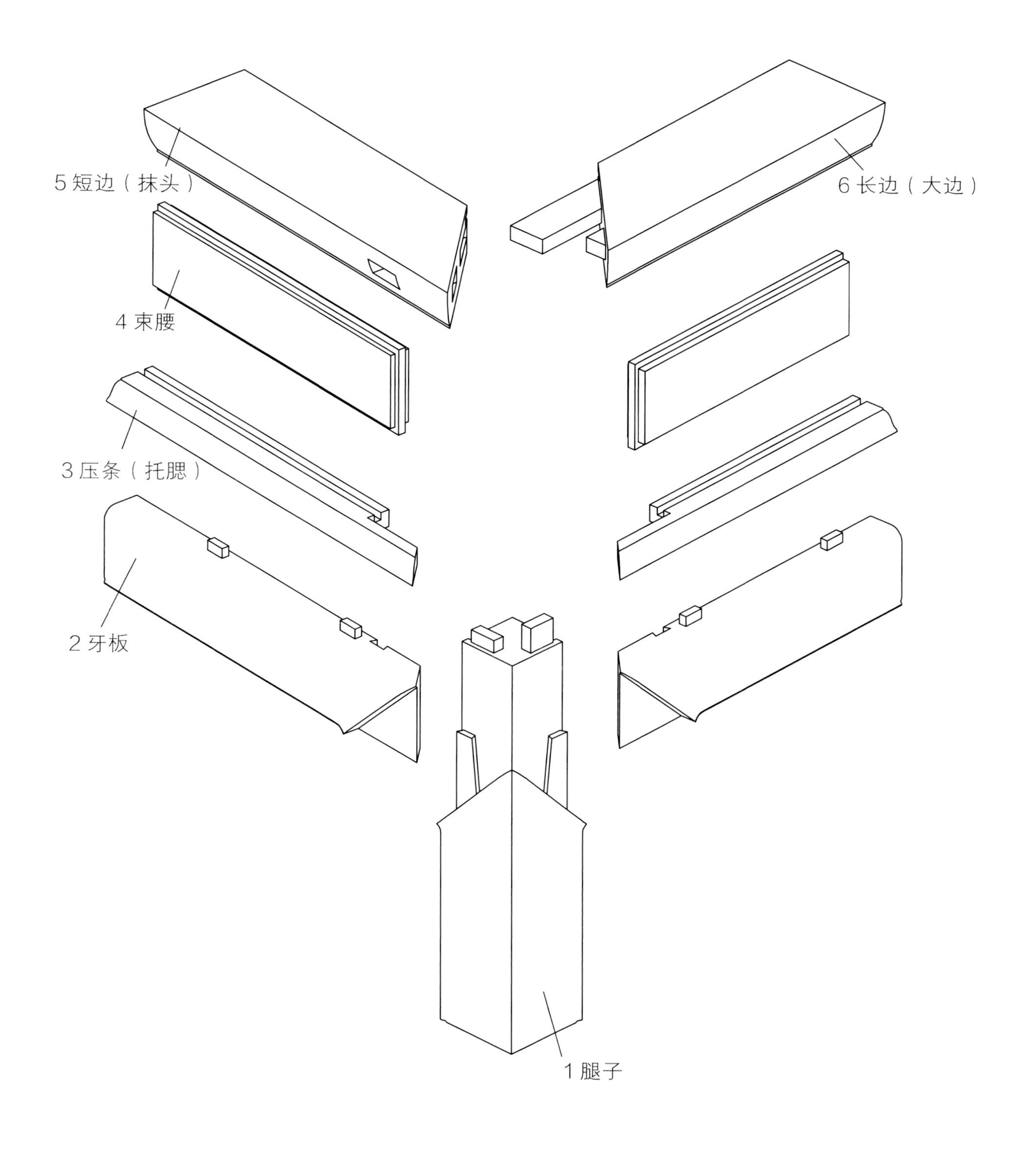

◆ **制作注意事项：** 在这个结构中，由于围板的加厚，腿子又比较小，为了保证围板的三角榫舌有一定的长度，应使两块围板的榫舌在腿子的凹槽中格角相交，这样组装后围板才平稳。但腿子格角处的外皮应有一定的厚度，另外高束腰的厚度宜厚不宜薄，它的板舌也要厚，这样组装起来的家具才牢固。围板下边里角和燕尾销接合处这里的圆弧角很容易在组装时被损坏，很多围板和腿接合都有这个弊病，所以这里做成了直角和腿相交。三角榫舌的下边做了微小格肩处理，在三视图中都能看到。

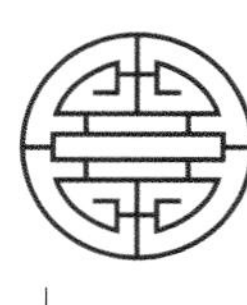

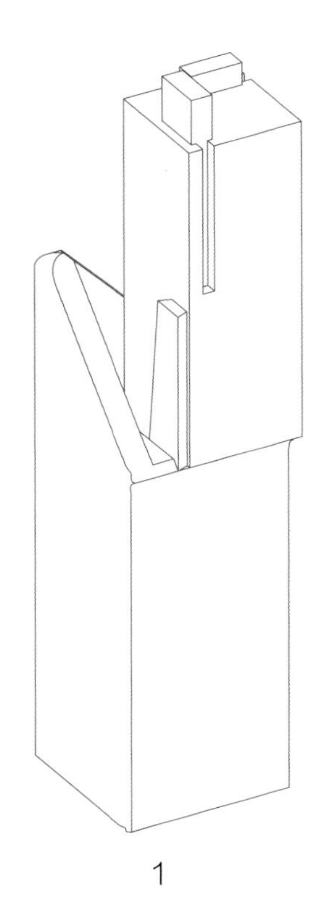

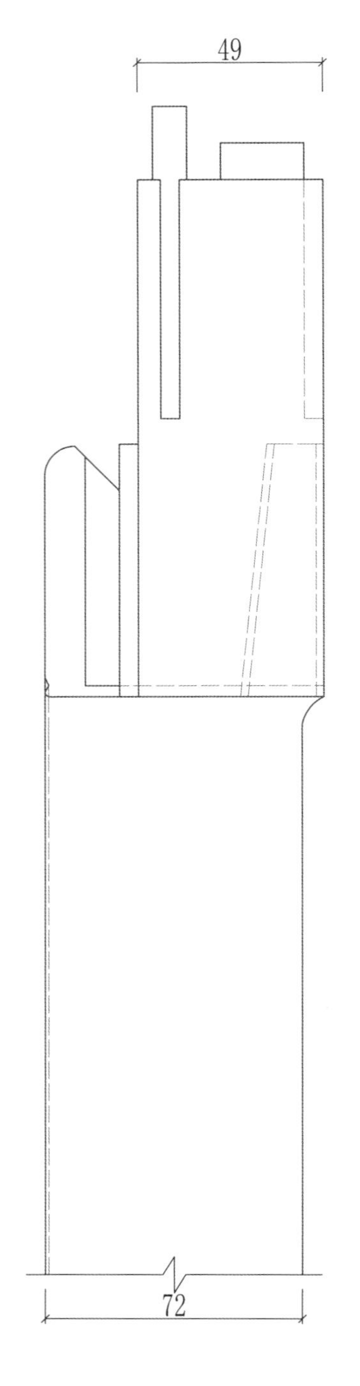

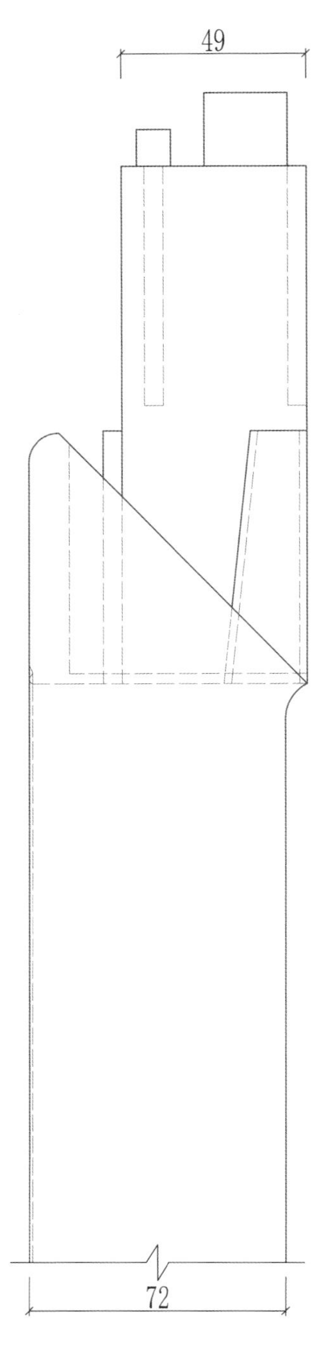

正视图	左视图
俯视图	

比例：1:2

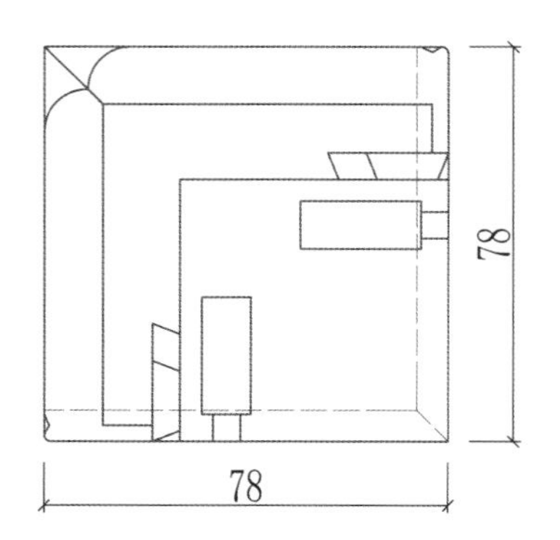

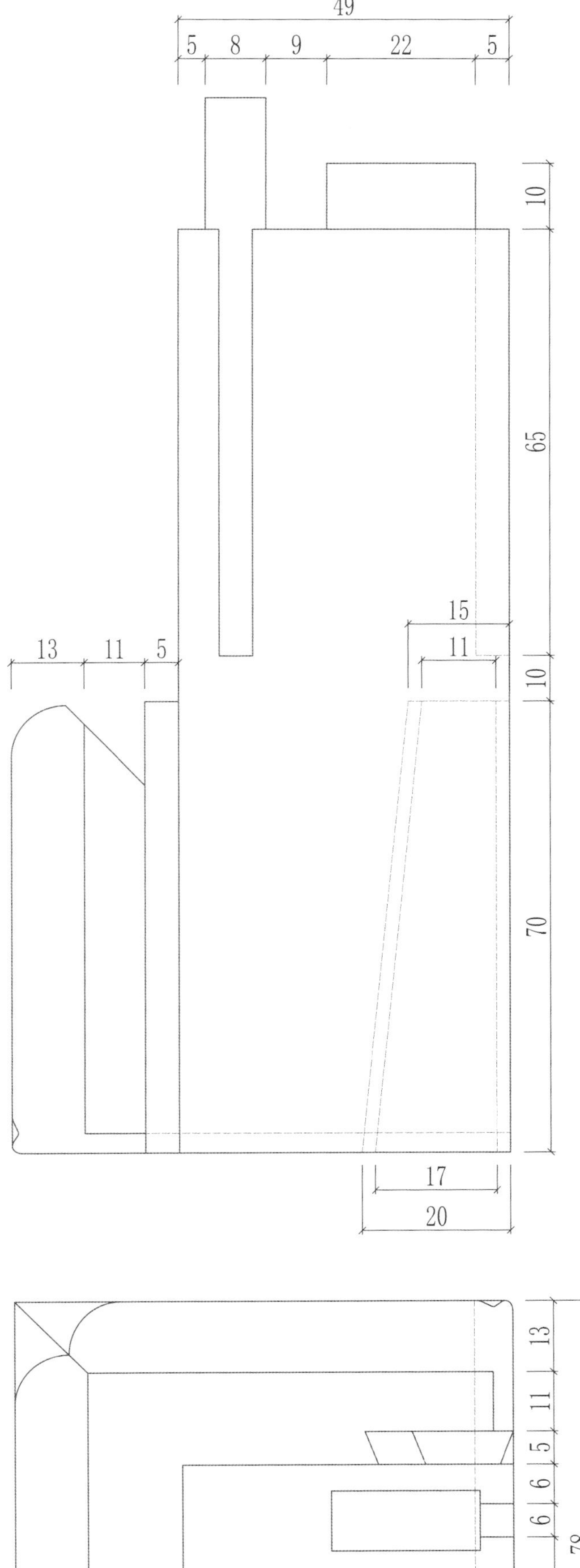
49
5 8 9 22 5
10
65
13 11 5
15
11
10
70
17
20

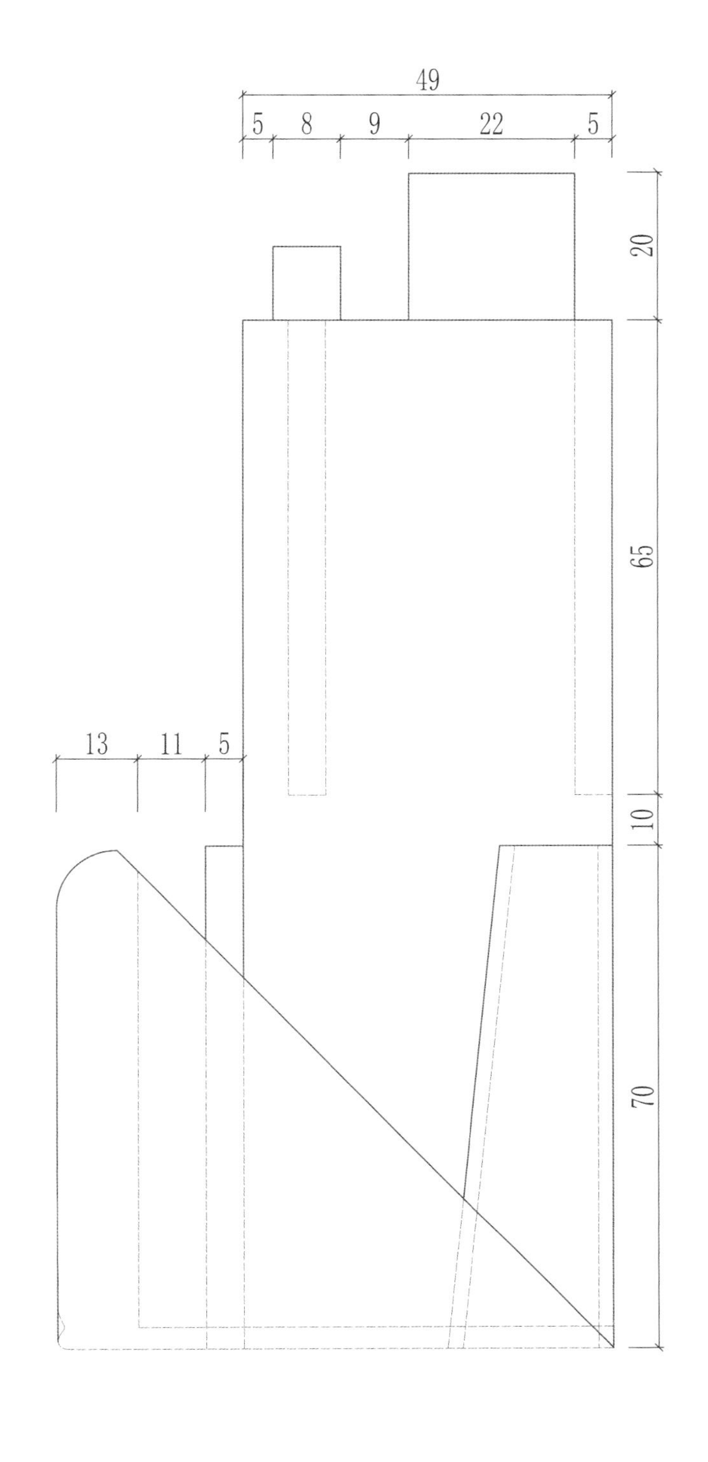
49
5 8 9 22 5
20
65
13 11 5
10
70

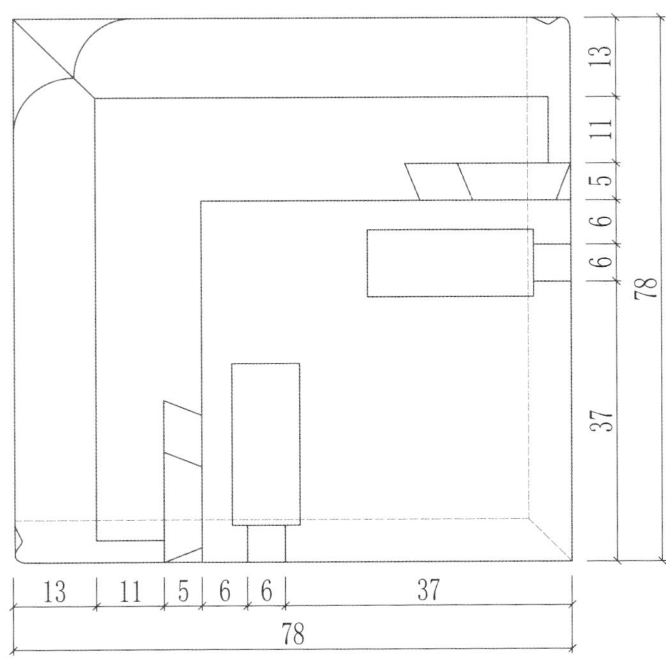
13
11
5
6
6
78
37
13 11 5 6 6 37
78

1

正视图
左视图
俯视图

大样图比例：1:1

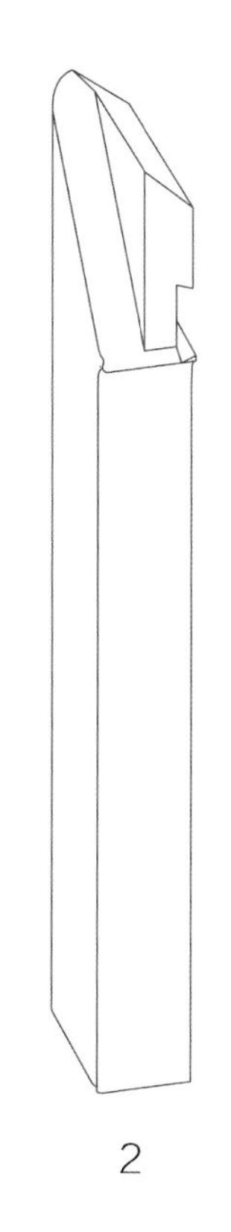
2

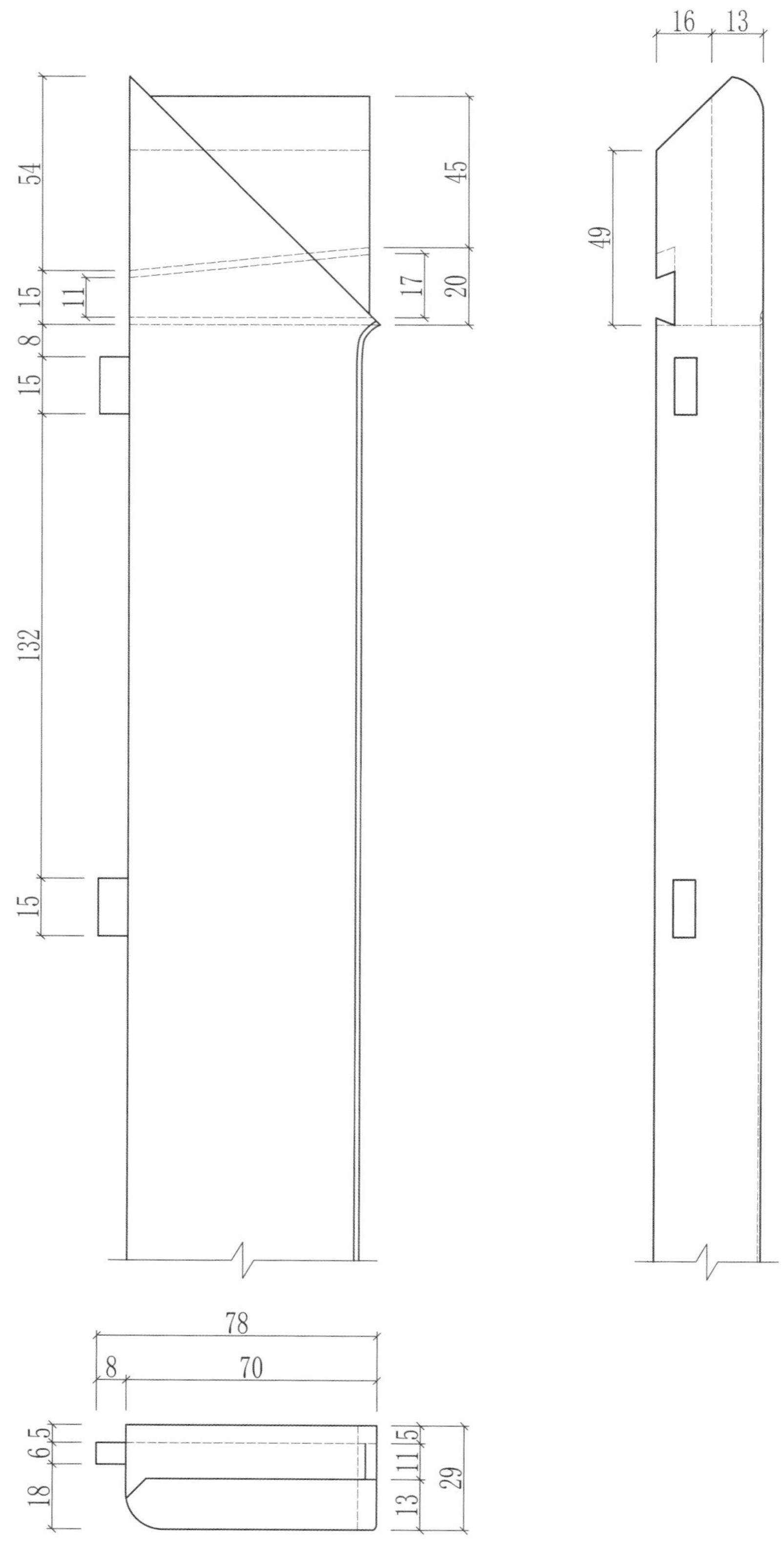
54
15
11
8
15
132
15
45
17
20
78
8
70
6.5
6
18
5
11
13
29

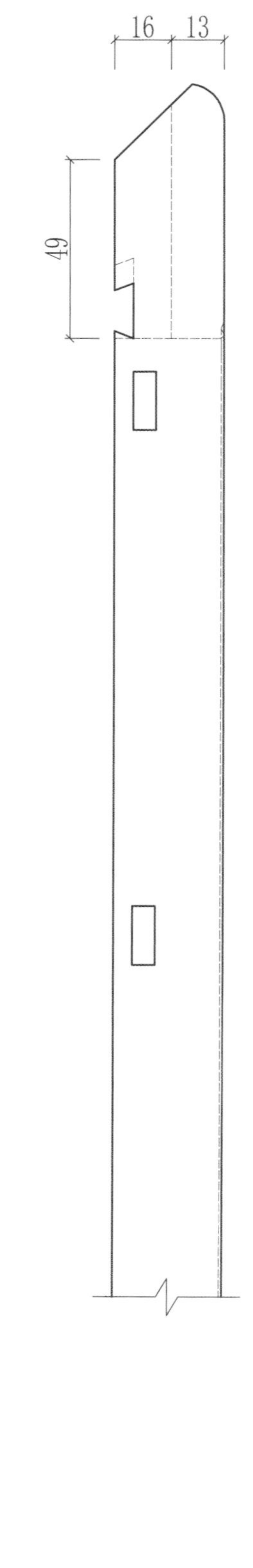
16
13
49

正视图
左视图
俯视图

比例：1:2

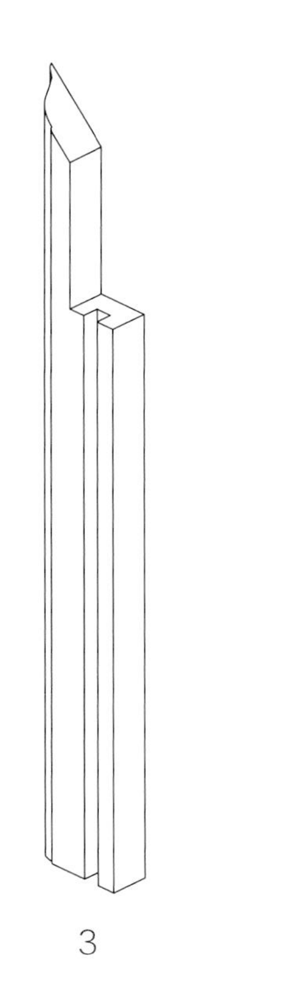

3

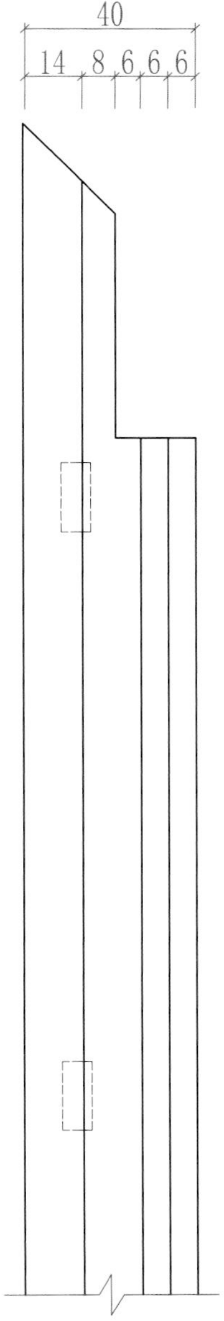

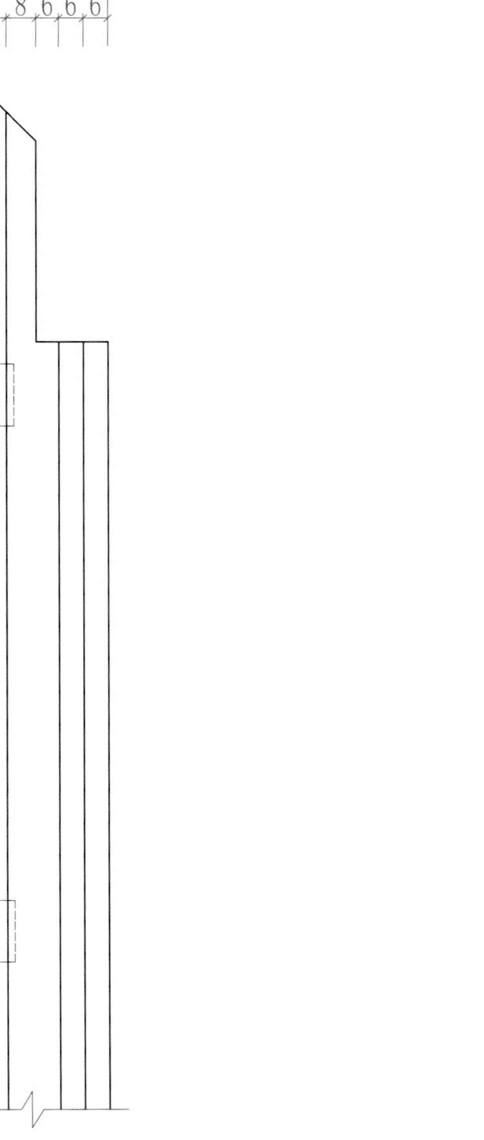

比例：1:2

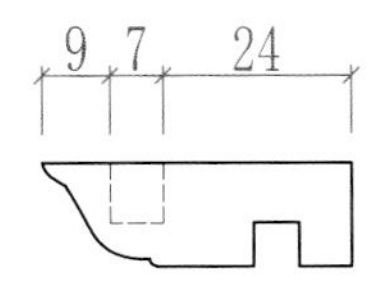

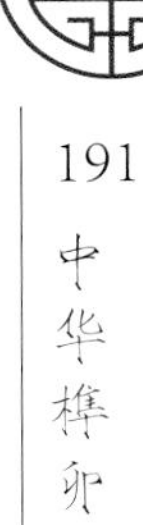

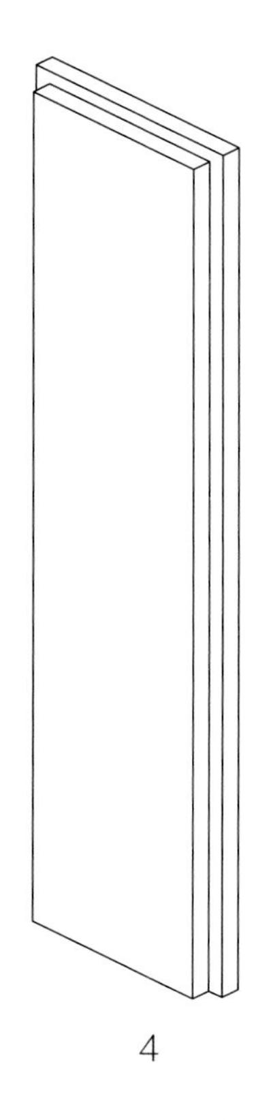

比例：1:2

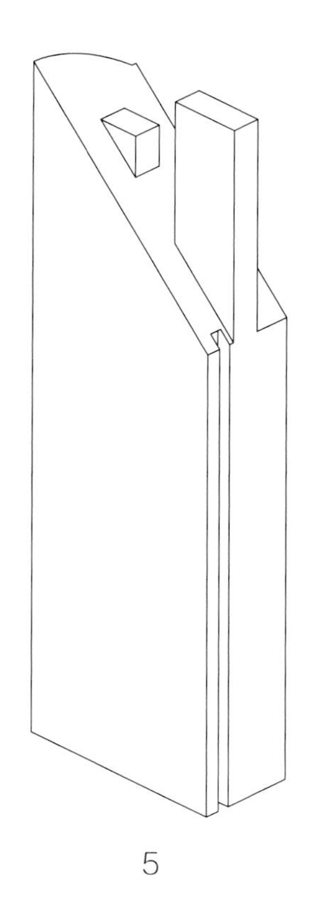
5

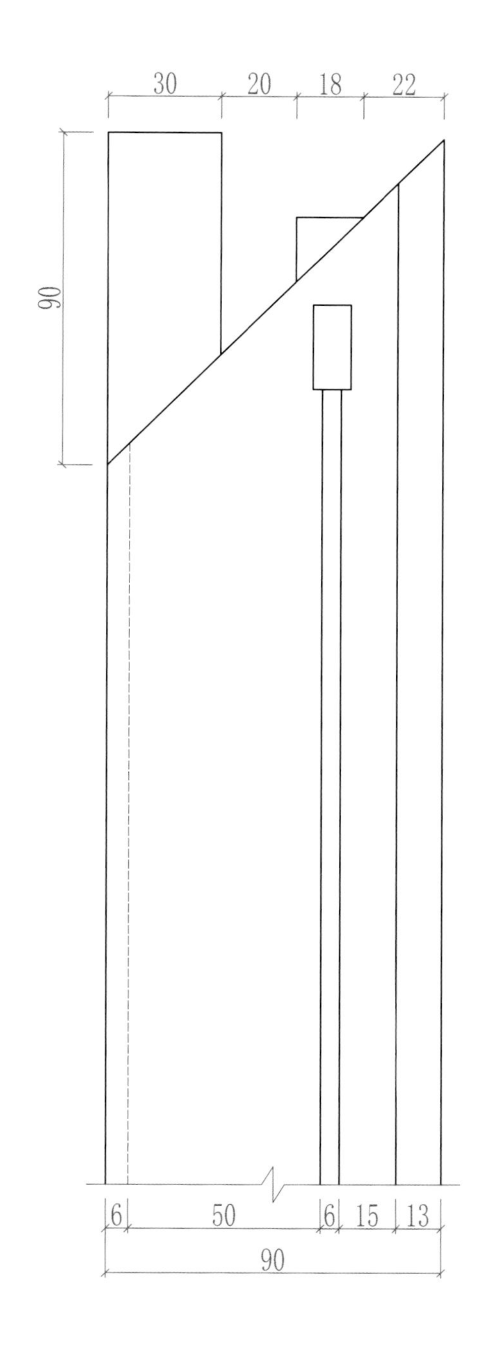
30
20
18
22
90
6
50
6
15
13
90

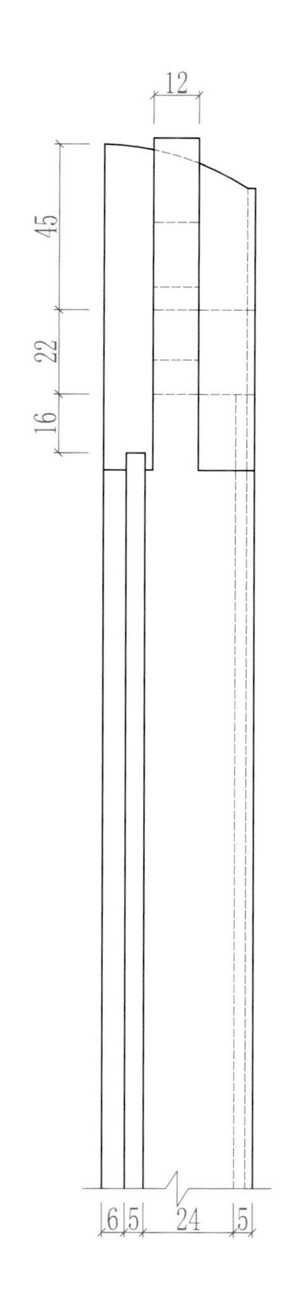
12
45
22
16
6
5
24
5

正视图
左视图
俯视图

比例：1:2

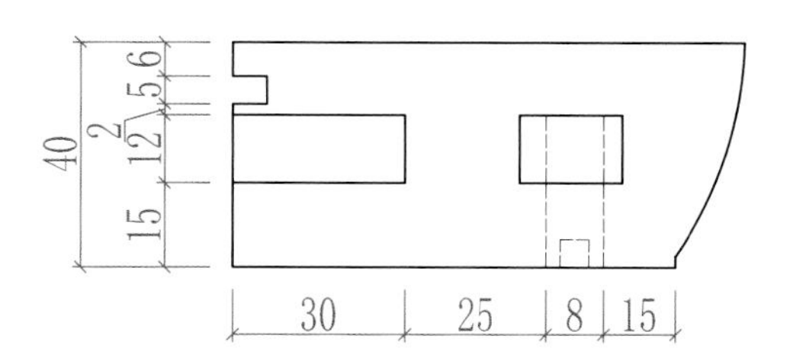
40
5.6
2
12
15
30
25
8
15

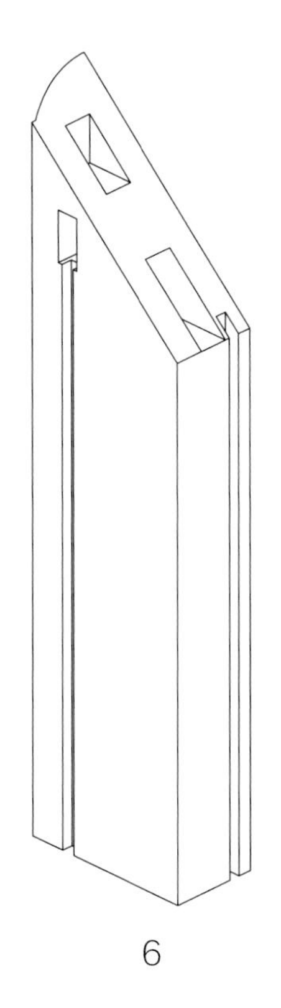

6

16
22
21
30
59
13
15
6
50
6
90

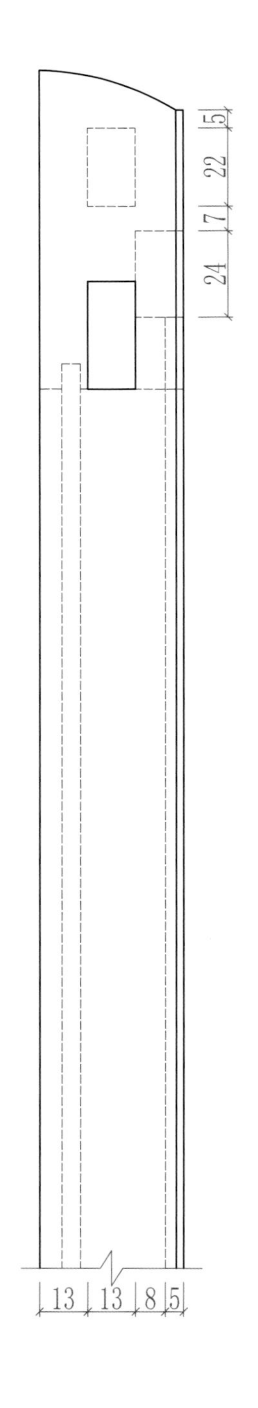
5
22
7
24
13
13
8
5

正视图
左视图
俯视图

比例：1:2

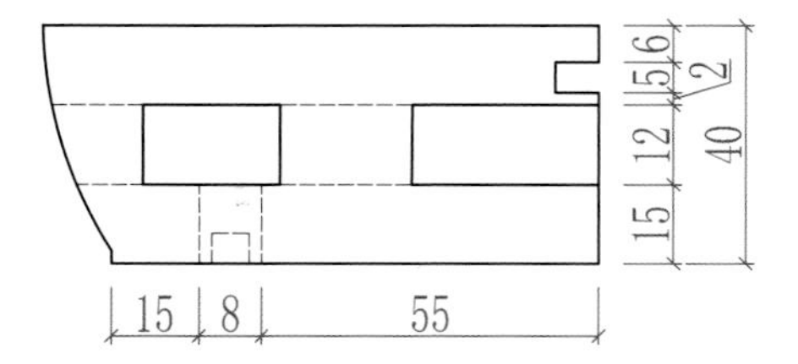
6
5
2
12
40
15
15
8
55

四十六、抱肩榫3（无束腰，四面平结构）

四面平结构也是抱肩榫的一种形式，省略了束腰，给人以方正、简洁的感觉，这是明式家具的一种视觉元素。

应用部位：适合无束腰结构。

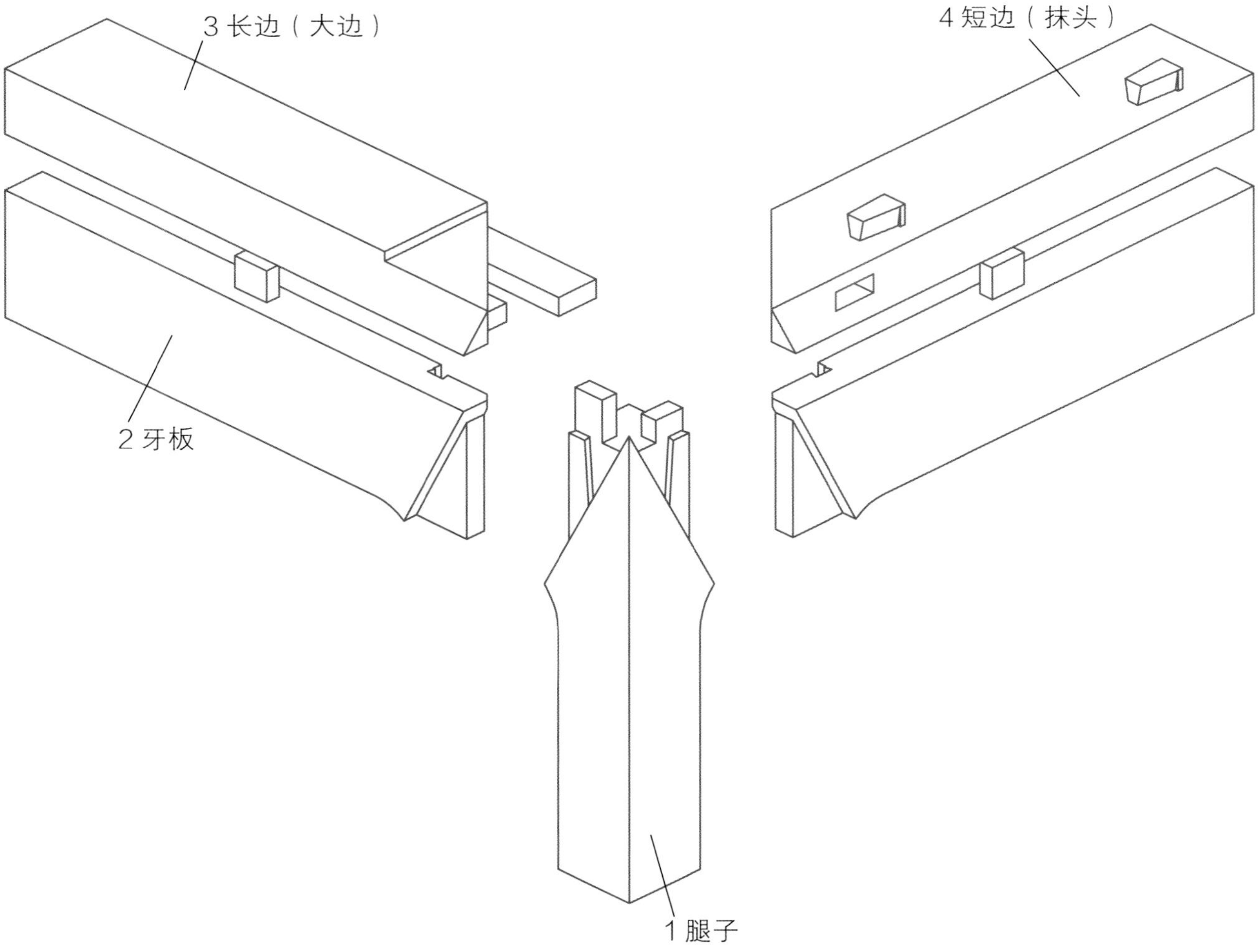

3 长边（大边）

4 短边（抹头）

2 牙板

1 腿子

◆ **制作注意事项：** 一般四面平结构围板下不再设拉枨，大部分按传统做法装霸王枨，但霸王枨受力不大，桌面和腿之间的牢固主要靠围板，所以四面平结构的围板都要偏厚，造成了围板里面和围板的榫舌里面不在一个平面上（大部分抱肩榫围板里面和围板的三角榫舌在一个平面上）。另外四面平结构腿足上面的格肩也有不格到桌面边的；四面平抱肩榫细节上的做法和别的抱肩榫一样。围板三角形榫舌的下边做了微小格肩处理。

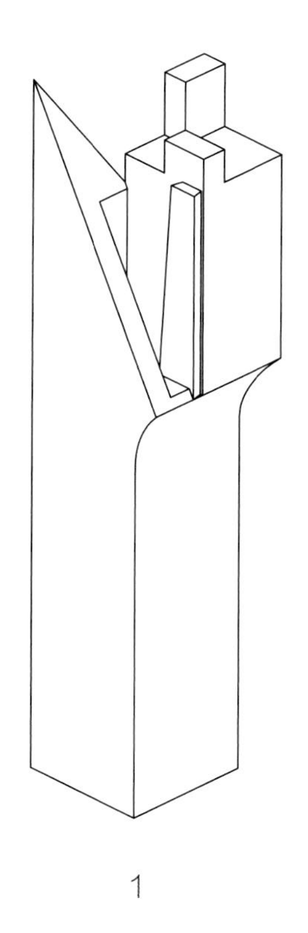

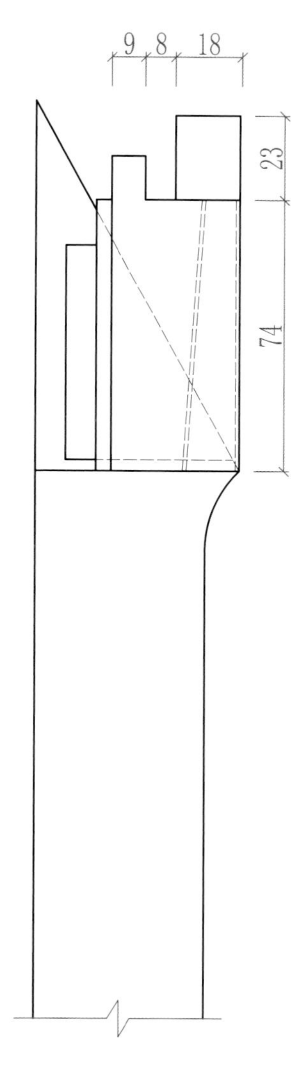

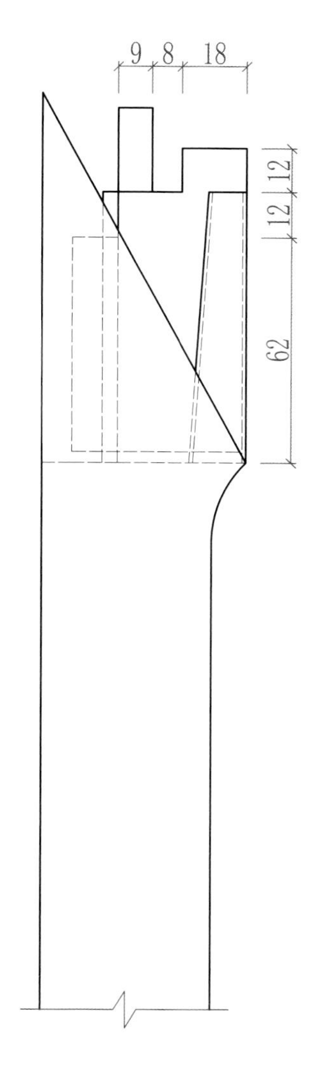

正视图	左视图
俯视图	

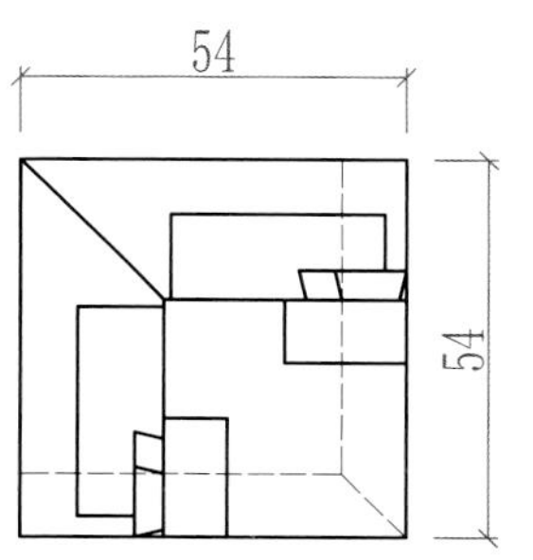

比例：1:2

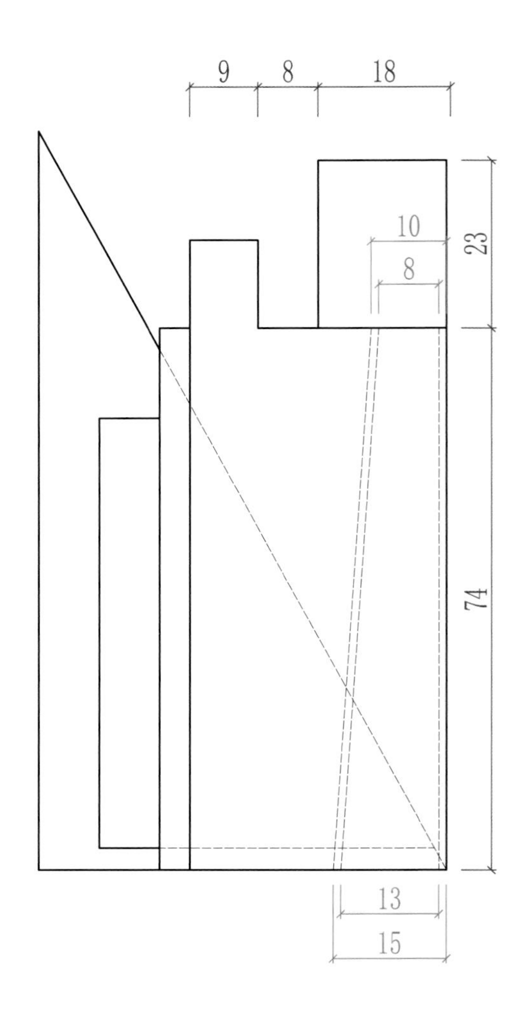

9
8
18
23
10
8
74
13
15

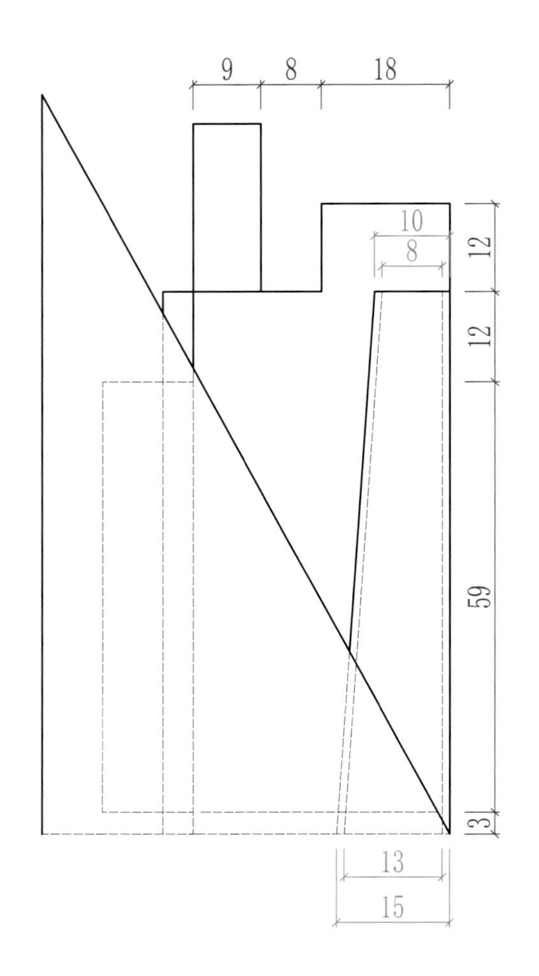

9
8
18
10
8
12
12
59
3
13
15

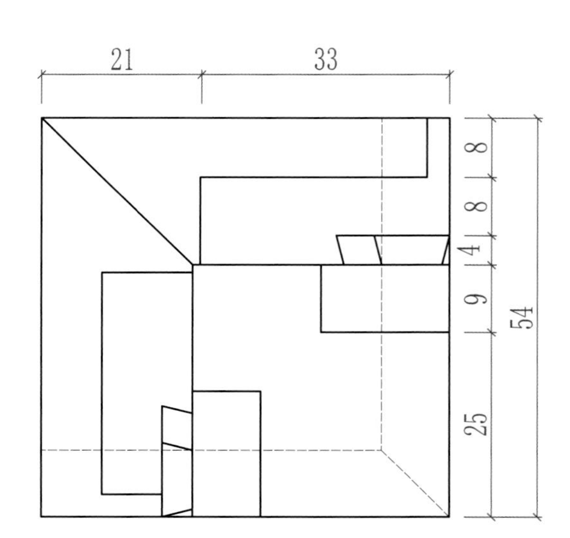

21
33
8
8
4
9
54
25

1

正视图
左视图
俯视图

大样图比例：1:1

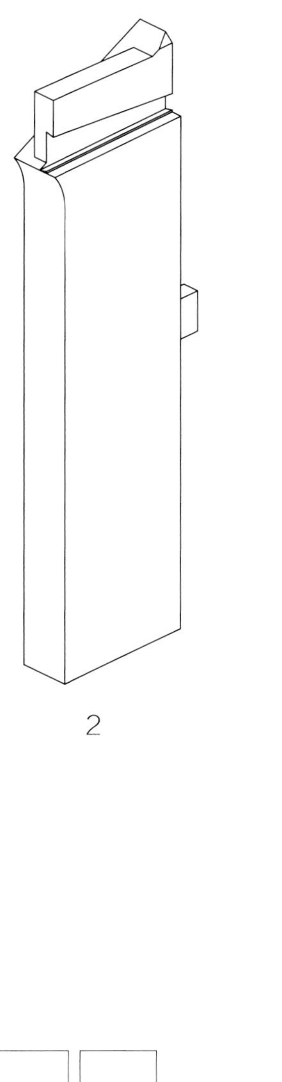

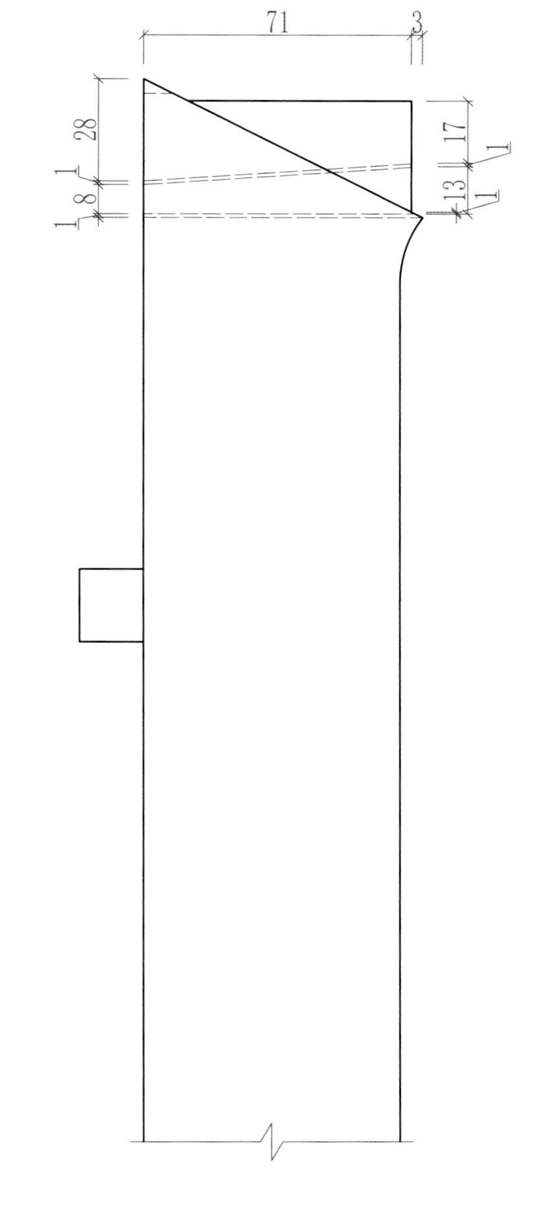

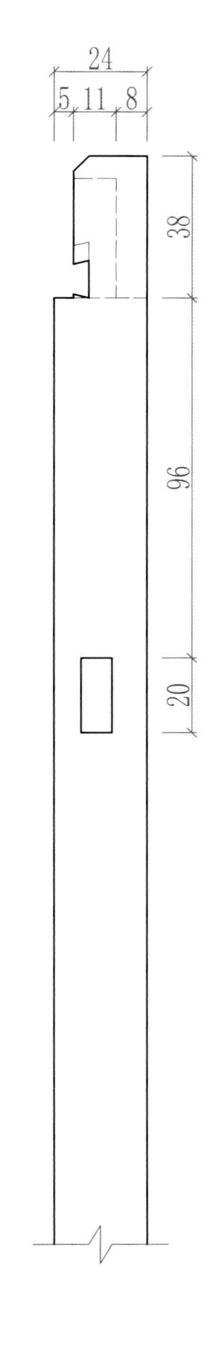

正视图	左视图
俯视图	

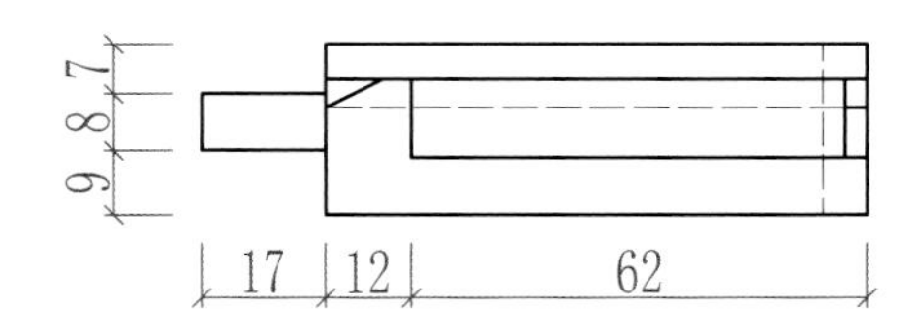

比例：1:2

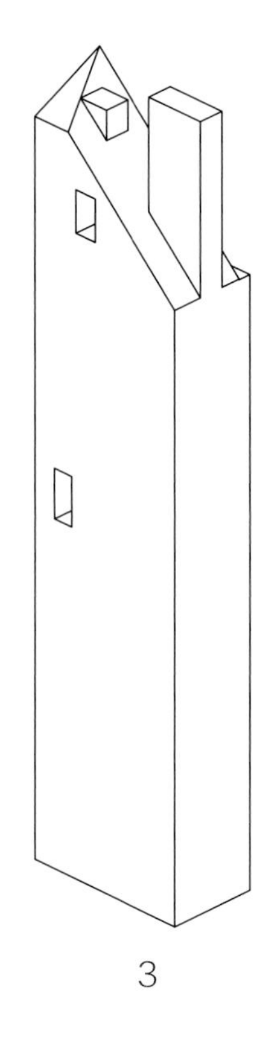

3

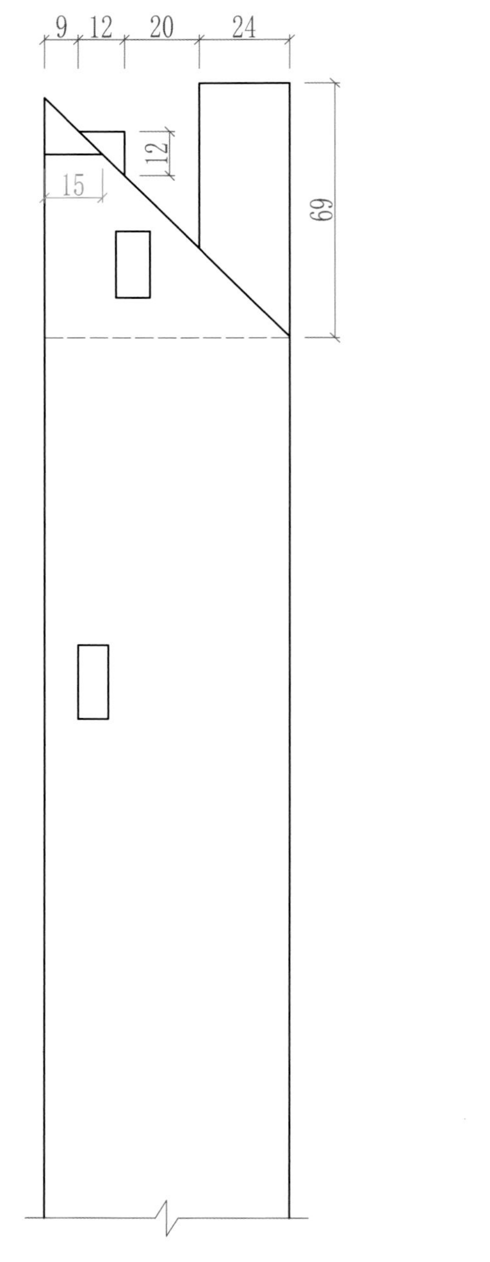
9
12
20
24
12
15
69

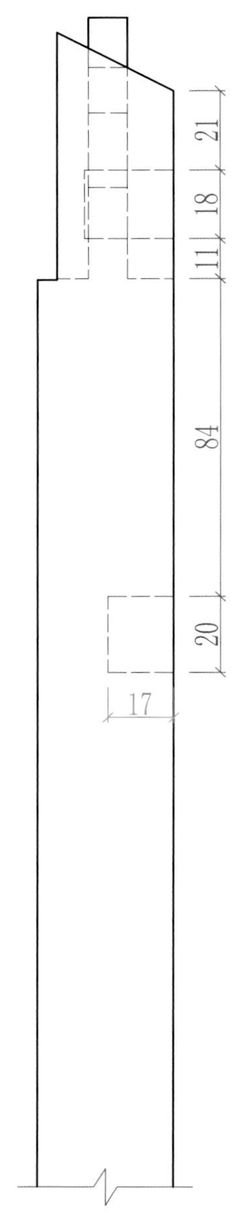
21
18
11
84
20
17

正视图
左视图
俯视图

比例：1:2

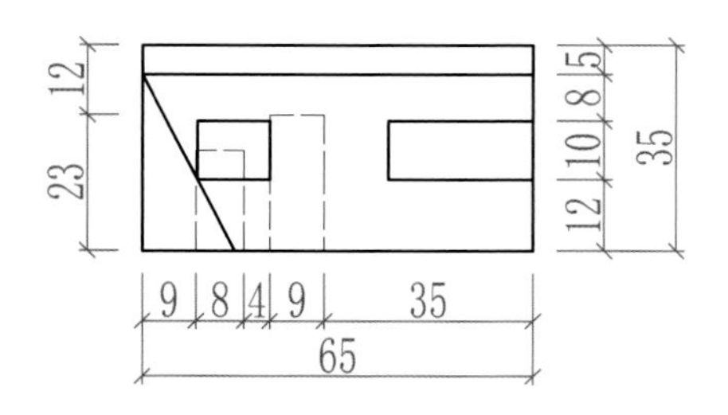
12
23
8
5
10
12
35
9
8
4
9
35
65

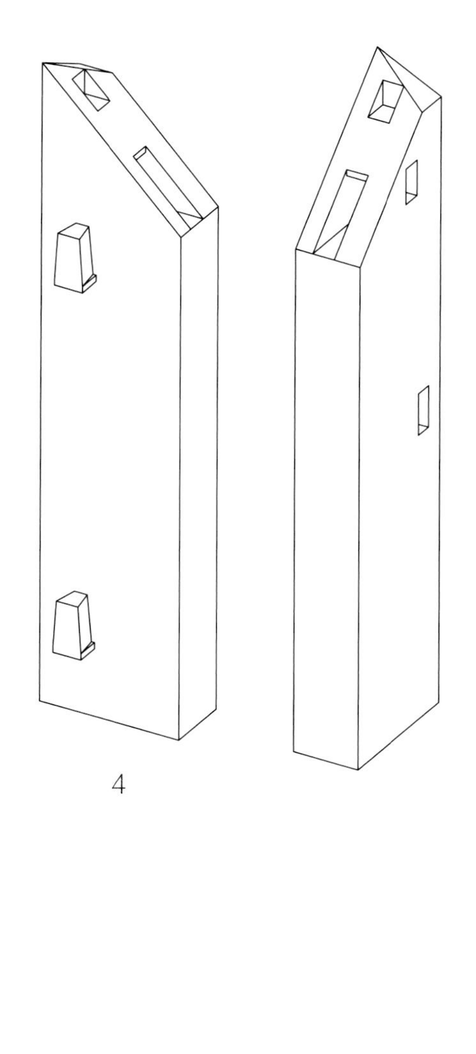

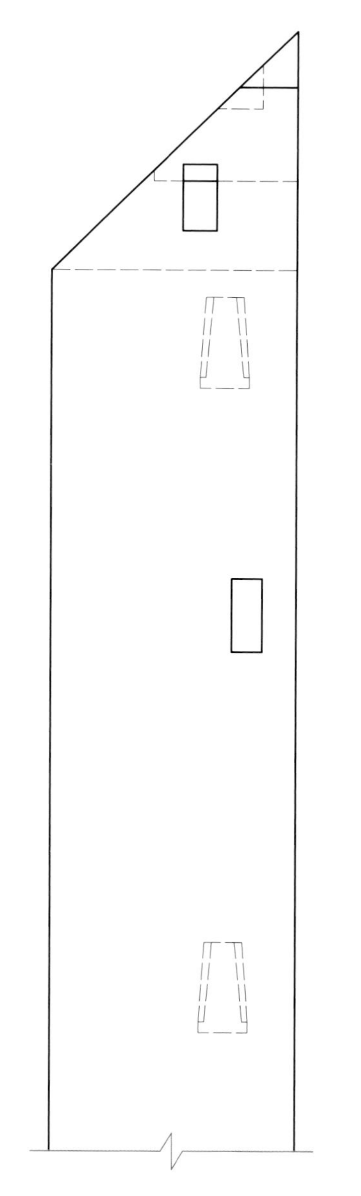

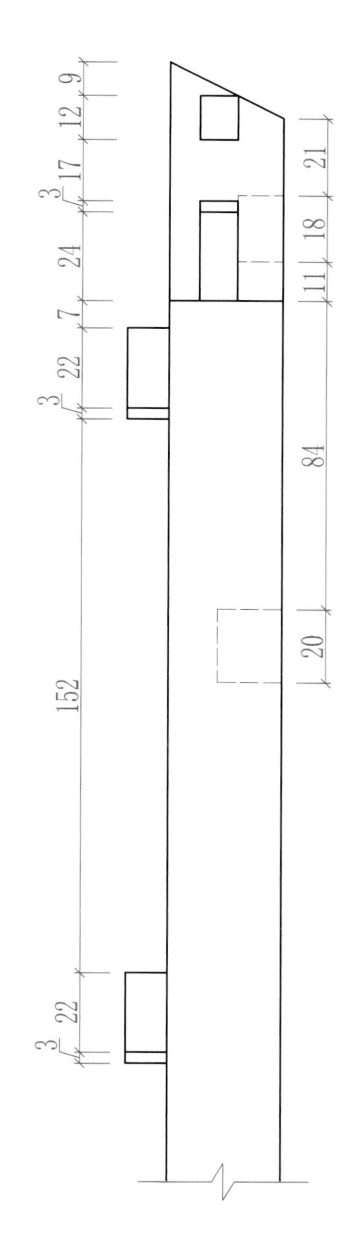

正视图	左视图
俯视图	

比例：1:2

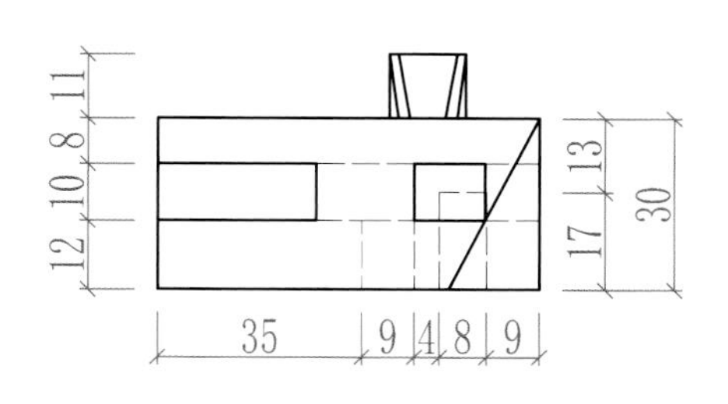

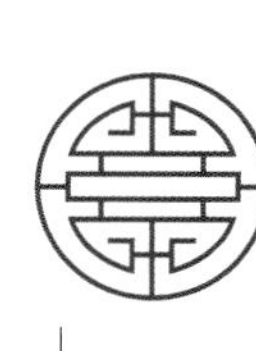

四十七、抱肩榫 4（专用于家具底座或摆件底座）

为了增加家具美感，往往不让家具的腿直接落地，家具下面配底座，底座外形弧度往往很夸张，以满足设计要求。

应用部位：柜类、字台类或摆件的下座。

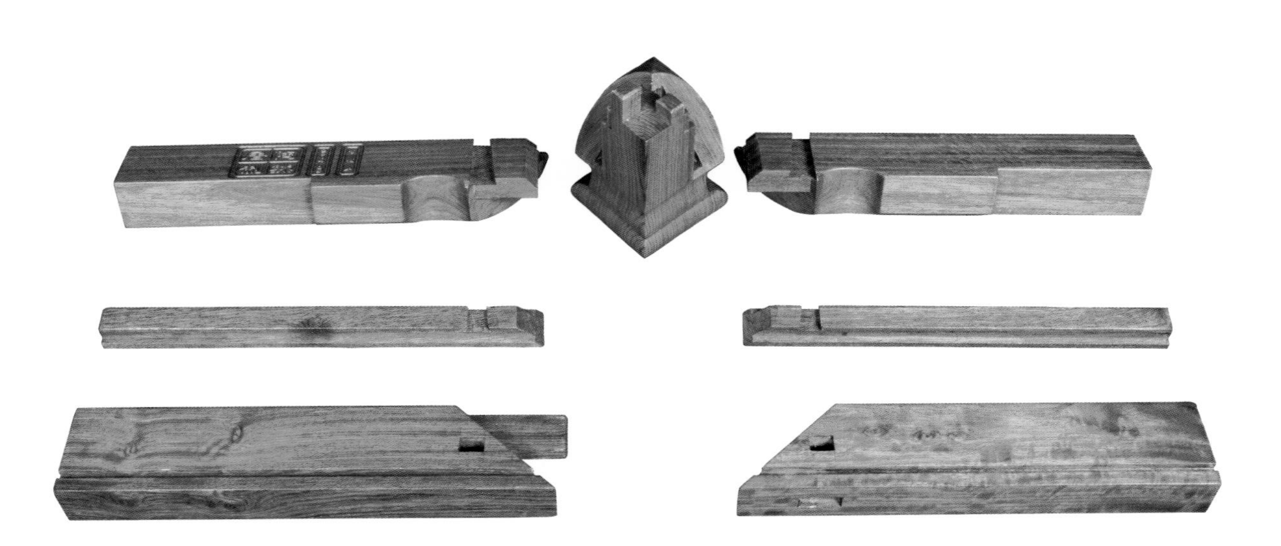

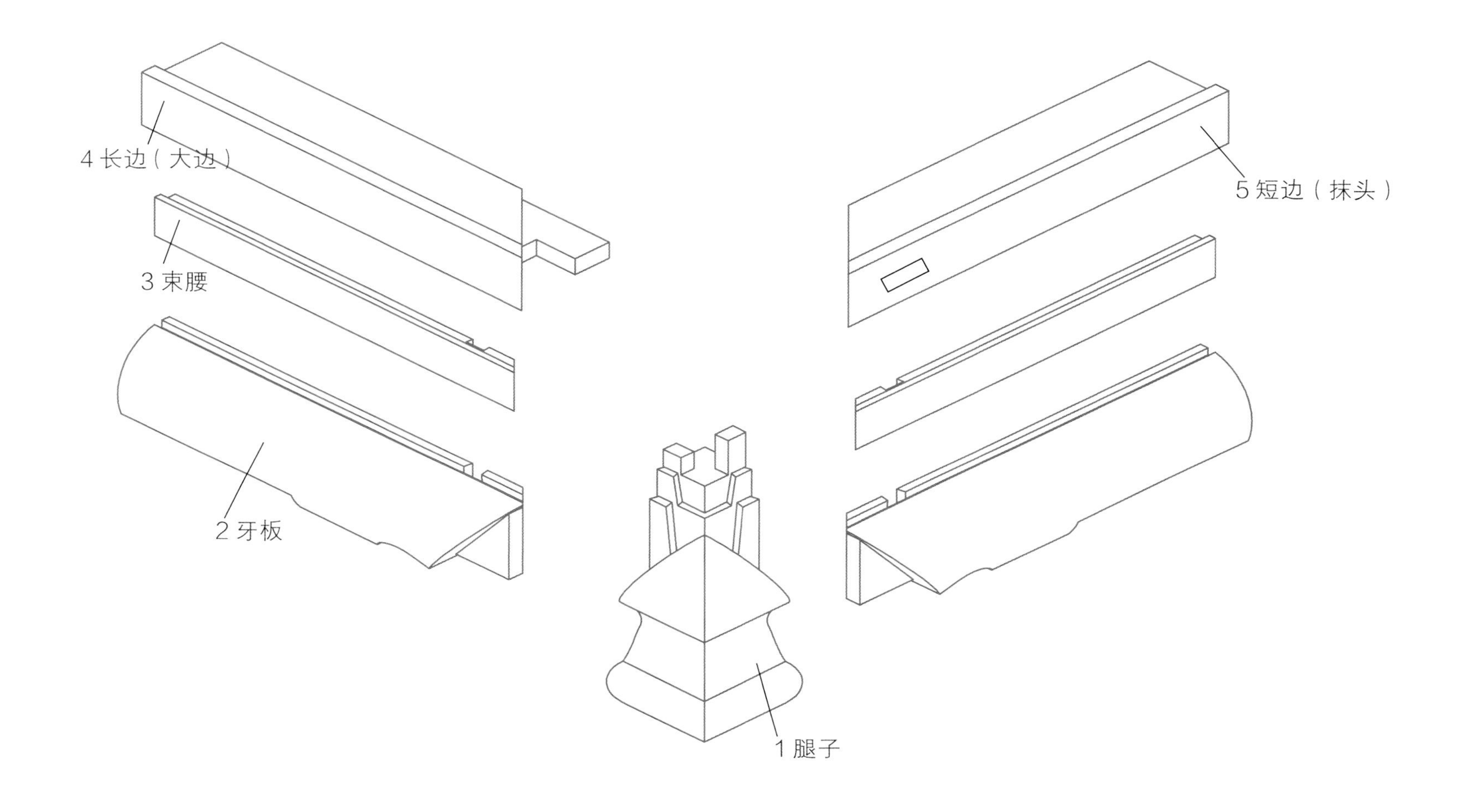

◆ **制作注意事项：** 这种结构的做法和其他抱肩榫相同。束腰也有不做燕尾榫的，相比之下还是做燕尾榫的牢固、讲究，外部造型可随设计者的爱好而变化。围板的外形弧度由围板的厚度决定。围板的三角形榫舌下边做了微小“格肩”处理，能减轻围板圆角处和腿子接触面部位的“掉肉”现象。

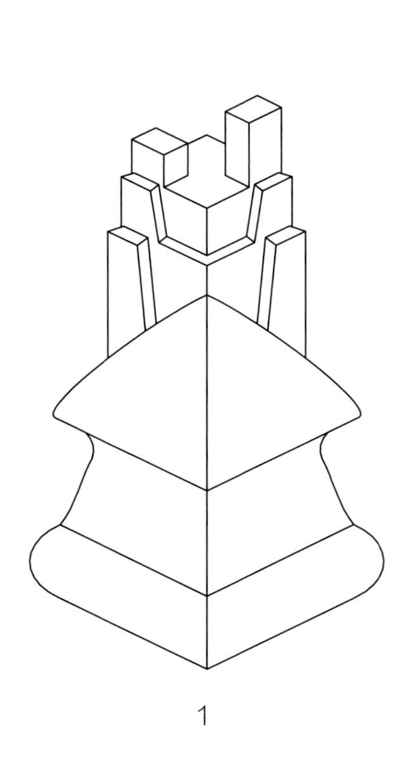

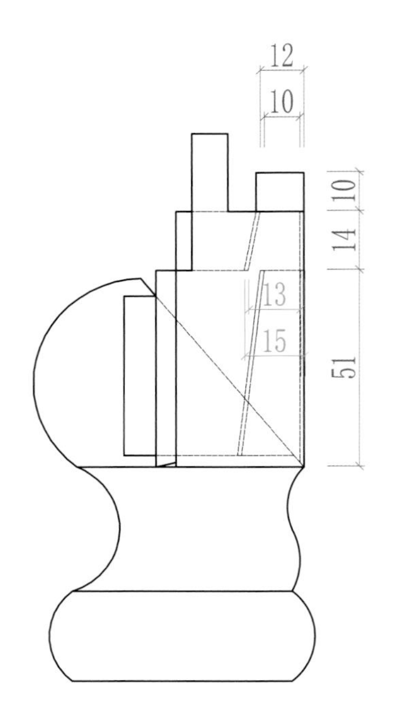

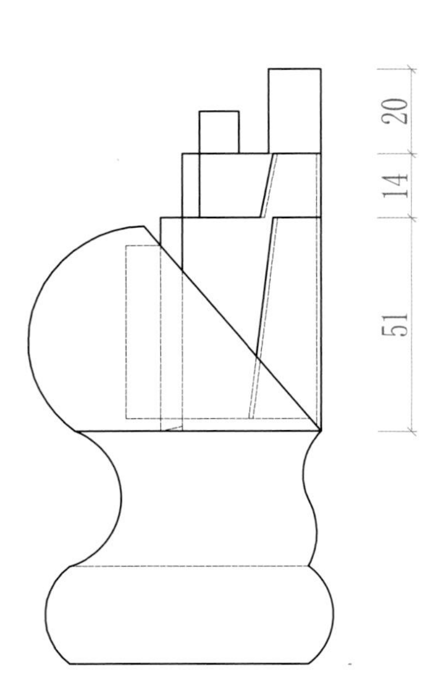

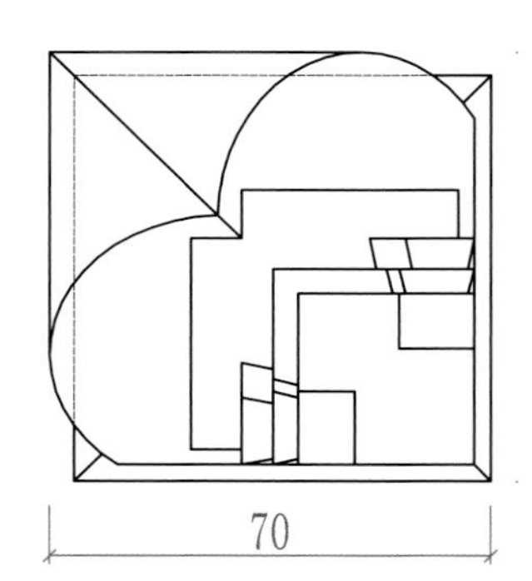

正视图	左视图
俯视图	

比例：1:2

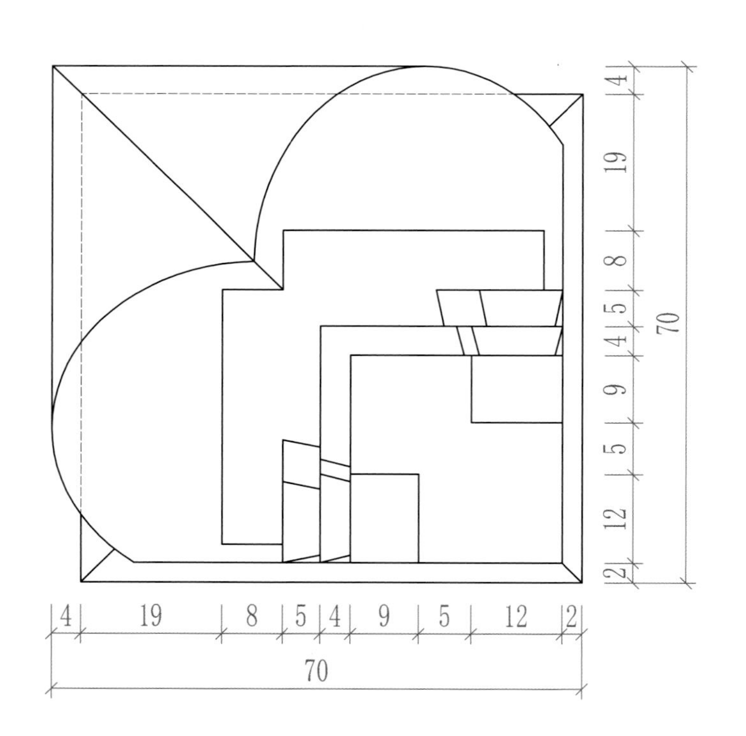

俯视图

大样图比例：1:1

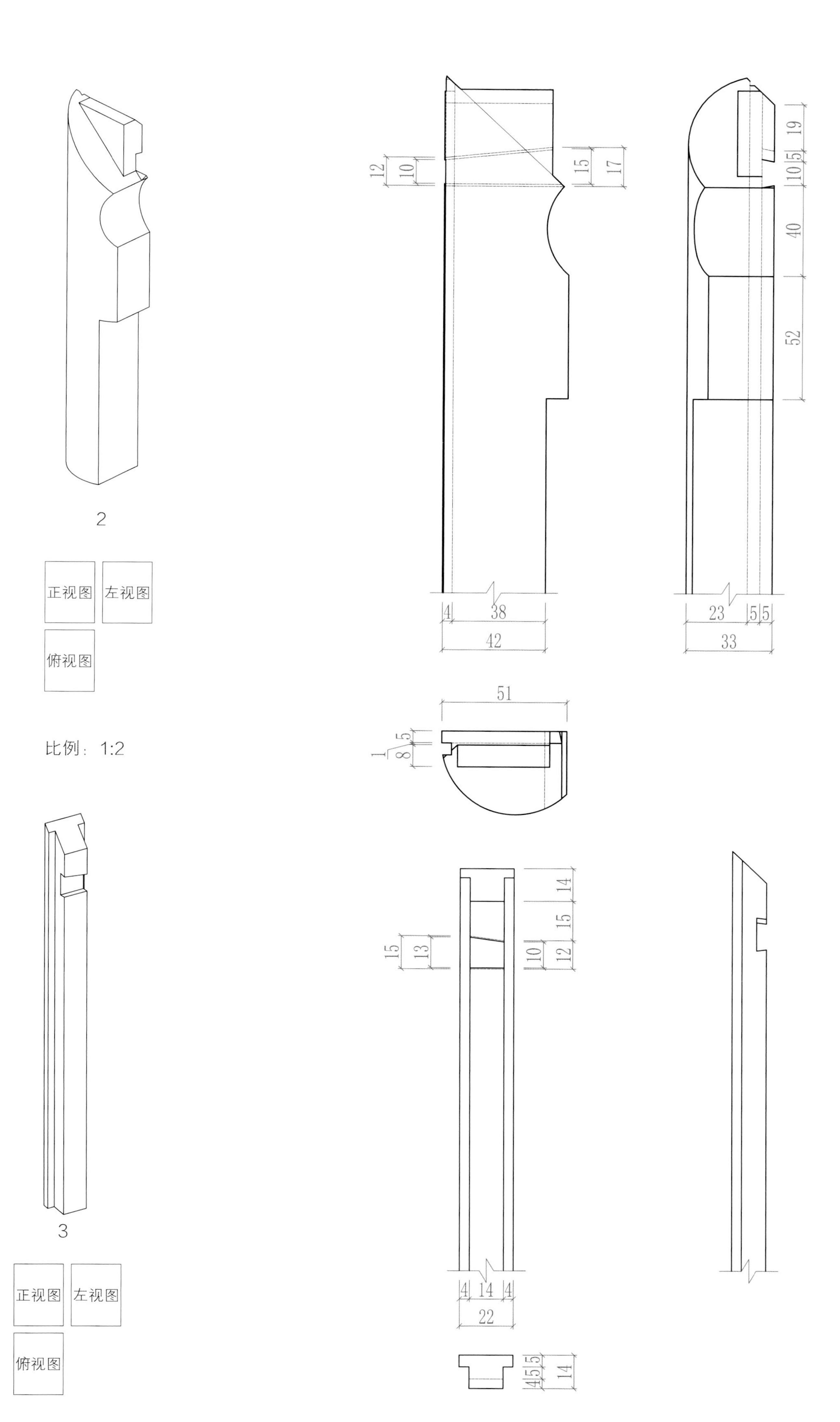
2
正视图
左视图
俯视图
比例：1:2
12
10
15
17
4
38
42
19
5
10
40
52
23
5
5
33
51
5
1
8
3
正视图
左视图
俯视图
14
15
13
15
10
12
4
14
4
22
5
4
5
14

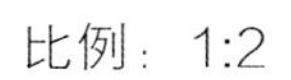
比例：1:2

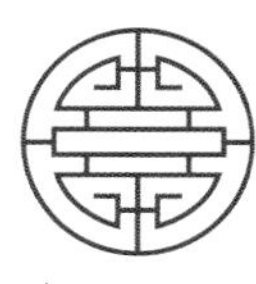

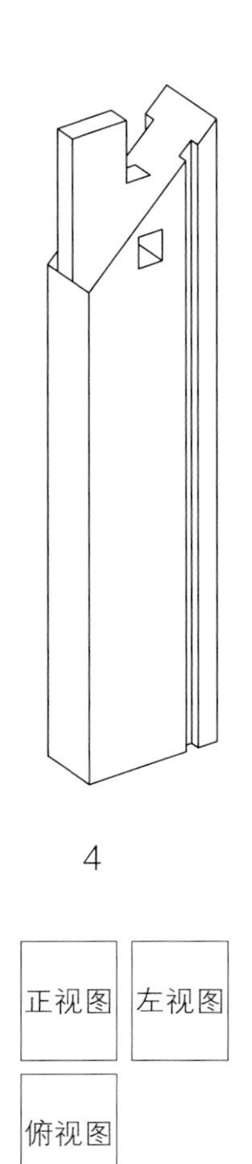

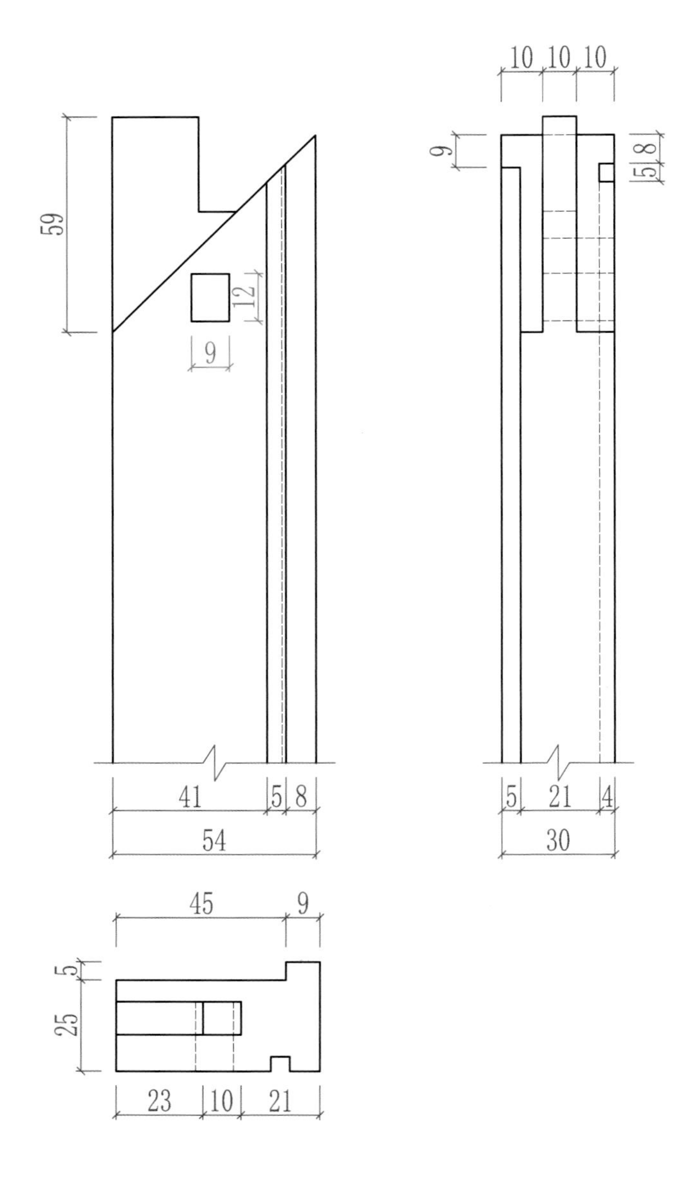

4

正视图 左视图

俯视图

比例：1:2

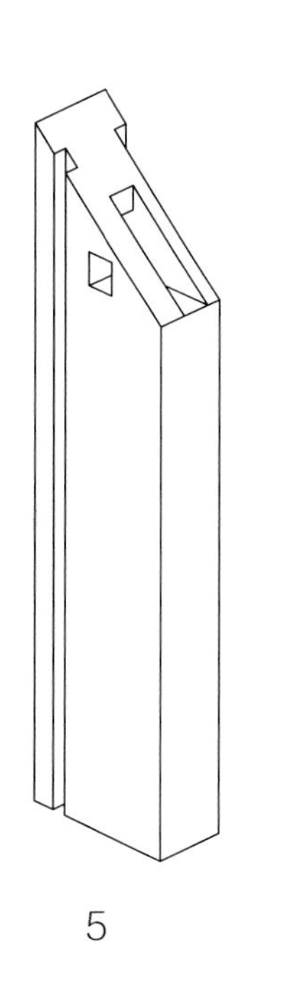

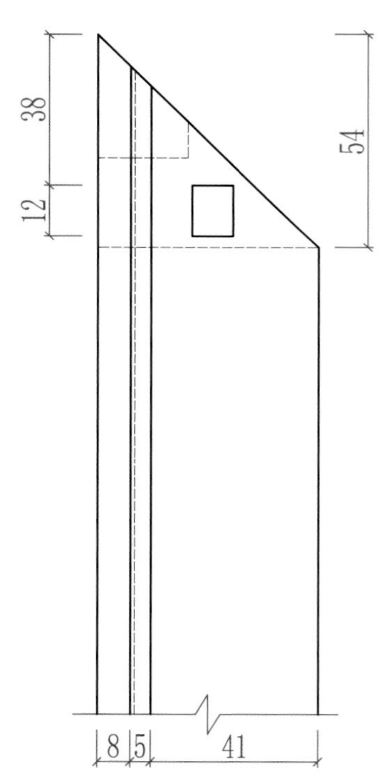

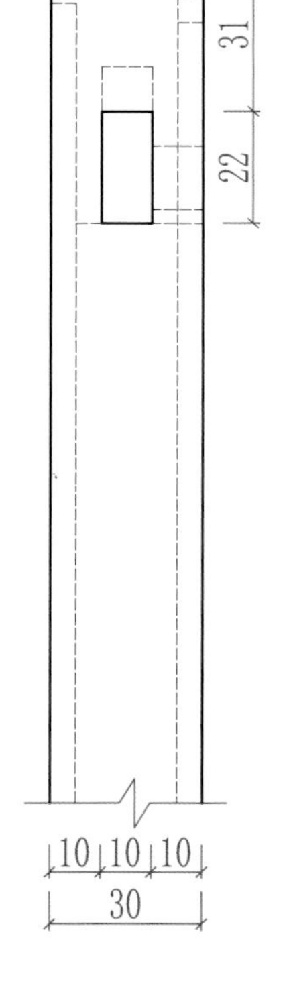

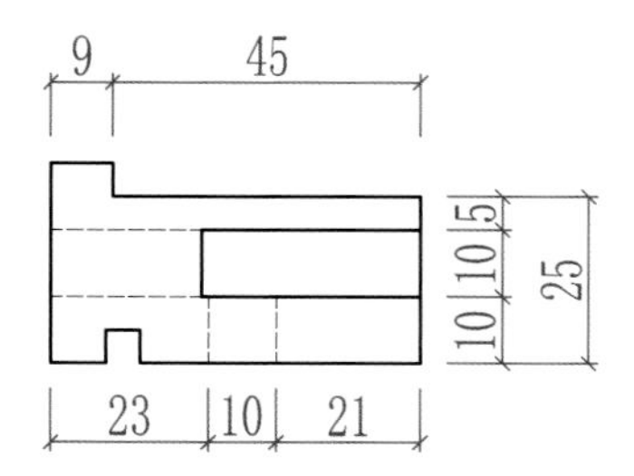

5

正视图 左视图

俯视图

比例：1:2

四十八、抱肩榫 5

这种抱肩榫是由面边、束腰、压条、围板和腿组成的，束腰和压条用打槽和下销的方法把它们连接起来，它和一木连做抱肩榫的区别在于：省材料；便于加工；围板相对于腿的斜度可以做大，有利于围板做出比较大的弧度；装饰性强，压条表面可以雕各种纹饰。这种结构在红木家具制作中经常用到。

应用部位：床类和沙发类的腿足。

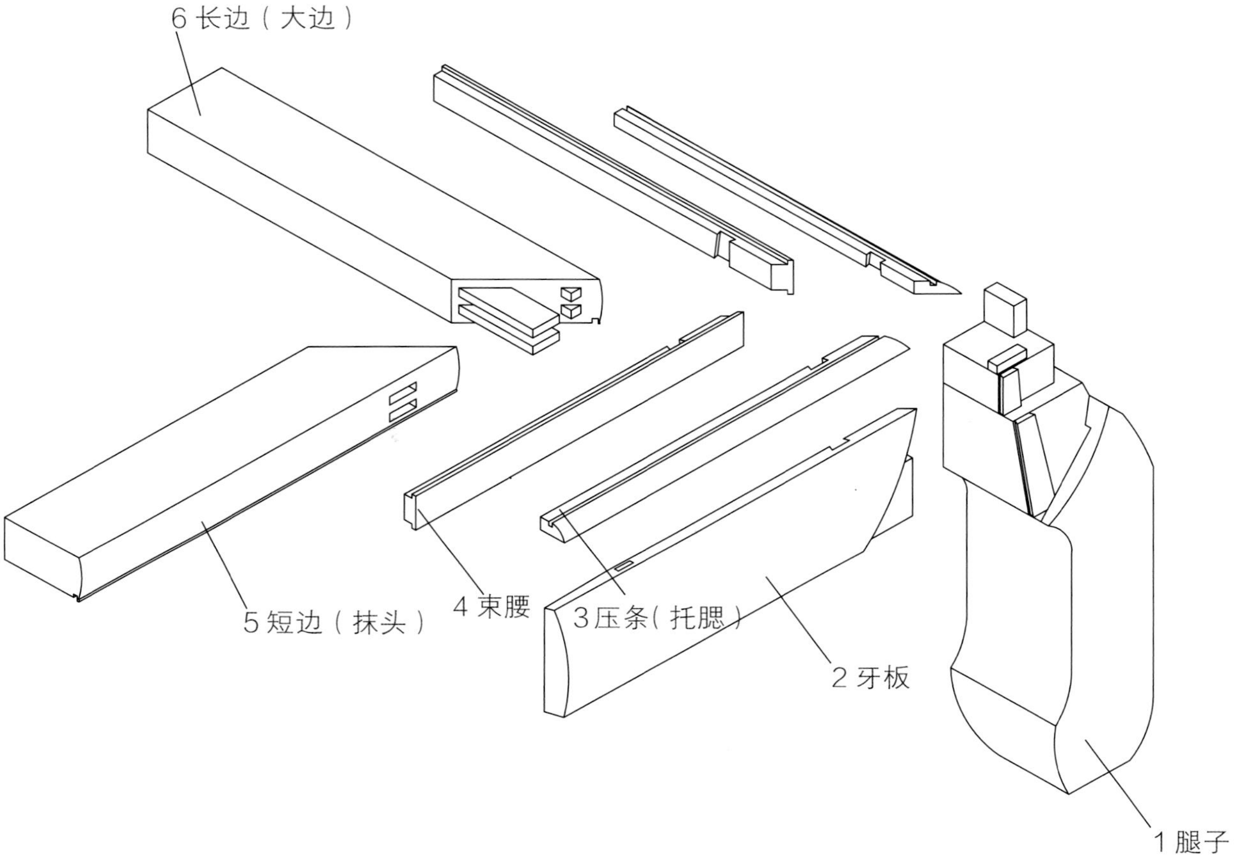

6 长边（大边）

5 短边（抹头）

4 束腰

3 压条（托腮）

2 牙板

1 腿子

◆ **制作注意事项：** 腿上燕尾榫的厚度和宽度要根据腿的大小而定，一般燕尾榫的厚度为 3~6 毫米，抱肩榫的各个榫头接触面要光滑严紧抱肩榫才牢固。在设计抱肩榫时，无论腿子大小，优先要考虑围板三角榫舌的大小，榫舌的端头到燕尾槽口的距离尽量做长，在组装时这里最容易开裂、“掉肉”。另外围板三角形榫舌的下边和腿的接触面处都做了微小格肩处理。

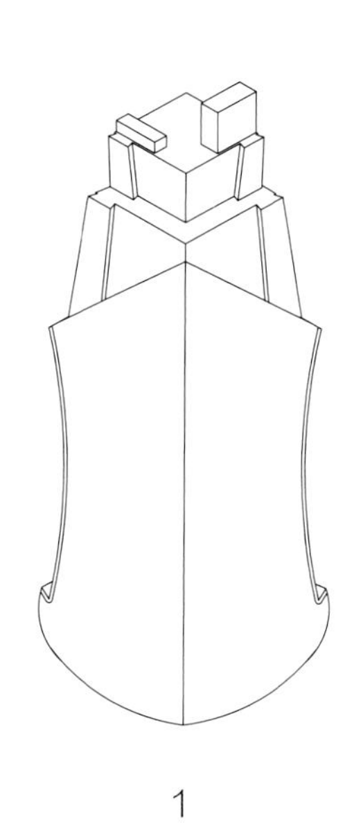

1

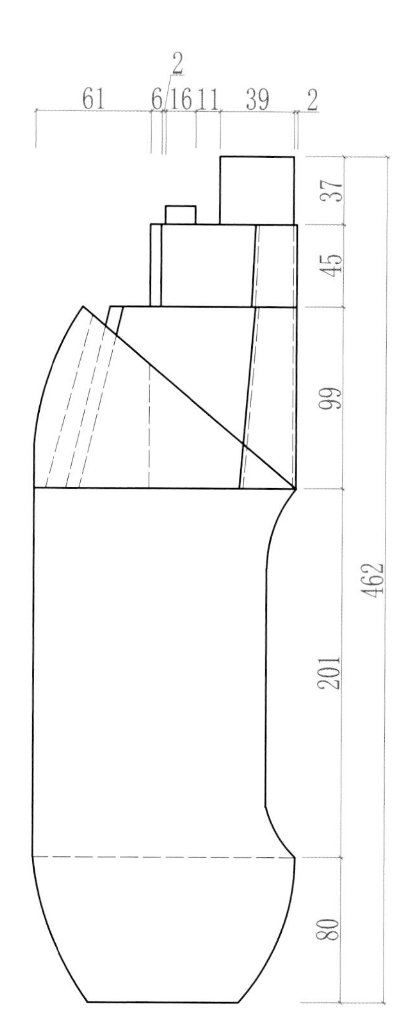

2
61
6
16
11
39
2
37
45
99
462
201
80

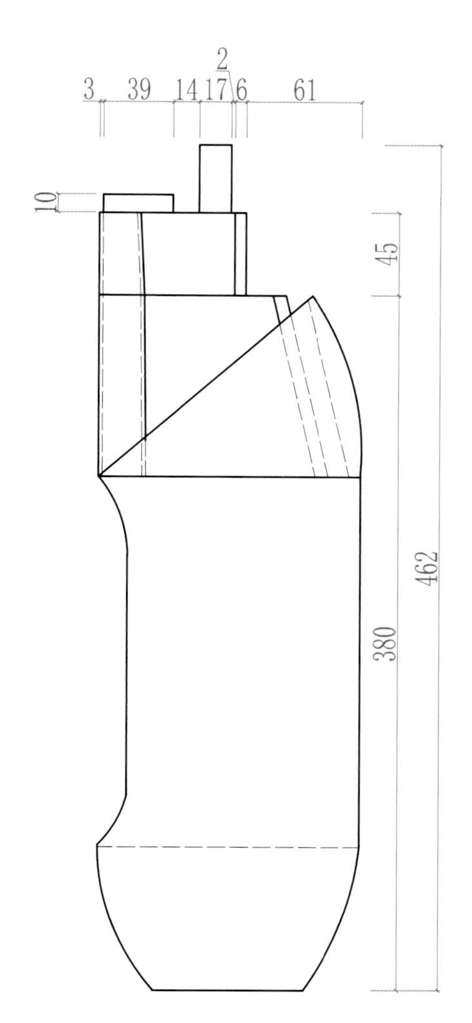

2
3
39
14
17
6
61
10
45
462
380

正视图
左视图
俯视图

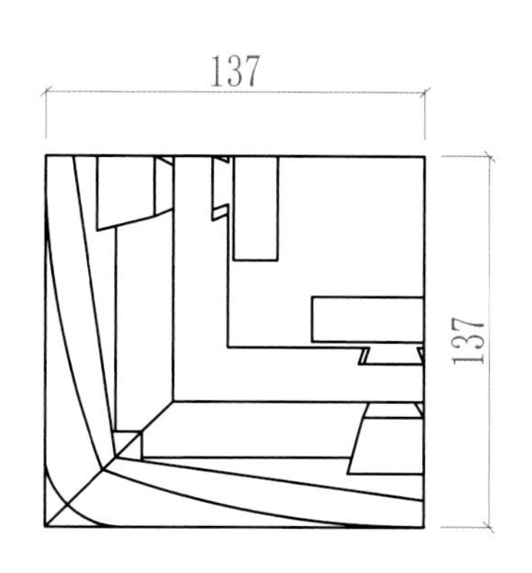

137
137

比例：1:4

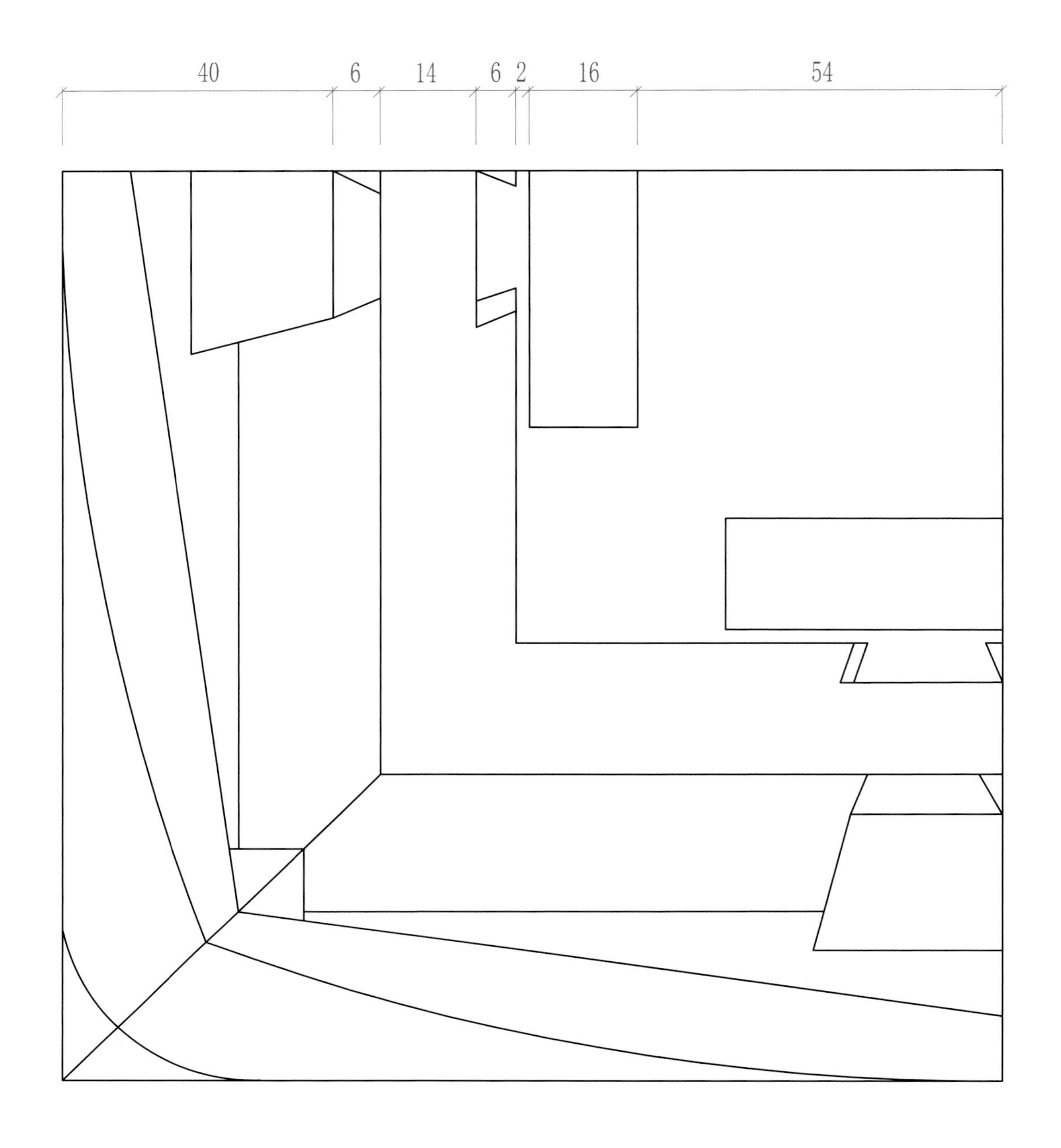

1

俯视图

大样图比例：1:1

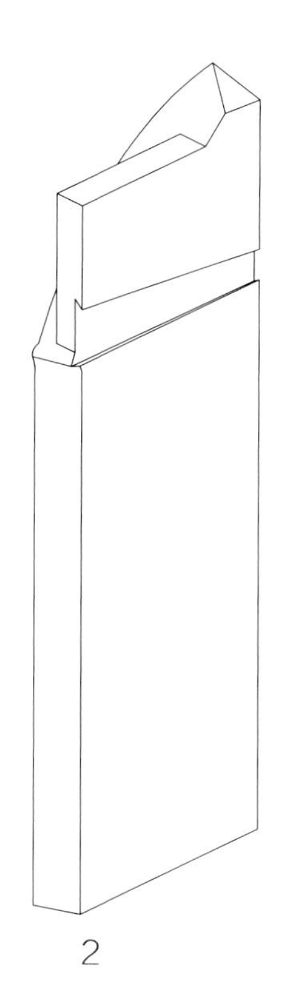

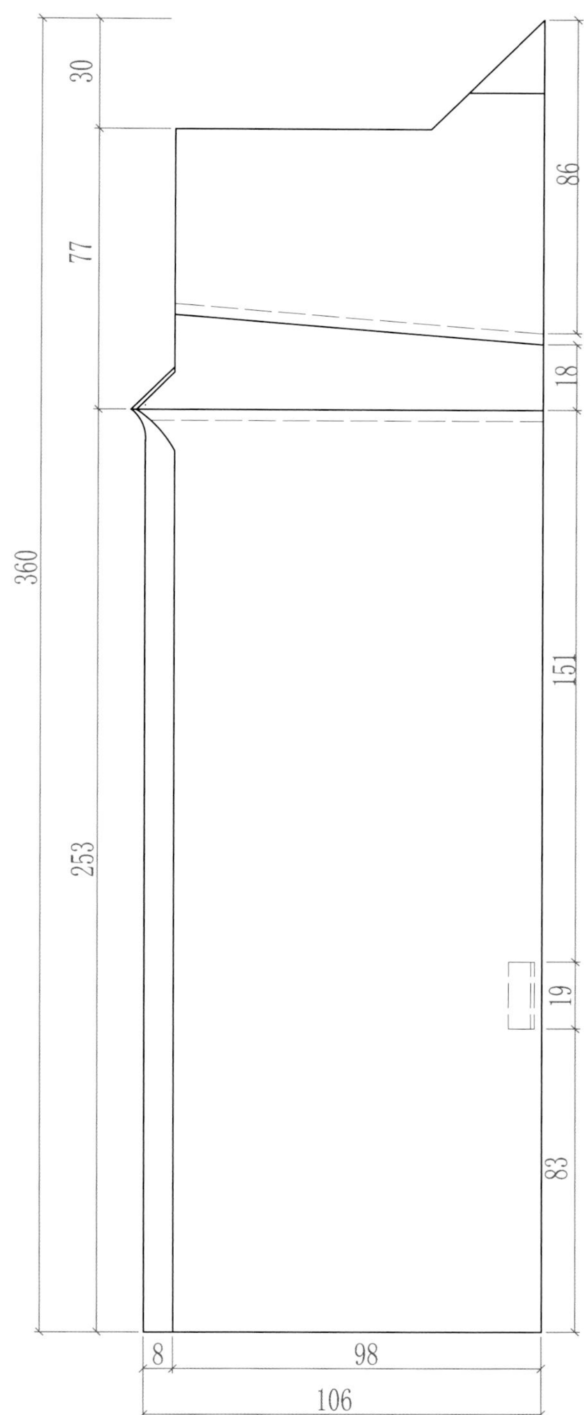

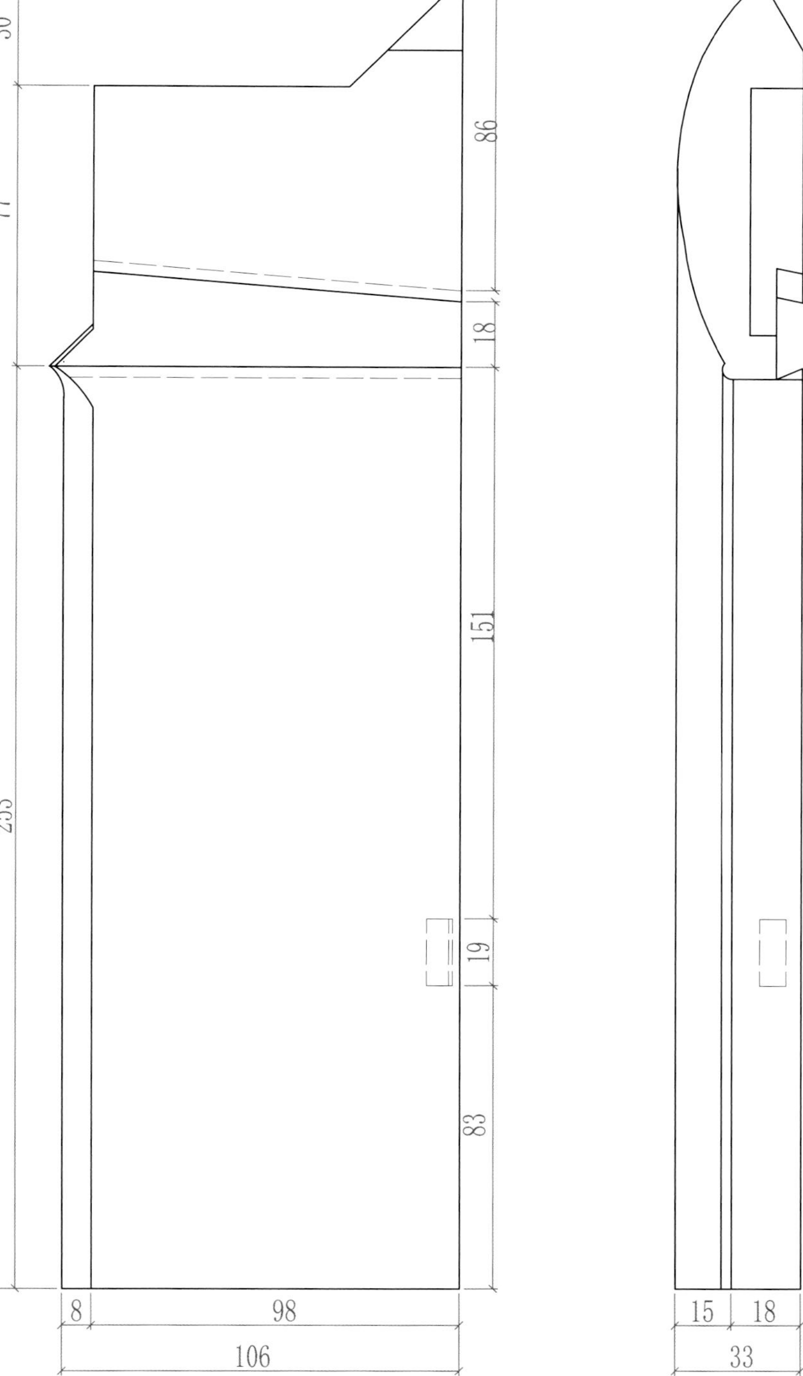

比例：1:2

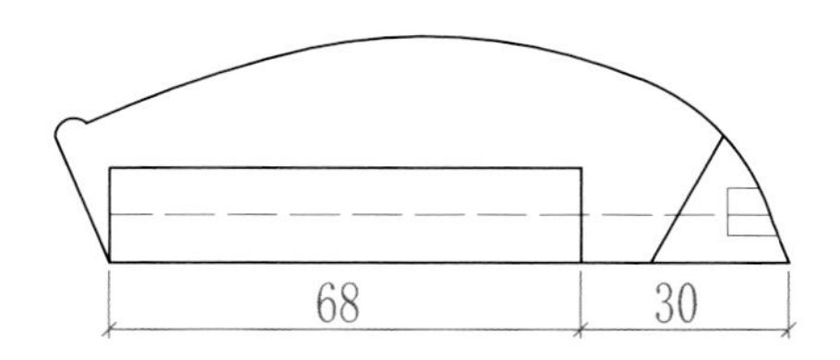

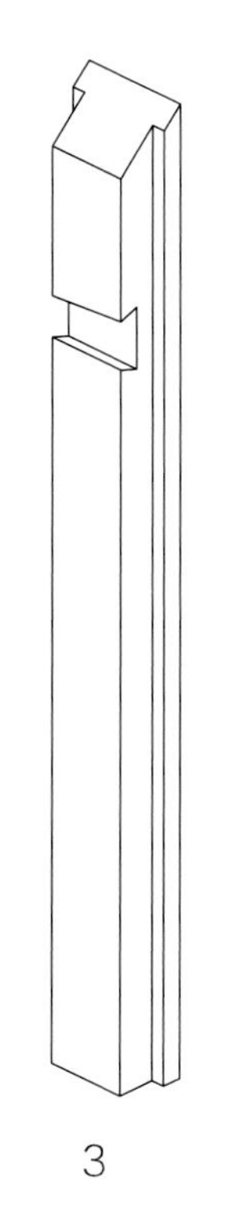

3

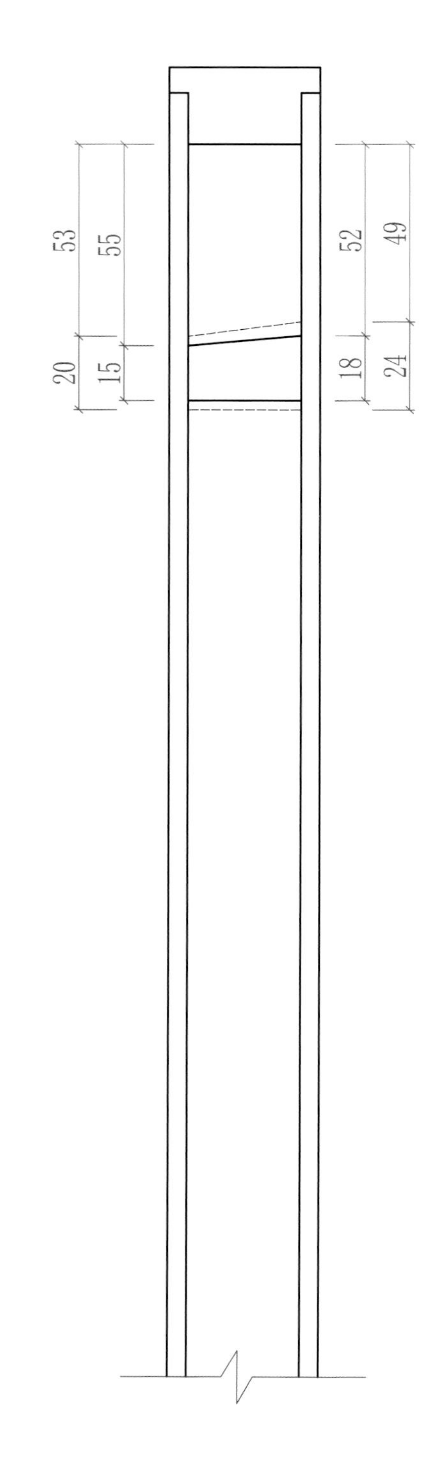

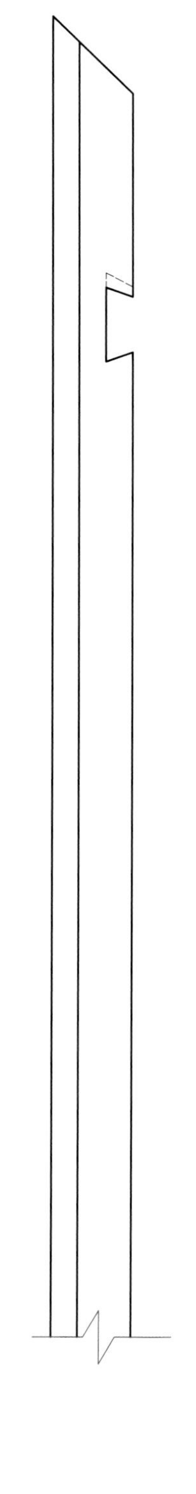

比例：1:2

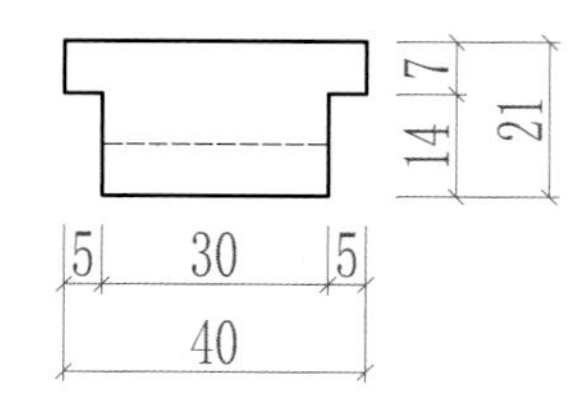

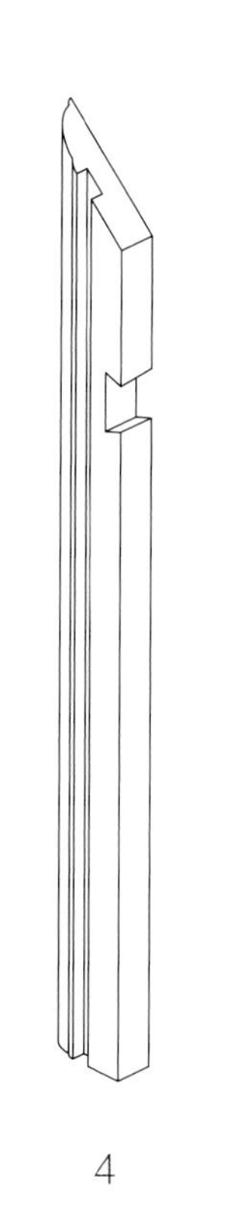

4

正视图 左视图

俯视图

比例：1:2

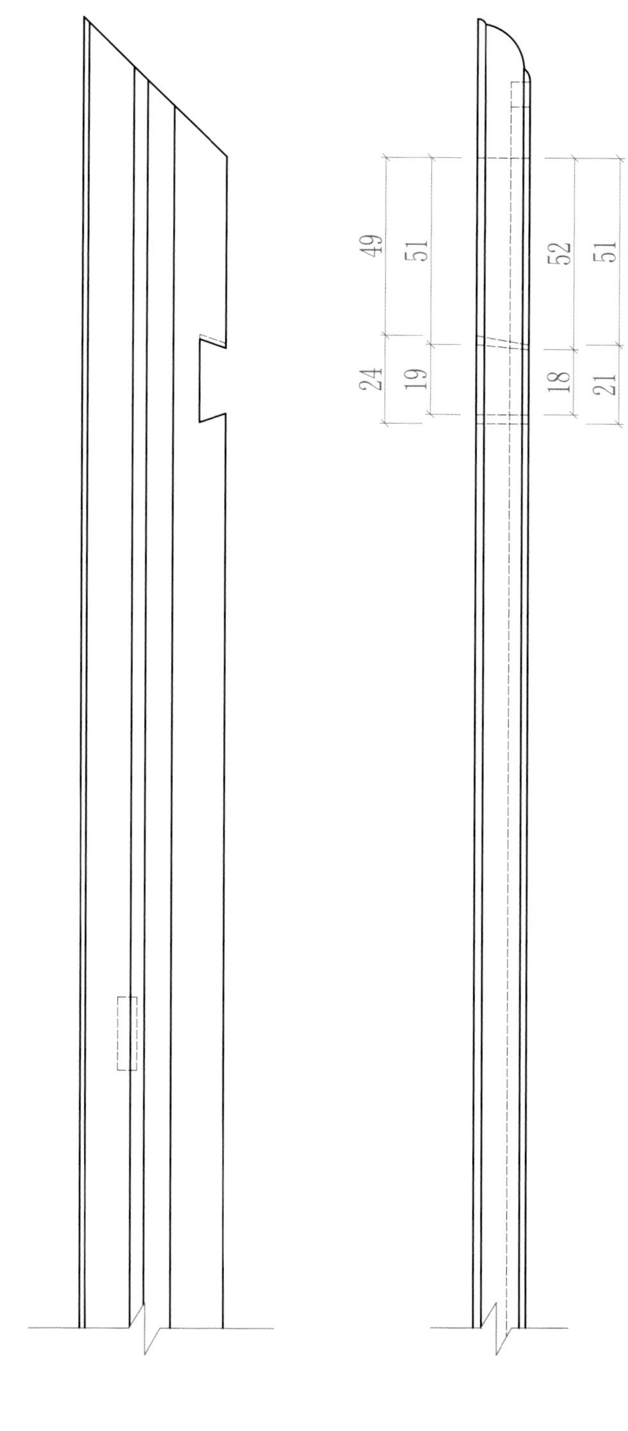

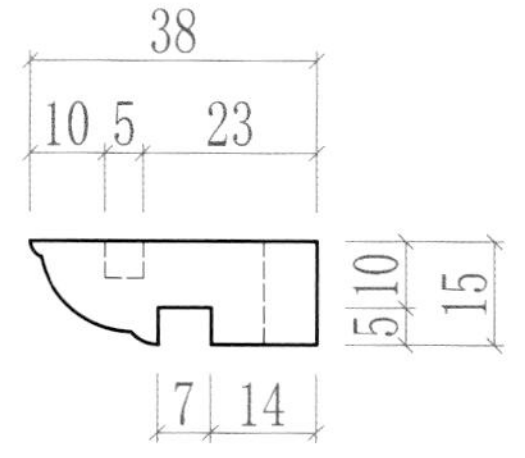

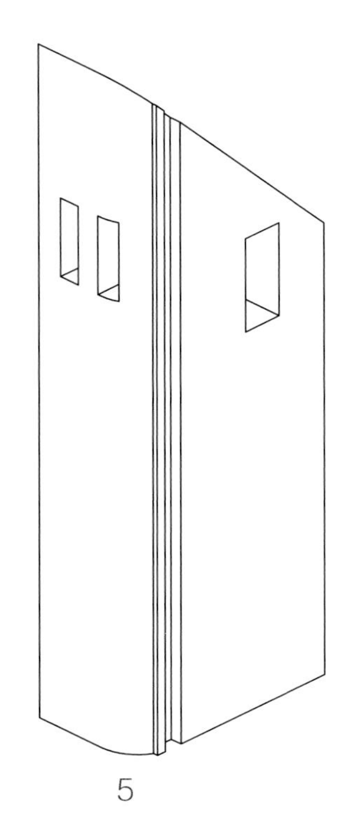

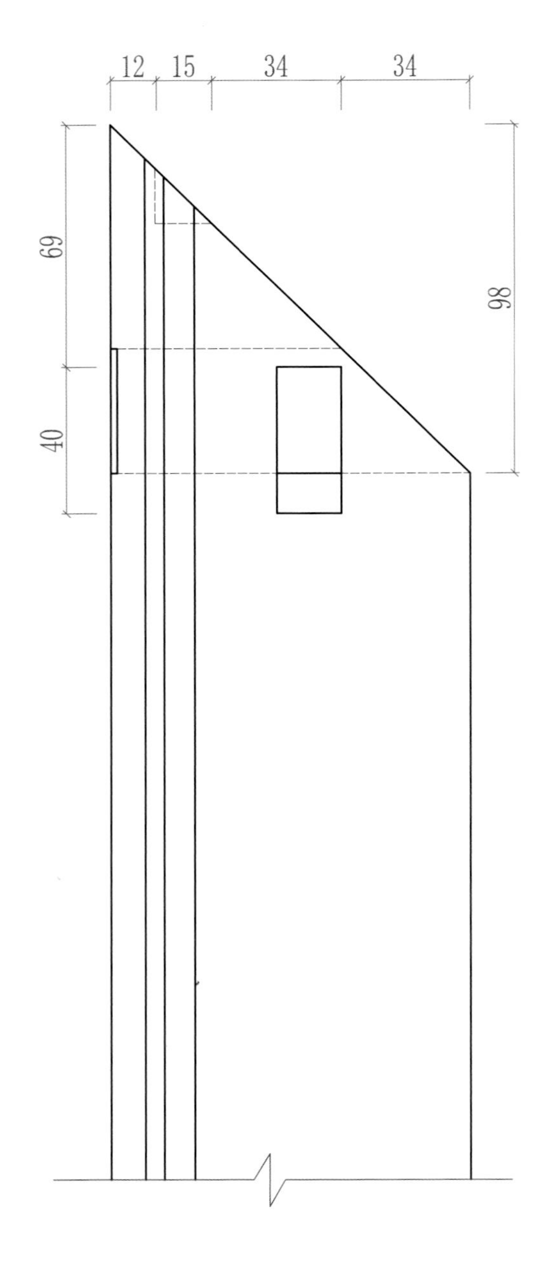

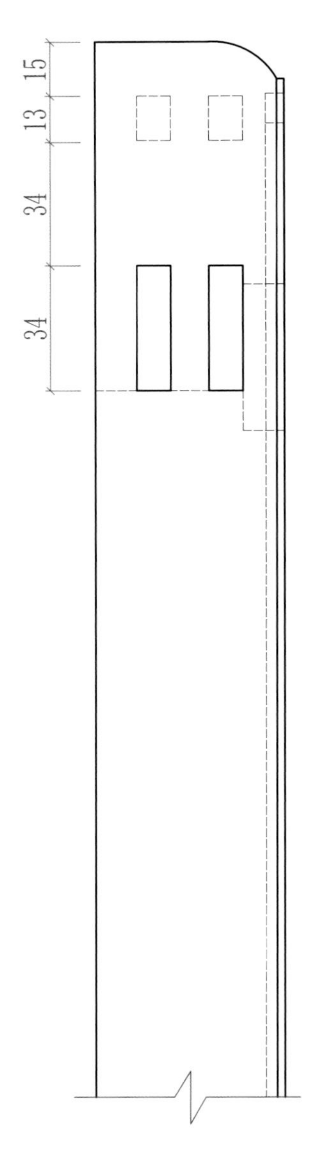

正视图	左视图
俯视图	

比例：1:2

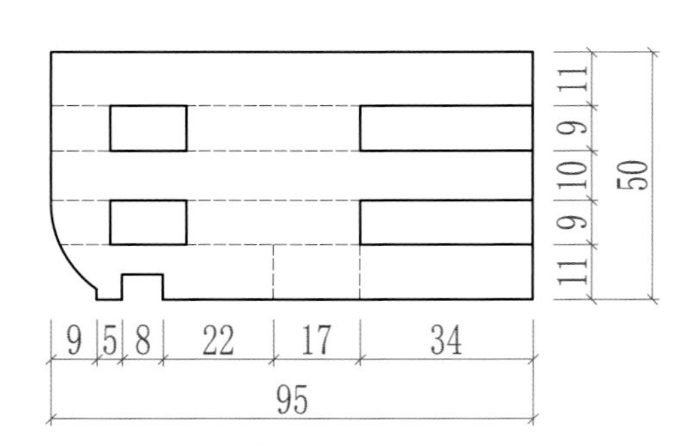

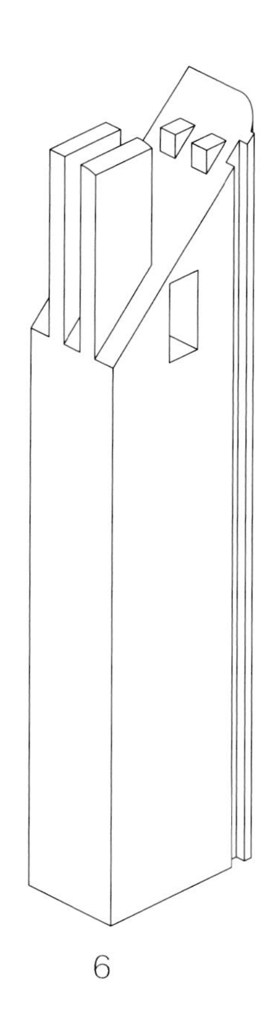

6

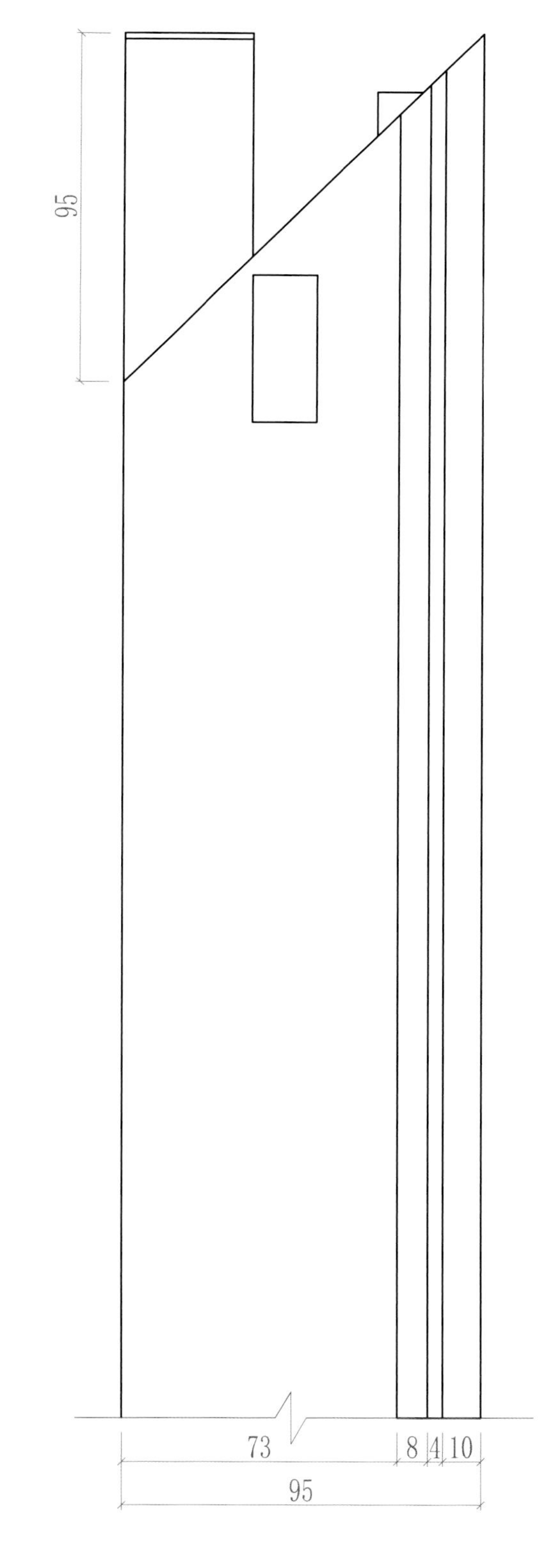

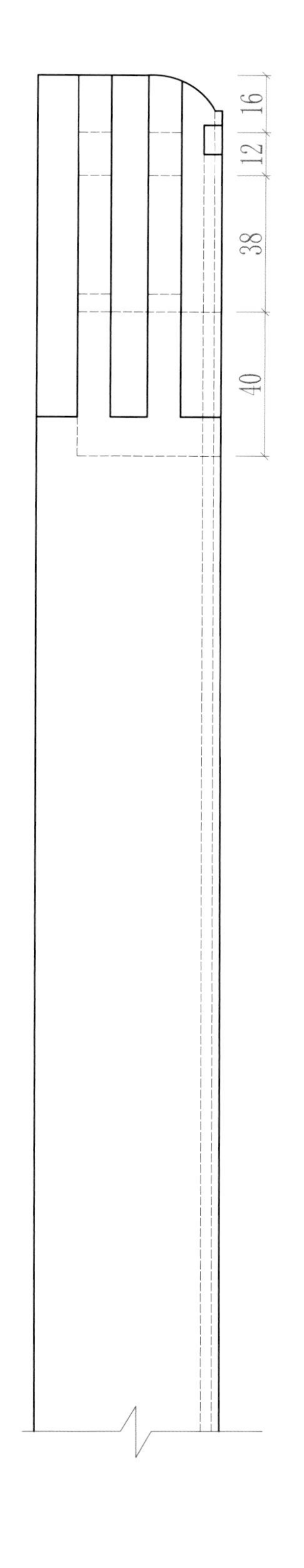

正视图	左视图
俯视图	

比例：1:2

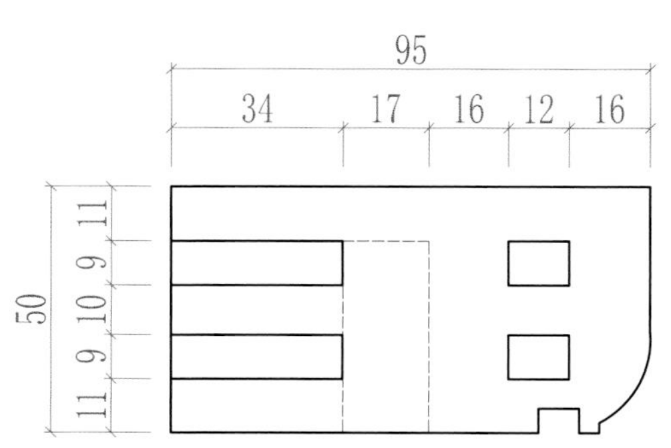

四十九、圆腿夹头榫结构

圆腿嵌夹牙头和牙板结构的造法，是受中国古建梁架结构的启蒙而来，应该是中式家具营造法式中最古老的方法之一。特点是易加工，传导受力均匀，在明式家具中是一个典型的榫卯结构。圆腿夹头榫结构形式很多，此处没有一一列出，此种结构最为常见。

应用部位：明式家具桌案类。

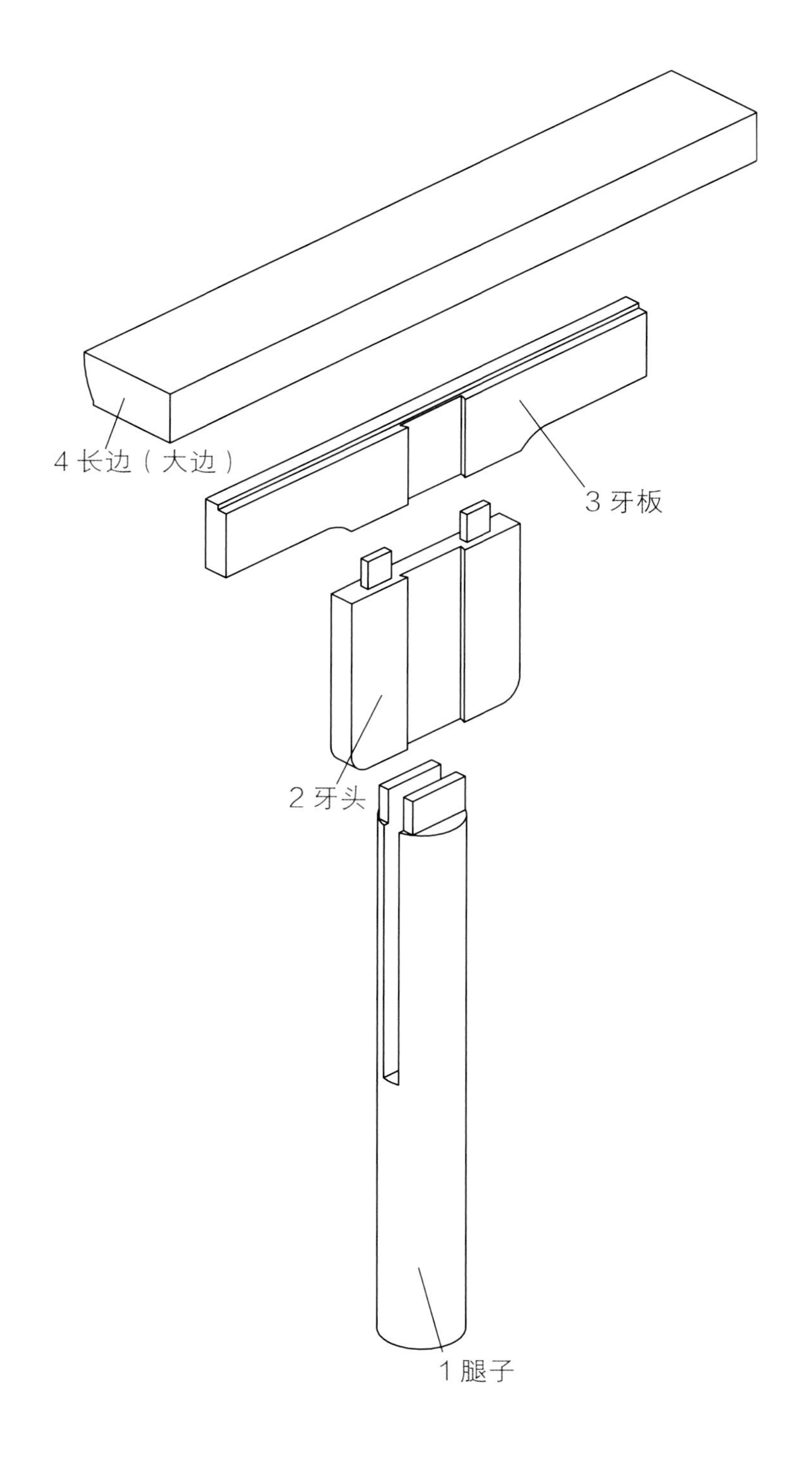

◆ **制作注意事项：** 此结构比较简单，为了器型美观在家具制作中应注意一点：腿子相对于案面都有奓度，要注意各部件的加工角度。还有牙板要有意识地比腿子上肩高 1~2 毫米，这样日后围板和案面更严紧，再有牙板正面是平的，背面开槽卡入腿中，这样美观。在这个结构中腿子和牙板同时嵌入案面 4 毫米深，是为了水平方向看上去更严紧，也可以不这样做，腿肩和牙板直接和案面接合。

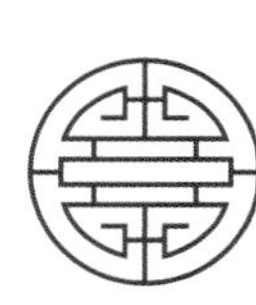

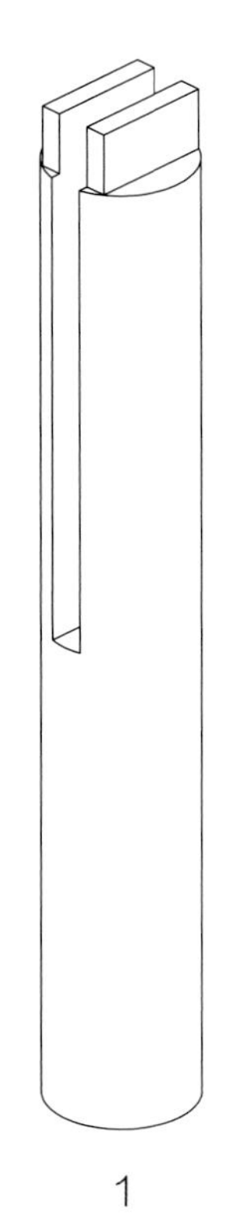

1

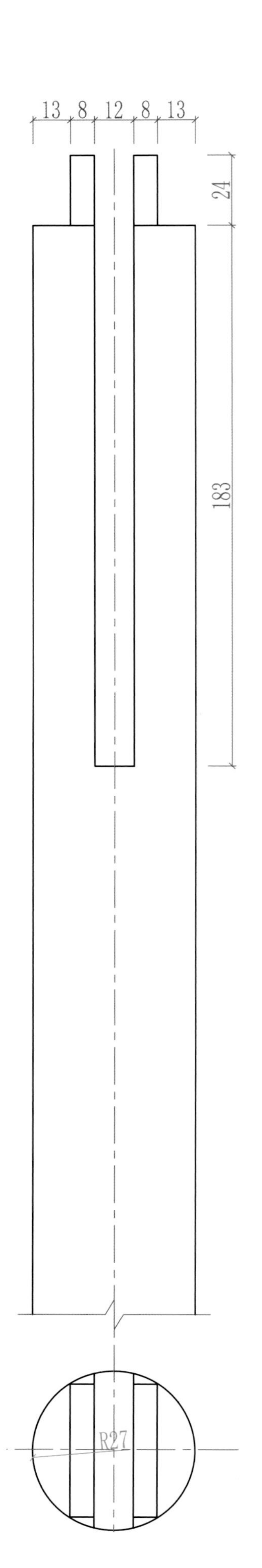

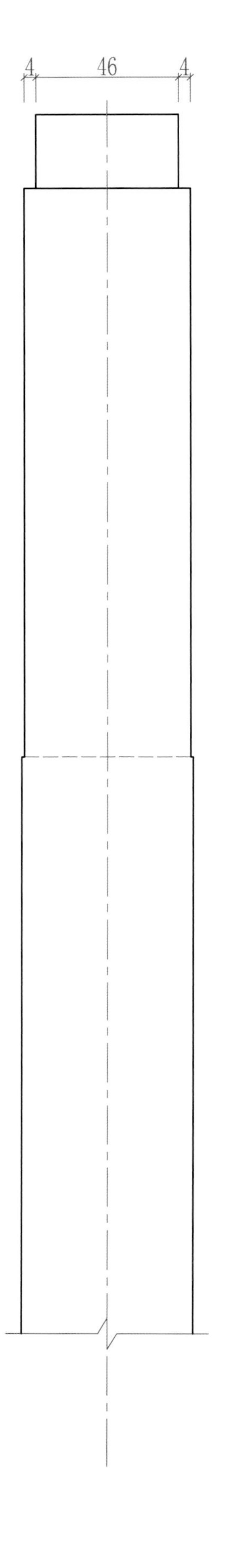

正视图	左视图
俯视图	

比例：1:2

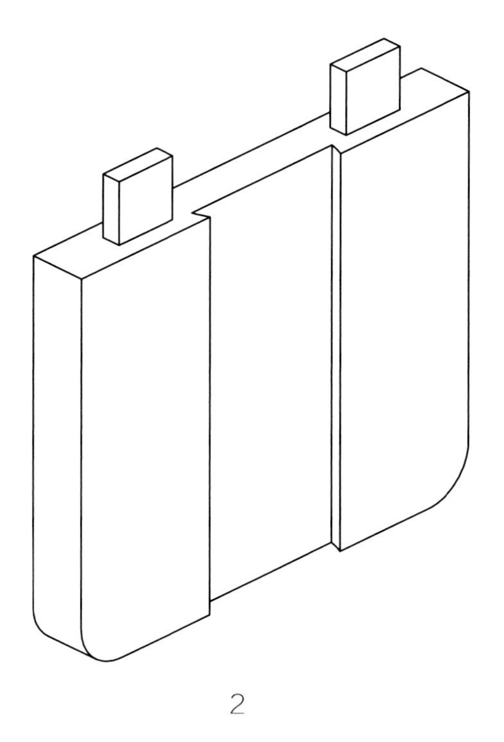

2

比例：1:2

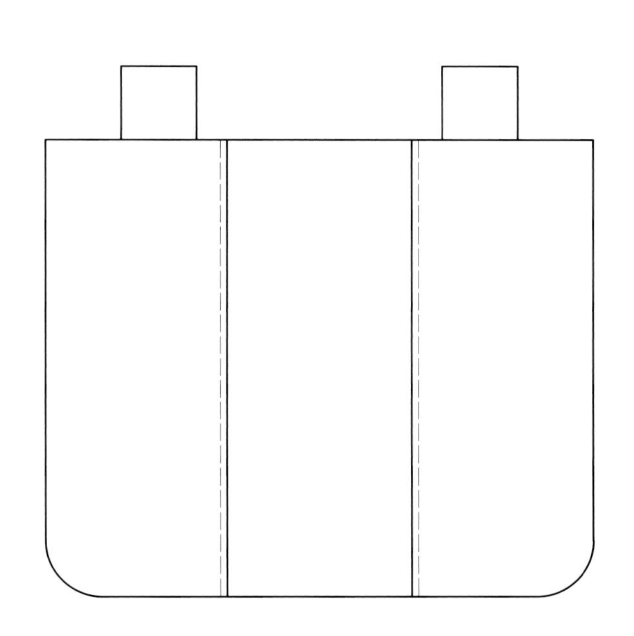

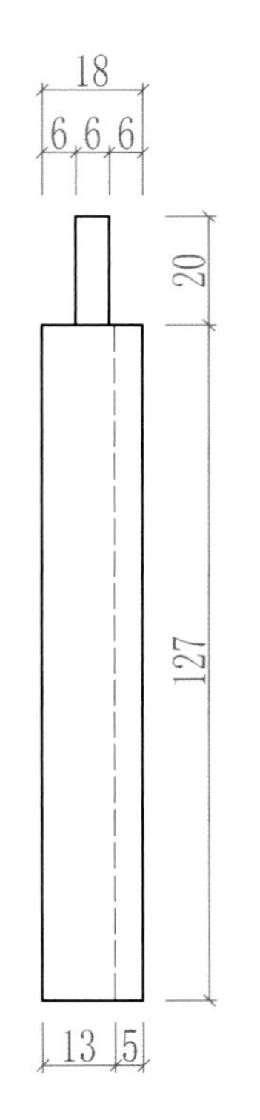

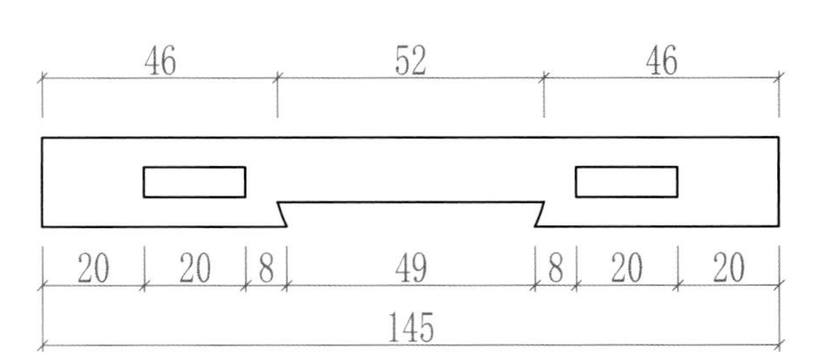

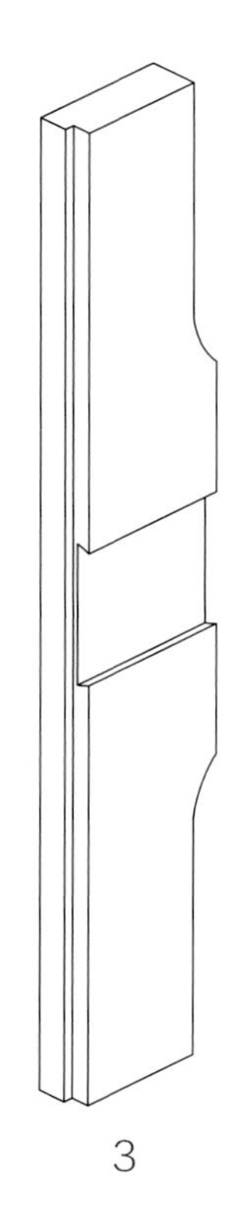

3

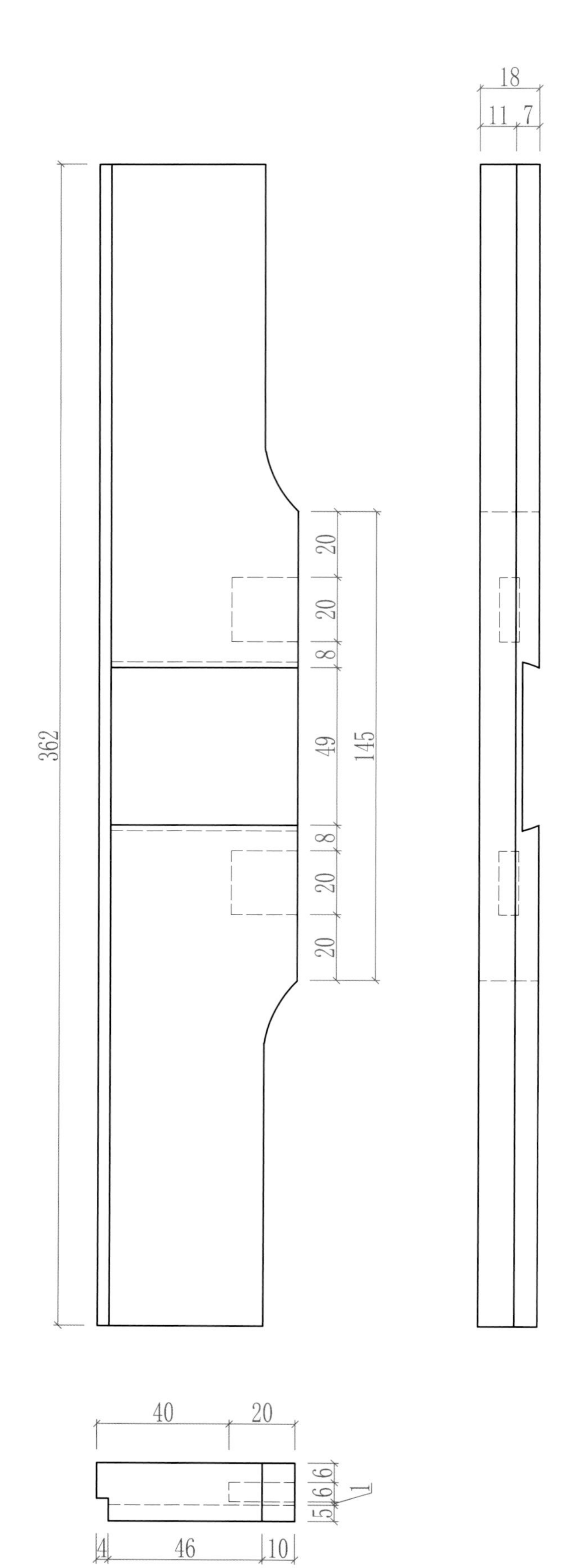

比例：1:2

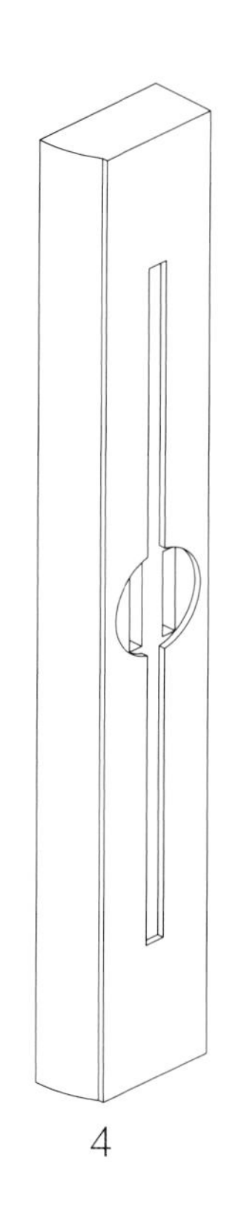

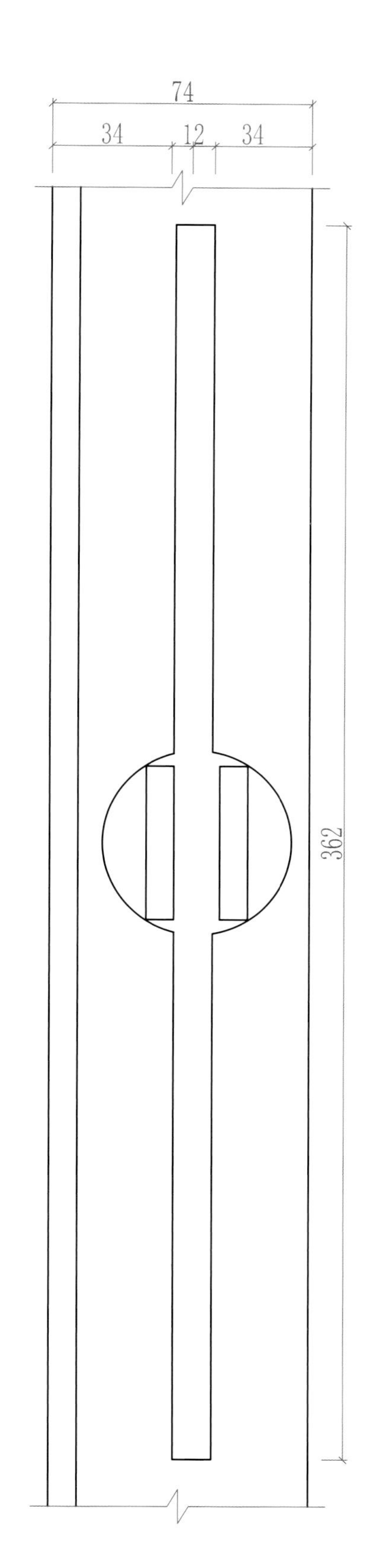

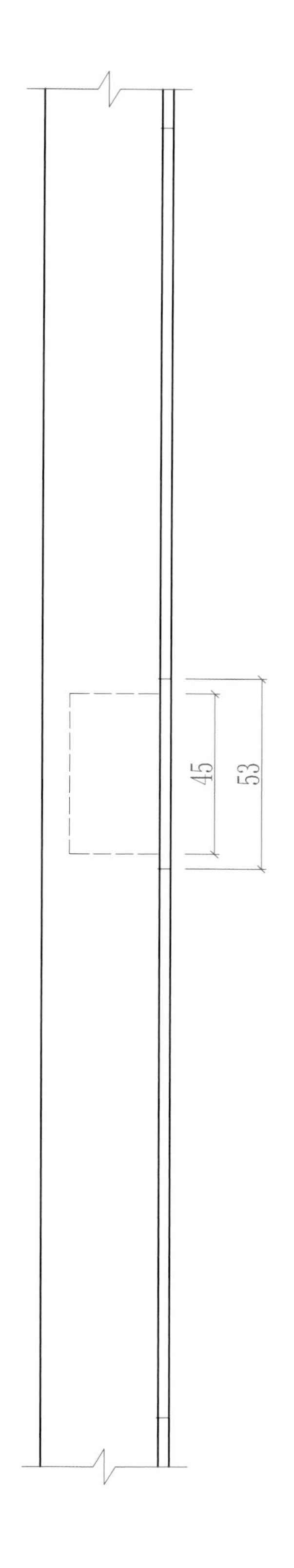

正视图	左视图
俯视图	

比例：1:2

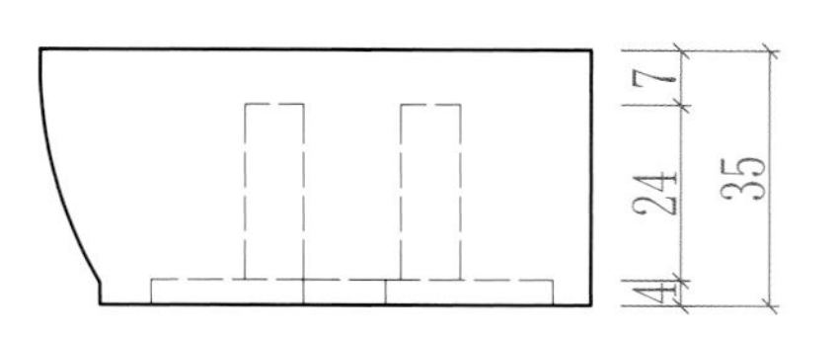

五十、方腿夹头榫结构

方腿嵌夹牙板和圆腿嵌夹牙板结构很相似，也是明式家具中案类的固定结构形式之一，牙板的轮廓可以根据设计需要任意改变，但牙板和腿的基本接合形式是固定的。

应用部位：此结构可用于任意大小的翘头案。

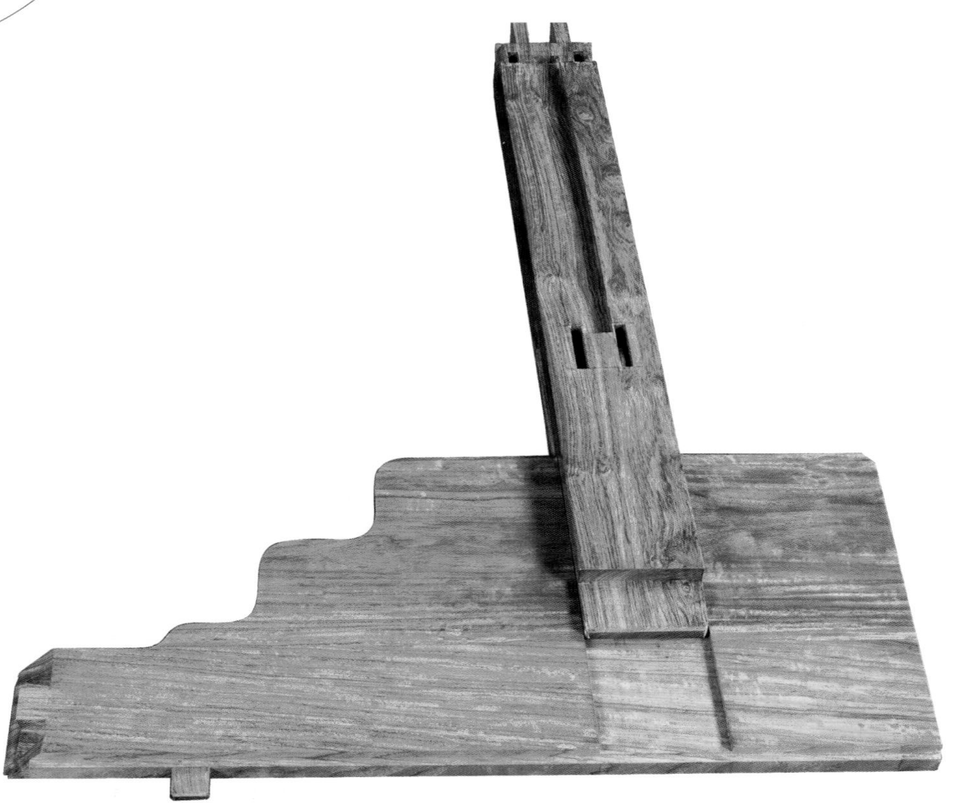

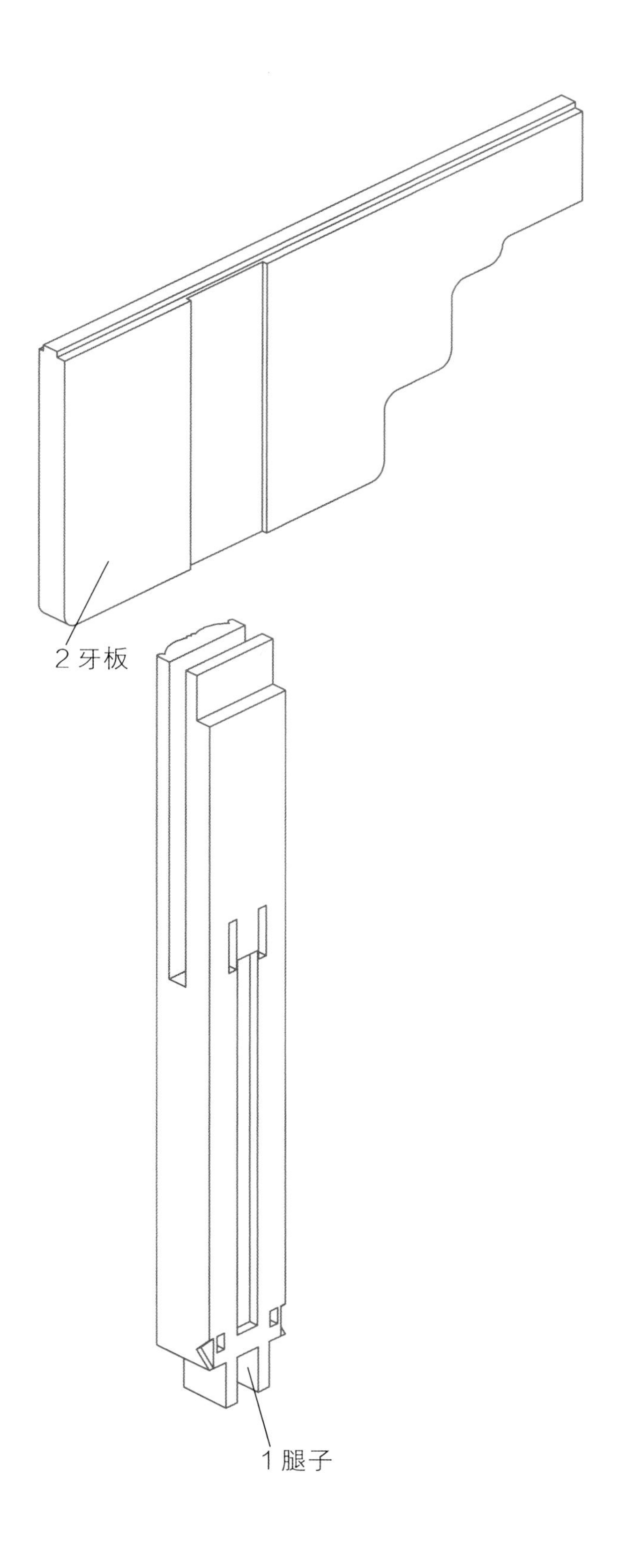

◆ 制作注意事项： 方腿夹头榫和圆腿夹头榫的结构特点相同，从明式家具整体造型看：圆腿夹头榫和方腿夹头榫用于两种不同风格的家具，圆腿夹头榫以素雅为主旋律，牙板上很少施雕刻；而方腿夹头榫大部分做雕刻。在应用方腿夹头榫结构做家具时应该注意的是：围板前面腿轮廓的裁口深度就是需要雕刻的深度，要保证雕刻完围板底子的平面和嵌入腿子里的围板在一个平面上，这样看上去漂亮。

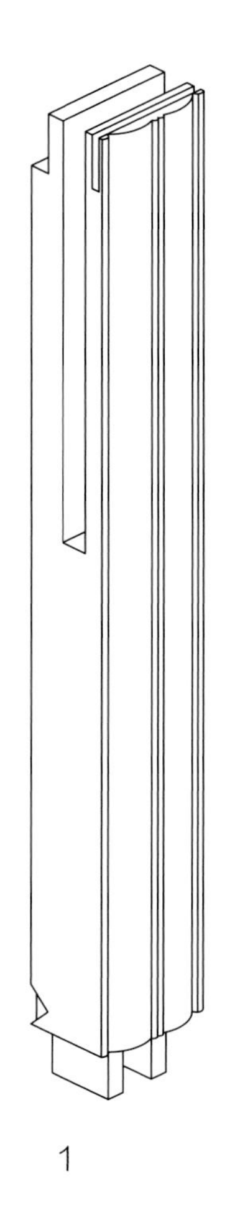

1

正视图
左视图
俯视图

比例：1:4

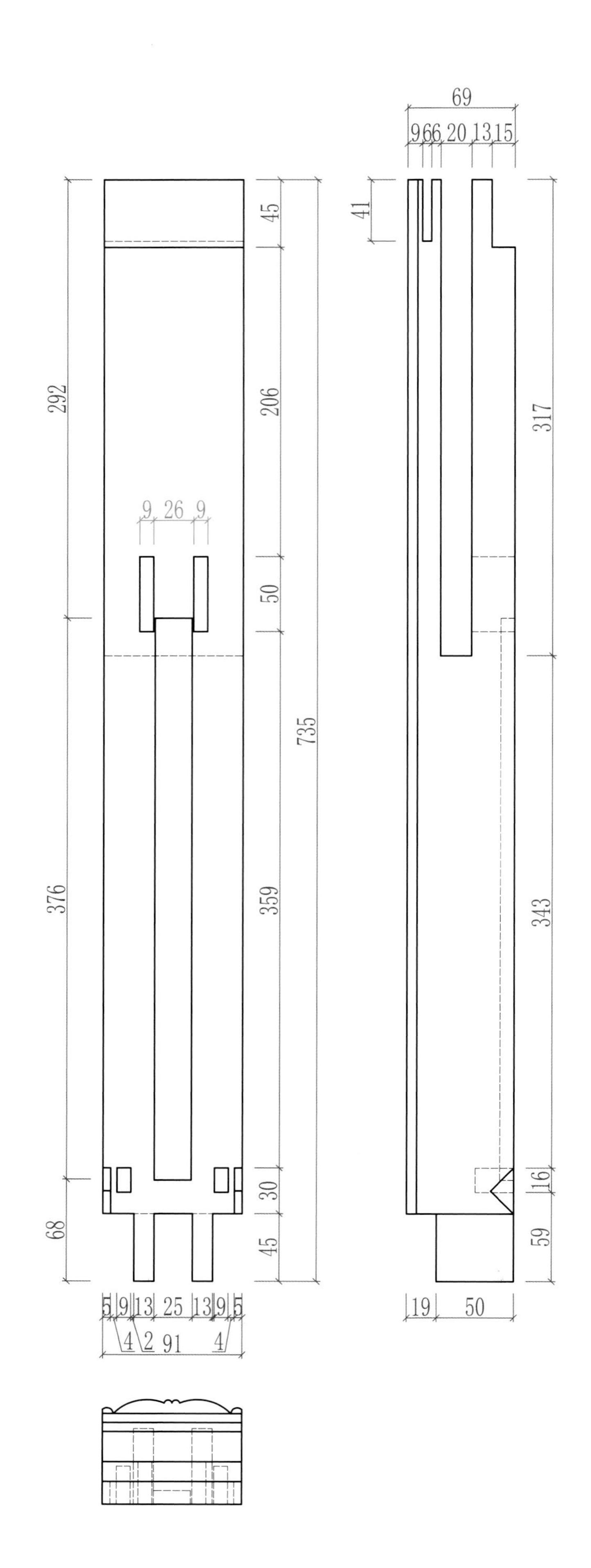

69
9
6
6
20
13
15
41
45
292
206
317
9
26
9
50
735
376
359
343
30
16
68
45
59
5
9
13
25
13
9
5
4
2
91
4
19
50